U0277592

"十三五"国家重点出版物出版规划项目

面向可持续发展的土建类工程教育丛书

普通高等教育"十一五"国家级规划教材

土木工程制图

第 3 版

组　编　重庆交通大学　中国地质大学（武汉）

　　　　华中科技大学　武汉大学

主　编　杜廷娜　蔡建平

副主编　蒋　晖　王玉丹　庞行志

参　编　李　理　周　晔　夏　唯

　　　　密新武　程　敏

主　审　钱可强　董国耀

机械工业出版社

本书是"十三五"国家重点出版物出版规划项目——面向可持续发展的土建类工程教育丛书之一，涵盖了画法几何的基本理论和建筑、道路、水利、机械工程制图的基础知识与基本方法，适应面广。本书注重平面与空间的正逆向思维及工程形体构思，并制作了"土木工程制图教学系统"，以多种动画形式呈现了教学内容，使得教学更为方便直观；同时为与本书配套的习题集制作了"土木工程制图学习辅导系统"，以多种动画形式展示了解题的思维方法和作图过程。

全书包括绪论和十八章内容，第一～七章为制图基础和画法几何，第八～十三章为建筑工程制图，第十四章为标高投影，第十五、十六章为道路工程制图，第十七章为水利工程制图，第十八章为机械工程制图。

本书可作为高等院校土木类各专业的教材，也可供研究生、相关科技人员等参考。

图书在版编目（CIP）数据

土木工程制图/杜廷娜，蔡建平主编. —3版. —北京：机械工业出版社，2020.12（2024.8重印）

（面向可持续发展的土建类工程教育丛书）

"十三五"国家重点出版物出版规划项目

ISBN 978-7-111-66907-4

Ⅰ.①土… Ⅱ.①杜… ②蔡… Ⅲ.①土木工程-建筑制图-高等学校-教材 Ⅳ.①TU204

中国版本图书馆 CIP 数据核字（2020）第 220110 号

机械工业出版社（北京市百万庄大街 22 号　邮政编码 100037）

策划编辑：刘小慧　责任编辑：刘小慧　舒　宜
责任校对：王　延　封面设计：张　静
责任印制：常天培

北京机工印刷厂有限公司印刷

2024 年 8 月第 3 版第 4 次印刷

184mm×260mm · 23.75 印张 · 5 插页 · 676 千字

标准书号：ISBN 978-7-111-66907-4

定价：65.00 元

电话服务　　　　　　　　　　网络服务

客服电话：010-88361066　　机 工 官 网：www.cmpbook.com
　　　　　010-88379833　　机 工 官 博：weibo.com/cmp1952
　　　　　010-68326294　　金 书 网：www.golden-book.com
封底无防伪标均为盗版　　机工教育服务网：www.cmpedu.com

第 3 版前言

本书第 1 版于 2004 年 7 月出版,印刷了 6 次,并于 2006 年经教育部批准为普通高等教育"十一五"国家级规划教材,本书第 2 版于 2008 年 9 月出版,并多次印刷。

在"新工科"与大数据背景下,工程图学在不断发展,其他学科的发展对工程图学也提出了新的要求。根据教育部对教材的编写要求以及相应课程已经更新的教学内容,编者对本书第 2 版进行了修订。

1. 对第十五章、第十六章及第十七章做了适当的修改。第十五章增加了第五节;第十六章和第十七章改动较大,增加了近年完成的大型集装箱码头和水利工程的实例。

2. 对配套的《土木工程制图》教学系统做了较大改进,以多种动画形式呈现教学内容,使得教学更为直观方便,同时给学生预习和自主学习提供了更为详尽的帮助,更利于对重点、难点的理解。

本书的编写分工:重庆交通大学蒋晖(绪论,第十六、十七章)、杜廷娜(第十、十一、十三~十五章),中国地质大学(武汉)蔡建平(第一、二、六章)、王玉丹(第三、四章)、李理(第五章),武汉大学夏唯(第七章)、密新武(第十二章),华中科技大学庞行志(第八、九、十八章)、程敏(第十一章的第二节)。

本书由杜廷娜、蔡建平任主编,蒋晖、王玉丹、庞行志任副主编。同济大学钱可强教授、北京理工大学董国耀教授任主审。承蒙两位教授的仔细审阅,他们提出了很多宝贵的建议和修改意见。中国地质大学(武汉)周晔负责土木工程制图学习辅导系统和三维动画的制作。重庆交通大学丁德斌、曾光勇、张飞、聂庚生、夏宇晨同学,中国地质大学(武汉)韦念龙、邹饶、李佳、胡铁、丁晖同学参加了部分绘图和文字校对工作。

本书参考了一些相关著作,在此特向有关编著者致谢!

向提供工程施工图样的重庆交通大学工程设计所、重庆水电工程设计院、重庆公路科学研究所、上海建筑设计院等工程单位表示感谢!

编者殷切希望广大读者对本书提出宝贵意见和建议!

编　者

第 2 版前言

本书第 1 版（以下简称第 1 版）自 2004 年出版以来，受到许多高等学校和使用者的关注和欢迎，曾 6 次重印，并于 2006 年被教育部评为普通高等教育"十一五"国家级规划教材。

为适应现代土木工程的发展和人才培养的需要，我们总结了近年来工程图学的教学和教改经验，认真考虑并吸取了使用第 1 版师生所反映的一些意见和建议，在保持原有体系和特点的基础上，主要对以下内容进行了修订：

1. 对画法几何部分做了适当的补充。在第二章"直线的投影"中增加了"直角三角形法"，在"平面的投影"中增加了"平面的最大斜度线"，并将"直线与平面相交、平面与平面相交"与新添的"直线与平面平行、平面与平面平行、直线与平面垂直、平面与平面垂直、空间几何元素的综合分析"合并为第四节"直线与平面、平面与平面的相对位置"。通过补充这些内容，不仅使投影理论更具系统性和科学性，而且为不同学时数的土木类工程图学教学构建了一个共享的基础平台，有利于教师根据不同层次教学需要进行选取。

2. 对习题集也做了相应的补充和调整，加强了空间思维训练。

3. 进一步完善了与习题集配套的土木工程制图学习辅导系统。新建的操作系统使本学习辅导系统无需专用软件（AutoCAD）就可直接在计算机上使用。新版学习辅导系统界面操作方便，解题过程、三维动画和习题答案有助于学生自主学习。

本版的编写分工：重庆交通大学刘志宇（绪论）、杜廷娜（第十、十一、十三～十五章）、张秋陵（第十六章）、付华（第十七章），中国地质大学（武汉）蔡建平（第一、二、六章）、王玉丹（第三、四章）、李理（第五章）、周晔（土木工程制图学习辅导系统和三维动画制作），武汉大学夏唯（第七章）、密新武（第十二章），华中科技大学庞行志（第八、九章）、程敏（第十一章的第二节）、庞少林（第十八章），中国地质大学（武汉）陈志强、王虎、刘稳等同学参加了本次教材和习题集补充图形的绘制及动画制作。

本书在修订和出版过程中，得到董国耀教授、钱可强教授的悉心审阅和热情指导，也得到许多使用第 1 版的院校师生和工作在工程一线的读者提出的宝贵建议，我们在此一并表示诚挚的谢意！

由于编者水平所限，本版仍会存在一些不足和疏漏，敬请读者不吝批评指正。来信请发电子邮件至 tingnadu@ 163. com 或 cjpll@ tom. com。

编　者

第1版前言

科学技术与社会经济的日益发展，对工程建设人才的能力提出了更高和更新的要求。为了在激烈的市场竞争中立于不败之地，培养基础宽、能力强的复合型人才是现代企业取胜的根本保证。为此，高等院校的土木类各专业学生，已广泛地跨专业选课，选择辅修专业或第二专业，如学港海的辅修路桥、学路桥的辅修建筑等。他们需要集水利、路桥、建筑等各专业制图于"一本"的教材，而以前的教材大多只侧重于某一方面（或水利或路桥等），于是诞生了这本《土木工程制图》。

本书的特点与使用建议：

1）与新形势下的人才培养目标一致，注重综合性。本书共18章，包括画法几何、建筑工程制图、道路工程制图、水利工程制图、机械工程制图。画法几何是各专业学习的基础，随后的章节可供不同的专业选用。

2）注重工程形体的构思与表达。从形体组合和美学的角度介绍了构型设计的基本理论与基本方法，有助于拓展和提高学生的空间思维和创新思维能力，为后续课程和工程设计奠定了良好的基础。

3）图例典型、丰富。教材选用了大量的中外著名建筑和富有时代感的工程实例，并配制了许多三维立体图，使理论分析与教学更加贴近工程应用和生产实际。

4）教材与习题集相辅相成。两者作为一个完整的体系，相互延伸与补充，这样既节省篇幅，又可从多视角分析或论述所需要表达的内容。

5）与习题集配套制作了《土木工程制图习题与解答》系统。该系统对习题集中所有习题编制了求解过程以及精美的动画演示过程，这无疑对读者的自主学习、选择性学习大有裨益。

6）全书采用了2001年发布的《房屋建筑制图统一标准》《总图制图标准》《建筑制图标准》《建筑结构制图标准》《给水排水制图标准》，以及1993年发布的《道路工程制图标准》等多种国家标准。限于篇幅，不能引用太多，不同专业在使用教材时，可根据需要查阅相关标准。

参加本书编写工作的作者有：

重庆交通大学刘志宇（绪论）、杜廷娜（第十、十一、十三~十五章）、张秋陵（第十六章）、付华（第十七章）、中国地质大学（武汉）蔡建平（第一、二、六章）、王玉丹（第三、四章）、李理（第五章），武汉大学夏唯（第七章）、密新武（第十二章），华中科技大学庞行志（第八、九章）、程敏（第十一章的第二节）、庞少林（第十八章）。杜廷娜任主编，庞行志、蔡建平任副主编。同济大学钱可强教授任主审，并协助主编参与了教材与习题集的统稿工作，同济大学何铭新教授、北京理工大学董国耀教授也参与了审稿。承蒙钱可强教授、何铭新教授、董国耀教授仔细审阅，提出了很多宝贵的建议和修改意见，谨致谢忱。重庆交通大学制图教研室康健、刘明维、尹健、朱菊芬老师，丁德斌、曾光勇、张飞、聂庚生同学，中国地质大学制图教研室韦念龙、周晔老师，邹饶、李佳、胡铁、丁晖同学参加了部分绘图和文字校对工作。

在本书编写过程中得到了重庆交通大学教务处许锡宾教授、河海系王多垠副教授、周华君教授、何光春教授的大力支持，在此表示衷心的感谢！向一直关心并帮助本书编写工作的中国地质大学（武汉）王巍教授表示衷心的感谢！向提供工程施工图样的重庆交通大学工程设计所、重庆水利水电设计院、上海建筑设计院等工程单位表示感谢！本书参考了一些相关著作，在此特向有关编著者致谢！

限于水平，书中缺点和疏漏在所难免，敬请指正。

编　者

目　　录

绪　　论

　　土木工程制图是土建类各专业必修的技术基础课。它以投影理论为理论基础，以图示为手段，以工程对象为表达内容，主要研究几何形状和空间位置，以及绘制、阅读工程图样的理论和方法。

一、本课程的研究对象

　　在现代土木工程建设中，无论是建造房屋还是修建道路、桥梁、水利工程等，都离不开工程图样。所谓工程图样，就是用一种简明、直观的方法来表达工程对象的形状、大小、构造及各个组成部分的相互关系，根据投影原理、国家标准或有关规定，表达工程对象并有必要技术说明的图样。它是工程技术人员表达设计意图、交流技术思想的重要工具，也是用来指导生产、施工、管理等技术工作的重要文件。不会读图，就无法理解工程的设计意图，不会画图，就无法表达自己的设计构思。因此，工程图样被喻为"工程界的语言"，而且是一种国际语言，因为各国的工程图样都是根据同一投影原理绘制出来的。

　　本课程就是一门研究图示法和图解法，以及根据工程技术的规定和知识来绘制和阅读工程图样的科学。

二、本课程的学习目的和任务

　　本课程的目的就是培养和训练学生掌握和运用工程图样的能力，并通过实践提高和发展学生的空间想象能力，训练形象思维，解决空间几何问题，为学生学习后续课程和完成课程设计、施工实训等教学打下坚实的基础。

　　本课程的主要任务是：

　　1）学习投影法（主要是正投影法）的基本理论及其应用。

　　2）培养对三维形体与相关位置的空间逻辑思维和形象思维能力。

　　3）学习贯彻国家制图标准和有关规定。

　　4）培养绘制和阅读专业工程图样的能力。

　　此外，在学习过程中还必须有意识地培养学生的创造能力、分析和解决问题的能力，以及认真负责、严谨细致的工作作风。

三、本课程的内容与要求

　　本课程包括画法几何、制图基础和土木工程专业图，具体内容与要求如下：

　　1）画法几何是土木工程制图的理论基础，通过学习投影法，掌握表达空间几何形体

（点、线、面、体）和图解空间几何问题的基本理论和方法。

2）制图基础要求学生学会正确使用绘图工具和仪器的方法，贯彻国家标准中有关土木工程制图的基本规定，掌握工程形体投影图的画法、读法和尺寸标注，培养用仪器和徒手绘图的能力。

3）通过土木工程制图的学习，应逐步熟悉有关专业的一些基本知识，了解土木工程专业图（如房屋、给水排水、道路、桥梁、涵洞、隧道等图样）的内容和图示特点，遵守有关专业制图标准的规定，初步掌握绘制和阅读专业图样的方法。

本课程只能为学生的绘图和读图打下一定的基础，要达到合格的工科学生所必须具备的有关要求，还有待于在后续课程、生产实习、课程设计和毕业设计中继续培养和提高。

▨ 四、本课程的学习方法

（1）理论联系实际 本课程理论性较强，也比较抽象，对初学者来说是全新的概念，因此在学习时，必须加强实践，并且要及时复习、及时完成作业。通过习题和作业，将理解和应用投影法的基本理论、贯彻制图标准的基本规定、熟悉初步的专业知识、训练手工绘图的操作技能，与培养对三维形体相关位置的空间逻辑思维和形象思维能力、绘图和读图能力紧密地结合起来。

（2）培养空间想象能力 本课程图形较多，无论是在学习还是做作业时，都要将画图和读图结合，能够从空间到平面，并能从平面又回到空间，自觉训练空间想象能力。要把基本概念和基本原理理解透彻，做到融汇贯通，这样才能灵活运用这些概念和方法进行解题。

（3）遵守国家标准的有关规定 学习制图基础，应了解、熟悉和严格遵守国家标准的有关规定，踏实地进行制图技能的操作训练，养成正确使用制图工具、仪器，以及正确地循序制图和准确作图的习惯。

（4）基础知识与专业知识结合 在进入学习专业图阶段后，应结合所学的一些初步的专业知识，运用制图基础阶段所学的制图标准的基本规定和当前所学的专业制图标准的有关规定，读懂教材和习题集上所列出的主要图样。在绘制专业图作业时，必须在读懂已有图样的基础上进行制图，继续进行制图技能的操作训练，严格遵守制图标准的各项规定，从而达到培养绘制和阅读土建图样的初步能力的预期要求。

（5）认真负责，严谨细致 土木工程图样是施工的依据，图样上一条线的疏忽或者一个数字的差错都会造成严重的返工浪费。加强基本功训练，力求作图准确、迅速、美观。注意画图与读图相结合，物体与图样相结合，要多画、多看，逐步培养空间逻辑思维与形象思维的能力。

（6）培养自学能力 随着"互联网+"和5G技术的发展，充分利用网络教学资源进行自学。在自学中要循序渐进和抓住重点，把基本概念、基本理论和基本知识掌握好，然后深入理解有关理论内容和扩展知识面，同时将"学"与"练"相结合，更好地巩固知识。

第一章 制图基本知识与技能

图样作为工程界的共同语言，是工程设计和信息交流的重要技术文件。为了便于绘制、阅读和管理工程图样，在我国现有的各类国家标准（简称"国标"，代号"GB"）中专门对各种工程制图分别制定和颁布了相关的制图国家标准。其中，《技术制图》标准普遍适用于工程界各种专业技术图样。有关建筑制图国家标准共有六种，包括总纲性质的 GB/T 50001—2001《房屋建筑制图统一标准》和专业部分的 GB/T 50103—2010《总图制图标准》、GB/T 50104—2010《建筑制图标准》、GB/T 50105—2010《建筑结构制图标准》、GB/T 50106—2010《建筑给水排水制图标准》、GB/T 50114—2010《暖通空调制图标准》。工程建设人员应熟悉、并严格遵守国家标准的有关规定。

本章摘要介绍建筑制图标准中的图纸幅面、比例、字体、图线等制图基本规定和尺寸注法、常用的绘图方法，其他标准将在有关章节中叙述。

第一节　建筑制图国家标准的基本规定

一、图纸幅面（GB/T 50001—2017）、标题栏与会签栏

图纸幅面是指图纸的大小规格。图框是图纸上绘图区的边界线。图纸幅面图框格式有横式和立式两种，如图 1-1 所示。在绘制图样时应优先选用表 1-1 中所规定的图纸幅面和图框尺寸。必要时允许按国标（GB/T 50001—2017）有关规定加长幅面（见表 1-2）。

表 1-1　图纸幅面及图框尺寸（GB/T 50001—2017）　（单位：mm）

幅面代号	A0	A1	A2	A3	A4
尺寸($b×l$)	841×1189	594×841	420×594	297×420	210×297
c	10			5	
a	25				

注：表中 b 为幅面短边尺寸，l 为幅面长边尺寸，c 为图框线与幅面线间宽度，a 为图框线与装订边间宽度。

标题栏是用来标明设计单位、工程名称、图名、设计人员签名和图号等内容的，必须画在图框内右下角，标题栏中的文字方向代表看图方向。涉外工程的标题栏内，各项主要内容的中文下方应附有译文，设计单位的上方或左方应加注"中华人民共和国"字样。在本课程的制图作业中建议采用图 1-2 中的标题栏样式。

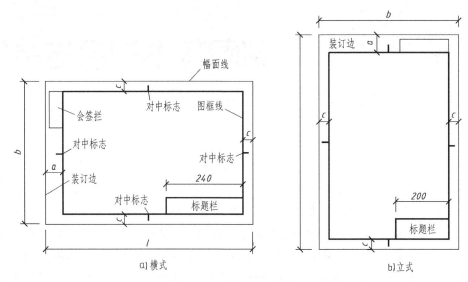

图 1-1 图纸幅面和图框格式

表 1-2 图纸长边加长尺寸（GB/T 50001—2017） （单位：mm）

幅面代号	长边尺寸	长边加长尺寸									
A0	1189	1486	1783	2080	2378						
A1	841	1051	1261	1471	1682	1892	2102				
A2	594	743	891	1041	1189	1338	1486	1635	1783	1932	2080
A3	420	630	841	1051	1261	1471	1682	1892			

注：图纸的短边一般不加长。

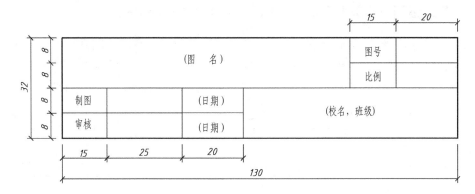

图 1-2 制图作业标题栏

会签栏是各个设计专业负责人签字用的一个表格，画在图框外侧。不需要会签的图样可不设会签栏。学生作业无须画出会签栏。

二、图线

1. 图线线型（GB/T 50104—2010）及用途

建筑专业、室内设计专业制图采用的图线及其主要用途见表1-3。

表 1-3　图线

名　称	线　型	线　宽	主要用途
粗实线	————	b	1. 平、剖面图中被剖切的主要建筑构造(包括构配件)的轮廓线 2. 建筑立面图或室内立面图的外轮廓线 3. 建筑构造详图中被剖切的主要部分的轮廓线 4. 建筑构配件详图中的外轮廓线 5. 平、立、剖面图的剖切符号
中实线	———	$0.5b$	1. 平、剖面图中被剖切的次要建筑构造(包括构配件)的轮廓线 2. 建筑平、立、剖面图中建筑构配件的轮廓线 3. 建筑构造详图及建筑构配件详图中的一般轮廓线
细实线	———	$0.25b$	小于 $0.5b$ 的图形线、尺寸线、尺寸界线、图例线、索引符号、标高符号、引出线、较小图形中的中心线等
中虚线	— — — —	$0.5b$	1. 建筑构造详图及建筑构配件不可见的轮廓线 2. 平面图中的起重机(吊车)轮廓线 3. 拟扩建的建筑物轮廓线
细虚线	- - - - -	$0.25b$	图例线、小于 $0.5b$ 的不可见轮廓线
粗点画线①	—·—·—	b	起重机(吊车)轨道线
细点画线①	—·—·—	$0.25b$	中心线、对称线、定位轴线
折断线	〜 30° 30°	$0.25b$	不需要画全的断开界线
波浪线	〜〜〜	$0.25b$	不需要画全的断开界线 构造层次的断开界线

注：地平线的线宽可用 $1.4b$。

① 点画线在 GB/T 50104—2010 中被称为单点长画线，本书中称为点画线。

2. 图线宽度（GB/T 50001—2017）

建筑工程图样中各种线型分粗、中、细三种图线宽度，线宽比率为 4：2：1。绘图时，应根据图样的复杂程度与比例，先从下列线宽系列中选取粗线宽度 b：2.0mm、1.4mm、1.0mm、0.7mm、0.50mm、0.35mm，常用的 b 值为 0.35～1.0 mm；然后按表 1-3 所规定的线宽比例确定中线、细线，由此得到绘图所需的线宽组。

3. 绘图时对图线的要求（GB/T 50001—2017）

同一张图纸内，相同比例的各个图样，应选用相同的线宽组。同一种线型的图线宽度应保持一致。图线接头处要整齐，不要留有空隙。虚线、点画线的线段长度和间隔宜各自相等。

点画线的两端不应是点。各种图线彼此相交处，都应画成线段，而不应是间隔或画成"点"。虚线为实线的延长线时，两者之间不得连接，应留有空隙。图线不得与文字、数字或符号重叠、混淆，不可避免时，应首先保证文字的清晰。

4. 各种线型示例（见图1-3）

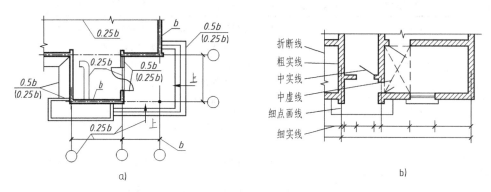

图1-3 各种线型示例

三、字体（GB/T 50001—2017）

图样上书写的文字、数字或符号等，均应笔画清晰、字体端正、排列整齐；标点符号应清楚正确。文字的号数表示文字的高度，应从如下系列中选用：3.5、5、7、10、14、20。

图样及说明中的汉字应采用国家公布的简化字，宜采用长仿宋体书写，字高一般不小于3.5mm，字宽为字高的2/3。书写长仿宋体的基本要领：横平竖直、起落有锋、结构均匀、填满方格。图1-4所示为长仿宋体字示例。

图1-4 长仿宋字示例

阿拉伯数字、拉丁字母和罗马字母的字体有正体和斜体（逆时针向上倾斜75°）两种写法。它们的字高应不小于2.5mm。若与汉字混写，则字号比汉字应小一号。拉丁字母示例（GB/T 14691—1993）如图1-5所示，罗马数字、阿拉伯数字示例如图1-6所示。

四、比例（GB/T 50001—2017）

图样的比例应为图形与实物相应要素的线性尺寸之比。绘图所选用的比例是根据图样的用途和被绘对象的复杂程度从表1-4中选用，并优先用表中常用比例。

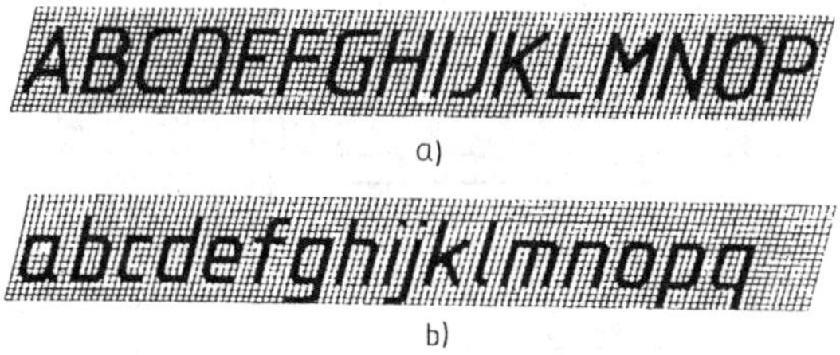

a)

b)

图 1-5 拉丁字母示例（斜体）

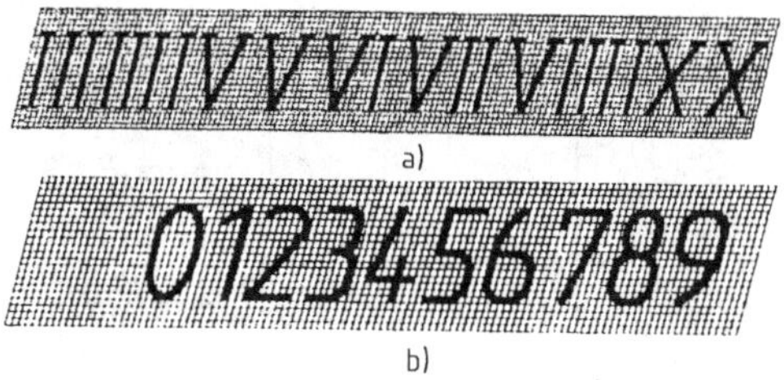

a)

b)

图 1-6 罗马数字、阿拉伯数字示例（斜体）

表 1-4　建筑绘图所用比例

常用比例	1∶1　　1∶2　　1∶5　　1∶10　　1∶20　　1∶30　　1∶50　　1∶100　　1∶150 1∶200　　1∶500　　1∶1000　　1∶2000
可用比例	1∶3　　1∶4　　1∶6　　1∶15　　1∶25　　1∶40　　1∶60　　1∶80　　1∶250 1∶300　　1∶400　　1∶600　　1∶5000　　1∶10000　　1∶20000　　1∶50000 1∶100000　　1∶200000

建筑图样的比例一般书写在图名的右侧，其字高应比图名的字高小一号或二号。图名下应用粗实线画一条横线，例如：平面图 1∶100。当一张图纸中各个图样的比例相同时，可将该比例单独填写在标题栏内。

国家技术标准所规定的比例见表 1-5。

表 1-5　比例（GB/T 14690—1993）

种　　类	比　　例		
原值比例	1∶1		
放大比例	5∶1 $5×10^n∶1$	2∶1 $2×10^n∶1$	1×10^n∶1 $1×10^n∶1$
缩小比例	1∶2 $1∶2×10^n$	1∶5 $1∶5×10^n$	1∶10 $1∶1×10^n$

注：n 为正整数。

第二节　尺寸注法

图形只能表达形体的形状，而形体的大小则必须依据图样上标注的尺寸来确定。尺寸标注是绘制工程图样的一项重要内容，应严格遵照国家标准中的有关规定，做到正确、齐全、清晰。尺寸注法的依据是 GB/T 50001—2017。

一、尺寸的组成与基本规定

图样上的尺寸包括：尺寸界线、尺寸线、尺寸起止符号和尺寸数字，如图 1-7a 所示。

（1）尺寸界线　表示被注尺寸的范围。它用细实线绘制，一般应与被注长度垂直，其一端应离开图样轮廓线不小于 2mm，另一端宜超出尺寸线 2～3mm（见图 1-7a）。必要时，图样轮廓线可用作尺寸界线，如图 1-7b 中的 240 和 3360。

（2）尺寸线　表示被注线段的长度。它用细实线单独绘制，不能用其他图线代替。尺

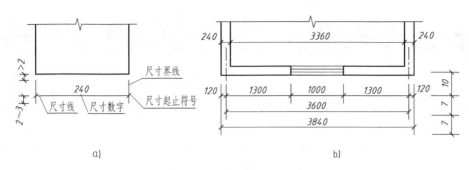

图1-7 尺寸的组成与标注示例

寸线应与被注长度平行,且不宜超出尺寸界线。

(3)尺寸起止符号 一般应用中粗斜短线绘制,其倾斜方向应与尺寸界线成顺时针45°角,长度(h)宜为2~3mm(见图1-8a)。半径、直径、角度与弧长的尺寸起止符号应用箭头表示,箭头尖端与尺寸界线接触,不得超出也不得分开(见图1-8b)。

(4)尺寸数字 表示被注尺寸的实际大小,它与绘图所选用的比例和绘图的准确程度无关。图样上的尺寸应以尺寸数字为准,不得从图上直接量取。尺寸的单位除标高和总平面图以m(米)为单位外,其他一律以mm(毫米)为单位,图样上的尺寸数字不再注写单位。

尺寸数字应按图1-9a规定的方向注写。若尺寸数字在30°斜线区内,宜按图1-9b的形式注写。同一张图样中,尺寸数字大小应一致。

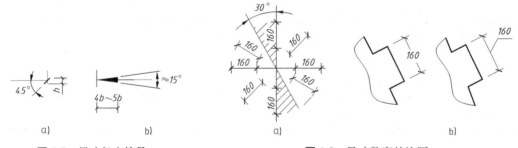

图1-8 尺寸起止符号   **图1-9** 尺寸数字的注写

(5)尺寸的排列与布置 尺寸宜标注在图样轮廓线以外,不宜与图线、文字及符号等相交;互相平行的尺寸线,应从图样轮廓线由内向外整齐排列,小尺寸在内,大尺寸在外;尺寸线与图样轮廓线之间的距离不宜小于10mm,尺寸线之间的间距为7~10mm,并保持一致,如图1-7b所示。

狭小部位的尺寸界线较密,尺寸数字没有位置注写时,最外边的尺寸数字可写在尺寸界线外侧,中间相邻的可错开或引出注写,如图1-10所示。

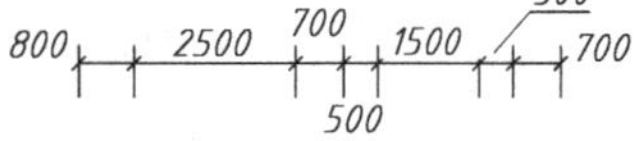

图1-10 狭小部位的尺寸标注

二、直径、半径及球的尺寸标注

标注圆的直径或半径尺寸时,在直径或半径数字前应加注符号"ϕ"或"R"(见图1-11)。在圆内标注的直径尺寸线应通过圆心画成斜线,圆内的半径尺寸线的一端从圆心开始,圆外的半径尺寸线指向圆心。直径尺寸线、半径尺寸线不可用中心线代替。标注球的直径或半径尺寸时，应在直径或半径数字前加注符号"$S\phi$"或"SR"。

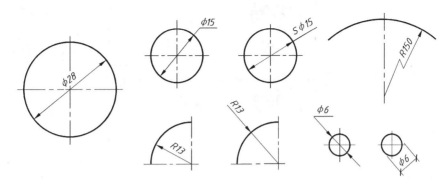

图 1-11 直径、半径及球的尺寸标注

三、角度、坡度的尺寸标注

角度的尺寸线画成圆弧，圆心应是角的顶点，角的两条边为尺寸界线。角度数字一律水平书写。如果没有足够的位置画箭头，可用圆点代替箭头（见图 1-12a）。

坡度可采用百分数或比例的形式标注。在坡度数字下，应加注坡度符号（单面箭头），箭头应指向下坡方向（见图 1-12b）。坡度也可用直角三角形形式标注。

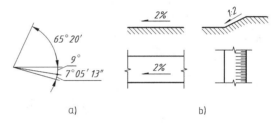

图 1-12 角度、坡度的尺寸标注

第三节 绘图工具和仪器的使用

绘制图样有三种方法：尺规绘图、徒手绘图和计算机绘图。尺规绘图是借助丁字尺、三角板、圆规、铅笔等绘图工具和仪器在图板上进行手工操作的一种绘图方法。正确使用各种绘图工具和仪器不仅能保证绘图质量、提高绘图速度，而且为计算机绘图奠定基础。本节简要介绍常用的绘图工具和仪器的使用方法。

一、绘图板、丁字尺、三角板

（1）绘图板　用于铺放、固定图纸。板面应平滑光洁、左侧导边必须平直。

（2）丁字尺　用于画水平线。作图时，用左手将尺头内侧紧靠图板导边，上下移动丁字尺到画线位置，自左向右画水平线（见图 1-13a）。

（3）三角板　与丁字尺配合用于画铅垂线（图 1-13b）、与水平方向成 30°、45°、60°、15°、75°的倾斜线（见图 1-13c）、任意直线的平行线或垂直线（见图 1-13d）。

二、圆规和分规

（1）圆规　用于画圆和圆弧。画图时按顺时针方向、略向前倾斜、用力均匀地一笔画出圆或圆弧（见图 1-14）。

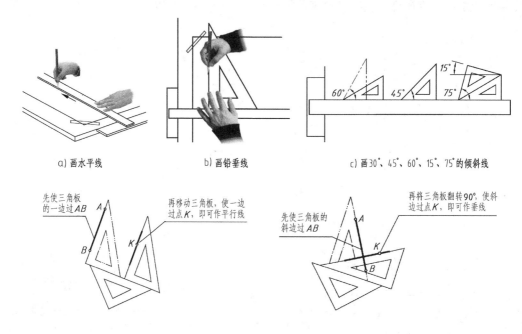

a) 画水平线　　　　b) 画铅垂线　　　　c) 画30°、45°、60°、15°、75°的倾斜线

d) 画已知直线的平行线或垂直线

图1-13　丁字尺、三角板配合画线

（2）分规　有两种用途：量取线段和等分线段。使用前，分规的两个针尖要调整平齐。分规通常采用试分法等分直线段或圆弧（见图1-15）。

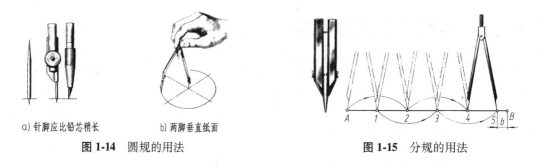

a) 针脚应比铅芯稍长　　b) 两脚垂直纸面

图1-14　圆规的用法　　　　　　　**图1-15　分规的用法**

三、比例尺

常用的比例尺是三棱尺（见图1-16），三个尺面上分别刻有1∶100、1∶200、1∶400、1∶500、1∶600等六种比例尺标，用来缩小或放大尺寸。若绘图比例与尺上比例不同，则选取尺上最相近的比例折算。

四、曲线板

曲线板用于绘制非圆曲线。作图时应先求出非圆曲线上的一系列点，然后用曲线板按"首尾重叠""连四画三"（连接四个点画三个点）的方法逐步、光滑地连接出整条曲线，如图1-17所示。

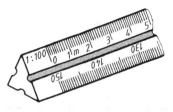

图 1-16　比例尺

图 1-17　曲线板用法

五、制图模板

制图模板是一种量画结合的工具，其上刻有各种不同形状的图形、符号和比例尺。模板种类很多，常用的有：建筑模板（见图 1-18）、结构模板、卫生洁具模板等。

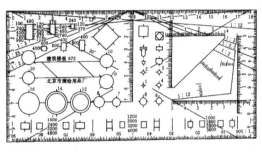

图 1-18　建筑模板

六、铅笔

绘图铅笔按铅芯软硬分 B、HB、H 等型号，B（H）前面的数字越大，表示铅芯越软（越硬），画出的图线颜色越黑（越淡）。HB 铅笔软硬适中。B、2B 铅笔一般削成铲状用来画粗线，HB 铅笔削成锥状用来画细线、写字、画箭头，H、2H 铅笔也削成锥状用于打底稿或画细线（见图 1-19）。画线时用力要均匀，笔尖与尺边距离保持一致，保证线条平直、准确。

七、擦图片

将擦图片（见图 1-20）上相应形状的镂孔对准不需要的图线，然后用橡皮擦去该图线，以保证图线之间互不干扰和图面清洁。

除上述工具外，绘图时需备有橡皮、小刀、砂纸、胶带纸等工具和用品。

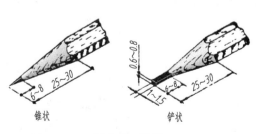

图 1-19　铅笔

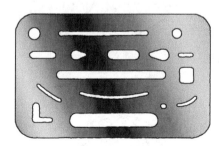

图 1-20　擦图片

第四节　平面图形画法

建筑图样一般都是由直线和曲线（圆或非圆曲线）组成的平面几何图形。掌握基本的几何作图方法对于提高图样质量和绘图技能是十分必要的。

一、几何作图

1. 等分（见表1-6）

表1-6　等分线段和等分圆周

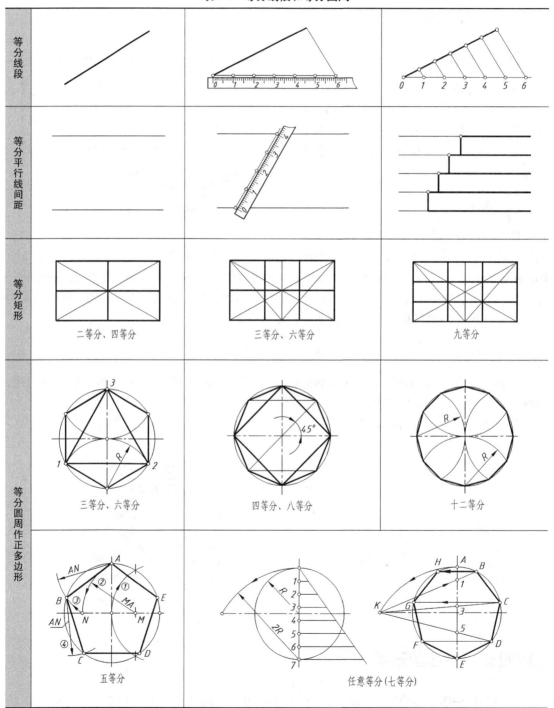

2. 黄金分割比例

所谓"黄金分割"是指平面几何学中的和谐的比例关系。在图 1-21 中，设 $CB \perp AB$，且 $CB = AB/2$。以 C 点为圆心、CB 为半径作弧与 AC 交于点 M'；再以 A 为圆心、AM' 为半径作弧与 AB 交于点 M，则 $AM : MB = AB : AM = 1.618 : 1 = 1 : 0.618$，0.618 称为"黄金比"，$M$ 点是 AB 线段的黄金分割点，AM 和 MB 即是和谐的比例关系。而当一个矩形的长边与短边之比等于 $1 : 0.618$ 时，这样的矩形称为黄金比矩形，如图 1-22 所示。

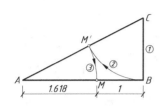

图 1-21 黄金分割线段

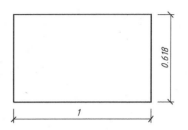

图 1-22 黄金比矩形

图 1-23 是巴黎圣母院的正立面，它从整体到局部都是黄金比矩形。以正方形的边长为矩形短边或长边求作黄金比矩形的简易作图法如图 1-24 所示。

"黄金分割法"不仅用于建筑设计，而且在摄影、绘画、音乐以及其他工程领域中也都得到科学、有效的应用。

3. 圆弧连接

用指定的圆弧光滑连接已知直线或圆弧称为圆弧连接。圆弧连接的关键是要准确地作出连接圆弧的圆心和圆弧连接处的切点。表 1-7 列出了几种圆弧连接画法。

图 1-23 巴黎圣母院

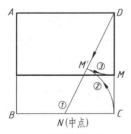

a) 正方形边长作黄金比矩形长边

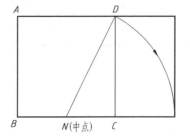

b) 正方形边长作黄金比矩形短边

图 1-24 黄金比矩形简易作图法

4. 椭圆的近似画法

椭圆的近似画法如图 1-25 所示。

5. 抛物线的近似画法

抛物线的近似画法如图 1-26 所示。

表 1-7　圆弧连接画法

种类	已知条件	作图步骤		
		求连接圆弧圆心 O	求切点 A 和 B	画连接圆弧
圆弧连接两直线	（图）	（图）	（图）	（图）
圆弧内接直线和圆弧	（图）	（图）	（图）	（图）
圆弧外接两圆弧	（图）	（图）	（图）	（图）
圆弧内接两圆弧	（图）	（图）	（图）	（图）
圆弧分别内外接两圆弧	（图）	（图）	（图）	（图）

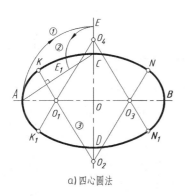

a) 四心圆法

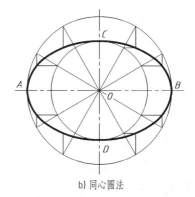

b) 同心圆法

图 1-25　椭圆近似画法

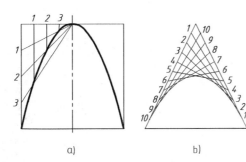

a)　　　　　　　　　　　b)　　　　　　　　　c) 美国杰弗逊纪念碑

图 1-26　抛物线近似画法及应用实例

二、平面图形的画法

平面图形是根据组成图形的各个直线线段或曲线线段（多为圆弧、圆）的尺寸，按几何作图方法逐步绘制出来的。在画图前，必须对图中各个线段进行分析，检查它们的定形尺寸和定位尺寸是否齐全，从而确定出正确的画图步骤。

所谓定形尺寸是指用以确定几何元素形状和大小的尺寸，如直线段尺寸、圆的直径、半径尺寸等。在图 1-27a 中，500、200、400、3×ϕ100、R210、R260 等是定形尺寸。而定位尺寸是指用以确定几何元素与尺寸基准（即尺寸起点，如对称线、中心线、轮廓直线等）之间相对位置的尺寸，如图 1-27a 中的尺寸 540、300、100 等。平面图形中的定位尺寸一般包含两个方向上的定位尺寸，图 1-27a 中以下方两个矩形的交界线为上下方向的尺寸基准，以图形的对称线为左右方向的尺寸基准，左右两个 ϕ100 小圆的圆心位置尺寸 300、100 尺寸即是定位尺寸。

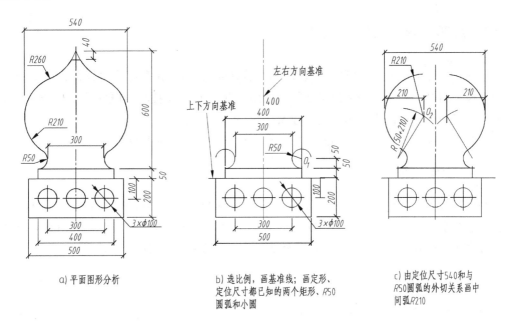

a) 平面图形分析　　　　b) 选比例，画基准线；画定形、　　　c) 由定位尺寸540和与
　　　　　　　　　　　　　定位尺寸都已知的两个矩形、R50　　　R50圆弧的外切关系画中
　　　　　　　　　　　　　圆弧和小圆　　　　　　　　　　　间弧R210

图 1-27　平面图形的画图步骤

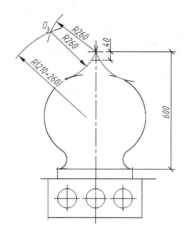
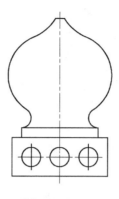

d) 根据过最高点及与R210圆弧的外切关系画R260圆弧，并画出顶部水平线

e) 校核，擦去作图线，加深底稿，完成作图

f) 实例

图 1-27 平面图形的画图步骤（续）

当几何元素与某一基准重合时，其相对于该基准的定位尺寸为零（省略标注），如图 1-27a 对称线上的小圆仅标注一个定位尺寸（100）即可。由于连接圆弧的圆心可以用几何作图方法确定，所以连接圆弧圆心的定位尺寸不必标出。有些尺寸具有双重作用，既作定形尺寸又作定位尺寸，如图 1-27a 中的 R50、50。

平面图形的作图顺序是先画定形尺寸和定位尺寸齐全的已知线段和已知圆弧，然后用几何作图法再画定位尺寸不全的中间圆弧（定形尺寸齐全而定位尺寸只有一个），最后画连接圆弧和连接线段（定形尺寸齐全，无定位尺寸）。具体画图步骤如图 1-27b、c、d 所示。

＊ 第五节　平面图形构思

对建筑形体的平面分析可知，构成平面图形的各种图形元素都是按一定的规律——建筑美的规律来组合的。了解并掌握平面图形的组合规律和构思技巧，既能培养创造思维能力、图形表达能力，又可以为立体构型和建筑工程设计奠定基础。

本节主要介绍利用几何作图和常见图形来构思平面图形的几种方法。

一、几何作图

利用圆弧与直线相切、圆弧与圆弧内切或外切的几何关系可以构思出线条流畅、富有美感和联想的平面图形。这种构思方法主要应用于建筑物的立面图、高速公路（见图 1-28a）、公园等娱乐场所路面（见图 1-28b）及标志性建筑等工程设计中。

二、组合变换

将图形按一定规律进行组合，如排列组合、渐变组合、异形组合、运动组合、包含几种形式的综合组合或其他形式的组合，可以变换出形状各异、寓意无穷的平面图形（见图 1-29）。

a) 广西柳南高速公路

b) 公园路面

图 1-28 圆弧连接的平面图形

a) 北京香山饭店共享大厅墙面
（异形组合+排列组合）

b) 意大利罗马市政广场
（渐变组合+运动组合）

图 1-29 组合变换图形

三、等分图形

利用等分图形构思平面图形有三种方法：采用直线、折线、曲线等分图形（见图 1-30a）；将等分后的图形再相互组合（见图 1-30b）；用各个等分单元重新组成新图形（见图 1-30c）。

a) 用直线、折线、曲线等分正方形

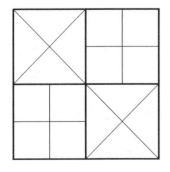

b) 图形等分后再重组

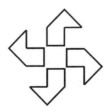

c) 等分单元重组

图 1-30 正方形的四等分

四、图案设计

基本几何图形经过分割、组合，可以达到虚实结合、变化无穷的效果，获得精美的图案（见图1-31）。

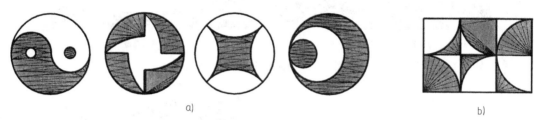

图 **1-31** 圆和圆弧构成的图案

五、仿形设计

图1-32a所示用流畅的线条形象地表现出一只奋飞的大鸟，图1-32b所示利用几何作图设计的拟人造型成为一道别致的街景。

a) 纽约环球航空公司航空站　　　　　b) 澳门街心花园标志

图 **1-32** 仿形设计

平面图形构思时应注意的问题：

1）平面图形的构形设计主要研究图案、工程产品或建筑形体的平面构成和设计方法，不是真正的产品设计、建筑设计。因此，一般避免采用非规则的曲线，应尽可能利用常用的平面图形和圆弧连接构形，以便于画图和标注尺寸。

2）构思的图形要给人以美感，要从美学、力学、视觉等方面考虑图形的整体效果，使图形和谐、均衡、稳定。

3）要多思多看，在联想与想象中发挥聪明才智，逐步培养空间思维能力和创造力。

第二章　正投影基础

第一节　投影法基本知识

一、投影法及其分类

物体在光线的照射下，会在墙面或地面上产生影子（见图 2-1a），这就是投影现象。投影法是将这一现象加以科学抽象而产生的。投射线通过物体向选定的投影面投射，并在该投影面上得到图形的方法，称为投影法，如图 2-1b 所示。

工程上常用的投影法有两类：中心投影法和平行投影法。

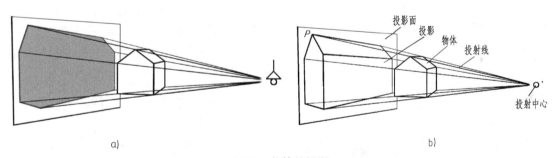

a)   b)

图 2-1　物体的投影

1. 中心投影法

投射线汇交于一点（S）的投影法称为中心投影法，S 称为投射中心，如图 2-2a 所示。

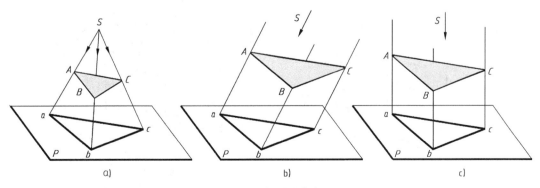

a)   b)   c)

图 2-2　投影的分类

2. 平行投影法

当投射中心移至无限远处，投射线即可视为相互平行。投射线相互平行的投影法称为平行投影法，S 表示投射方向。根据投射方向与投影面之间的几何关系，即两者是倾斜还是垂直，又可分为斜投影法（见图 2-2b）和正投影法（见图 2-2c）。

工程中常用的几种投影见表 2-1。其中，正投影在工程上应用最广。建筑工程图一般都采用正投影法绘制。本书中若无特别说明，所称的"投影"即指"正投影"。

表 2-1　工程中常用的几种投影

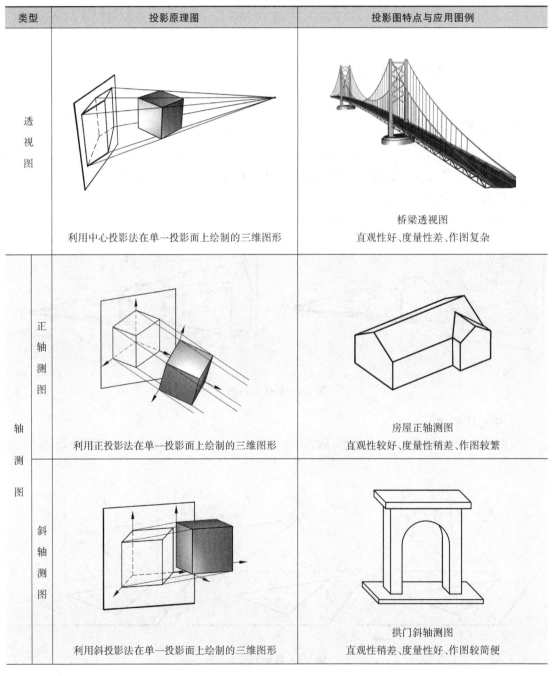

类型		投影原理图	投影图特点与应用图例
透视图		利用中心投影法在单一投影面上绘制的三维图形	桥梁透视图 直观性好、度量性差、作图复杂
轴测图	正轴测图	利用正投影法在单一投影面上绘制的三维图形	房屋正轴测图 直观性较好、度量性稍差、作图较繁
	斜轴测图	利用斜投影法在单一投影面上绘制的三维图形	拱门斜轴测图 直观性稍差、度量性好、作图较简便

（续）

类型	投影原理图	投影图特点与应用图例
正投影图	利用正投影法在一个平面上绘制的多面正投影图	三面投影图 直观性差、度量性好、作图简便
标高投影图	利用正投影法在水平投影上加注标高的单面正投影图	地形图特殊用途、作图较繁

二、正投影法的基本特性

（1）**实形性**　当直线或平面平行于投影面时，其投影反映实长或实形，如图 2-3a、e 所示，$ab = AB$，$\triangle abc \cong \triangle ABC$。

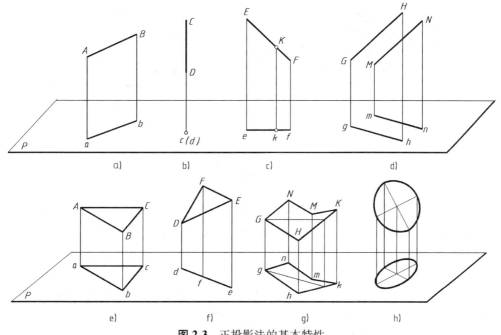

图 2-3　正投影法的基本特性

（2）积聚性 当直线或平面垂直于投影面时，则直线的投影积聚成一点（见图 2-3b），平面投影积聚成一直线（见图 2-3f）。

（3）类似性 当直线或平面倾斜于投影面时，则直线的投影仍为直线，但短于实长，$ef<EF$（见图 2-3c）；平面的投影是边数相同的类似形（见图 2-3g、h）。

（4）平行性 空间平行的两直线，其投影仍保持平行，如图 2-3d 所示，$GH//MN$，则 $gh//mn$。

（5）从属性 直线上点的投影必在直线的同面投影上（见图 2-3c），平面上的点或直线的投影必在平面的同面投影上（见图 2-3g）。

（6）定比性 直线上两线段长度之比与其投影长度之比相等，如图 2-3c 所示，$EK:KF=ek:kf$。

第二节 多面正投影图的形成及其投影特性

一、三投影面体系的建立

图 2-4a 表示三个不同形状的物体，但在同一投影面上的投影却是相同的。因此，当物体与投影面形成较为特殊的投影位置关系时，仅根据一个投影是不能完整地表达物体形状的，必须增加由不同的投射方向，在不同的投影面上所得到的几个投影互相补充，才能将物体表达清楚。

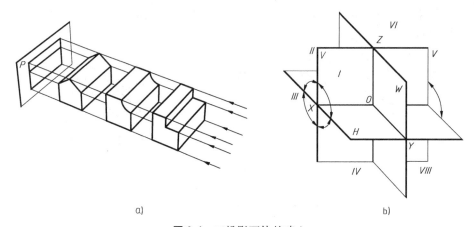

图 2-4 三投影面体的建立

工程上通常采用三投影面体系来表达物体的形状，即在空间建立互相垂直的三个投影面：正立投影面（简称正面）V、水平投影面 H、侧立投影面（简称侧面）W，如图 2-4b 所示。投影面的交线称为投影轴，分别用 OX、OY、OZ 表示，三投影轴交于一点 O，称为原点。

V、H、W 三个面将空间分割成八个区域，这样的区域称为分角，按图示顺序编号为Ⅰ、Ⅱ、Ⅲ、…、Ⅷ，Ⅰ号区域称为第一分角，Ⅲ号区域称为第三分角。我国国家制图标准规定工程制图优先采用第一角画法，必要时才允许采用第三角画法。有些国家的工程图样采用的是第三角画法。

二、三面投影图的形成

将物体置于第一分角中（V面前方、H面上方、W面左方），然后分别向V、H、W三个投影面进行正投影，就得到三面投影图（见图2-5a）。由前向后在V面上得到的投影称为正面投影，由上向下在H面上得到的投影称为水平投影，由左向右在W面上的投影称为侧面投影。

为了便于画图和表达，必须使处于空间位置的三面投影在同一平面上表示出来，规定V面不动，H面绕OX轴向下旋转90°，W面绕OZ轴向右旋转90°，与V面成为同一平面，如图2-5b所示。此时，OY轴分为两条，随H面旋转的一条标以Y_H，随W面旋转的一条标以Y_W。投影图的边框线一般不画，投影轴也可不画，各个投影之间只需保持一定间隔（用于标注尺寸）即可，如图2-5c所示。

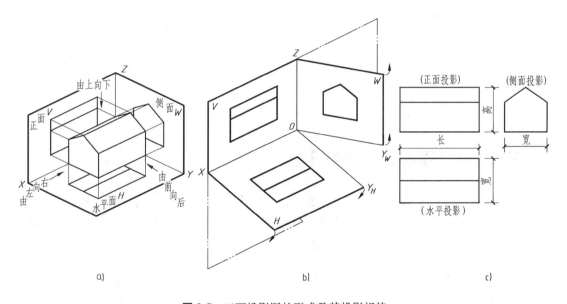

图2-5 三面投影图的形成及其投影规律

三、三面投影的投影特性

1. 投影关系

由图2-5c可以看出物体在三面投影图中的投影关系：正面投影与水平投影的长度相等，左右对正；正面投影与侧面投影的高度相等，上下平齐；水平投影与侧面投影宽度相等，前后对应。这就是三面投影之间的三等关系，即"长对正，高平齐，宽相等"。这一投影关系适用于物体的整体和任一局部，是画图和读图的基本规律。

2. 方位关系

如图2-6所示，物体有上下、左右、前后六个方位，正面投影与水平投影都反映左、右方位，正面投影与侧面投影都反映上、下方位，水平投影与侧面投影都反映前、后方位。物体在投影图中的上下和左右关系容易理解，而怎样判断物体在投影图中的前后位置关系容易出现错误。在三面投影展开过程中，由于水平面向下旋转，所以水平投影的下方实际上表示物体的前方，水平投影的上方表示物体的后方。侧面向右旋转，侧面投影的右方实际上表示物体的前方，侧面投影的左方表示物体的后方。所以，物体的水平投影和侧面投影不仅宽度相等，还应保持前后位置的对应关系。

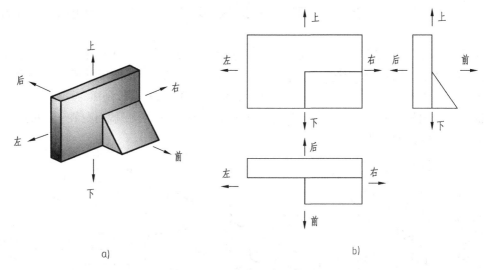

图2-6　三面投影的方位关系

第三节　点、直线、平面的投影

工程形体一般是由几何形体组合而成的，几何形体又是由点、线（直线或曲线）、面（平面或曲面）等几何元素组成的。因此，掌握点、线、面的投影规律及作图方法是正确地表达形体（画图）和理解他人的设计思想（读图）的基础。

一、点的投影

1. 点的投影及其投影规律

如图2-7a所示，四棱锥是由五个面、八条线和五个点构成。要正确理解和表达形体，必须掌握点、线、平面的投影特性和作图方法，这对指导画图和读图有重要意义。如图2-7b所示，将四棱锥顶点A分别向V、H、W面投射，得到投影a'、a、$a''^{\ominus}$，即A点的V面投影、H面投影和W面投影。将H、W投影面展开后，A点的三面投影图如图2-7c所示。

点在三投影面体系中具有如下投影规律：

点的V、H面投影连线垂直于OX轴，即$a'a\perp OX$；点的V、W面投影连线垂直于OZ轴，即$a'a''\perp OZ$；点的H投影到OX轴的距离等于点的W投影到OZ轴的距离，即$aa_x=a''a_z$。

⊖　一般规定空间点用大写拉丁字母表示，如A、B、C；点的H面投影用相应的小写字母表示，如a、b、c；点的V面投影用相应的小写字母右上角加一撇表示，如a'、b'、c'；点的W面投影用相应的小写字母加两撇表示，如a''、b''、c''。

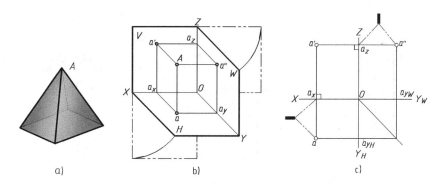

图2-7 点的三面投影

【例2-1】 如图2-8a所示，已知点A的V面投影a'和H面投影a，求作点A的W面投影a''。

分析：由点的投影规律可知：$a'a'' \perp OZ$，过a'作OZ轴的垂线$a'a_z$，所求a''必在$a'a_z$的延长线上，再由$a''a_z = aa_x$确定a''的位置。

作图：1）过a'向右作水平线交OZ轴于a_z，并延长，如图2-8b所示。

2）在$a'a_z$的延长线上量取$a''a_z = aa_x$，求得a''。或利用自O点引出的45°斜线，由a点作水平线交于45°斜线后，再向上作垂线，该垂线与$a'a_z$的延长线的交点即为a''，如图2-8c所示。

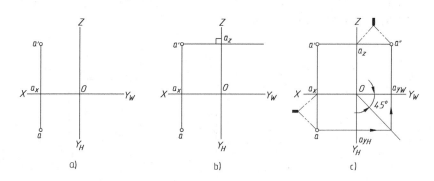

图2-8 已知点的两面投影求作第三投影

2. 点的投影与直角坐标的关系

空间点的位置可由点到三个投影面的距离来确定。如果将三个投影面作为坐标面，投影轴即为坐标轴，O点是坐标原点。如图2-9所示，空间点A的位置可以由其三个坐标值A（x_A，y_A，z_A）确定，则点的投影与坐标之间的关系如下：

1）点A到W面的距离（x_A）为$Aa'' = a'a_z = aa_y = a_xO = X$坐标。

2）点A到V面的距离（y_A）为$Aa' = a''a_z = aa_x = a_yO = Y$坐标。

3）点A到H面的距离（z_A）为$Aa = a''a_y = a'a_x = a_zO = Z$坐标。

空间点的位置可由该点的坐标确定，例如A点三投影的坐标分别为a（x_A，y_A），a'（x_A，z_A），a''（y_A，z_A）。任一投影都包含两个坐标，所以一个点的两个投影就包含了确定该点空间位置的三个坐标，即确定了点的空间位置。

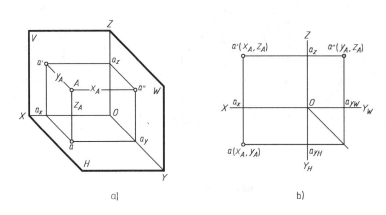

a)   b)

图 2-9 点的投影与坐标之间的关系

【例 2-2】 已知空间点 B 的坐标为 $X=15$，$Y=8$，$Z=12$，也可写成 B（15，8，12）。求作 B 点的三面投影（单位为 mm）。

分析： 已知空间点的三个坐标，便可作出该点的两个投影，从而作出另一投影。

作图： 1）在 OX 轴上由 O 点向左量取 15，定出 b_x，过 b_x 作 OX 轴的垂线（见图 2-10a）。

2）在 OY_H 轴上由 O 点向下量取 8，作水平线与过 b_x 的垂直线相交得 b，即 B 点的 H 面投影（见图 2-10b）。

3）在 OZ 轴上由 O 点向上量取 12，作水平线与过 b_x 的垂直线相交得 b'，即 B 点的 V 面投影。再由 b、b' 作出 b''（见图 2-10c）。

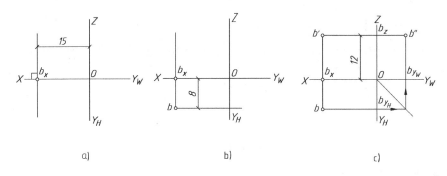

a)   b)   c)

图 2-10 已知点的坐标求作三面投影

3. 两点的相对位置与重影点

两点的相对位置是指两点在空间的左右、前后、上下的方位关系。在投影图中，是以它们的坐标差来确定的。如图 2-11 所示，点的 X 坐标表示点到 W 面的距离。因此，根据两点的 X 坐标大小，可判别两点左右之间的位置（A 点在 B 点之右）；根据两点的 Y 坐标大小，可判别两点前后之间的位置（A 点在 B 点之前）；根据两点的 Z 坐标大小，可判别两点上下之间的位置（A 点在 B 点之上）。

【例 2-3】 已知 C 点的三面投影 c、c'、c''，D 点在 C 点之左 12，之后 6，之下 10，求作 D 点三面投影（见图 2-12a）。

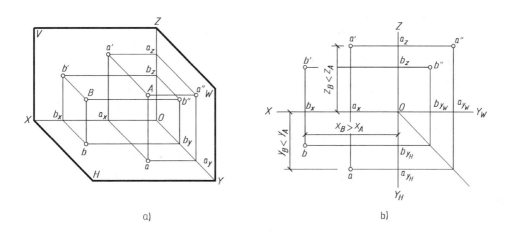

图 2-11 两点相对位置

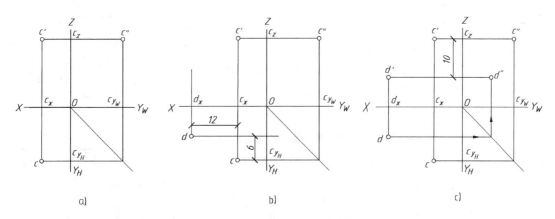

图 2-12 求作 D 点三面投影

分析：D 点在 C 点的左方，说明 $X_D > X_C$，D 点在 C 点的后方和下方，说明 $Y_D < Y_C$，$Z_D < Z_C$，可根据两点坐标差作出 D 点的三面投影。

作图：1）自 c_x 沿 X 轴方向向左量取 12 得 d_x，作垂线，自 c_{yH} 沿 Y 轴方向向后量取 6，作水平线与垂直线交于 d（见图 2-12b）。

2）自 c_z 沿 Z 轴方向向下量取 10，作水平线与垂直线交于 d'，再由 d、d' 求得 d''（见图 2-12c）。

如图 2-13 所示，如果 C 点和 D 点的 X、Y 坐标相同，只是 D 点的 Z 坐标小于 C 点的 Z 坐标，则 C、D 两点的 H 面投影 c 和 d 重合，称为 H 面的重影点，C 点在上，D 点在下，D 点的 H 面投影被 C 点遮住成为不可见。重影点在标注时，将不可见的点的投影加括号。

二、直线的投影

空间两点可以决定一条直线，所以只要作出线段两端点的三面投影，连接两点的同面投影（同一投影面上的投影），就得到直线的三面投影。

空间直线与投影面的相对位置有三种：投影面平行线、投影面垂直线和一般位置直线。前

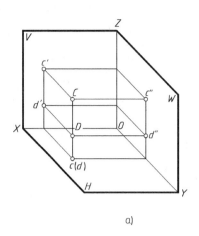

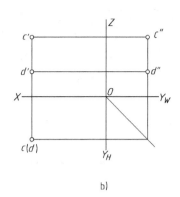

a)   b)

图2-13 重影点

两种又称为特殊位置直线。

1. 投影面平行线

平行于一个投影面、倾斜于另外两个投影面的直线称为投影面平行线。其中，平行于 V 面的直线称为正平线，平行于 H 面的直线称为水平线，平行于 W 面的直线称为侧平线。在图2-14中，直线 AC 是水平线，BC 是正平线，AB 是侧平线。

投影面平行线的投影特性见表2-2。

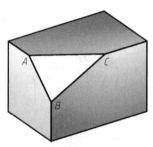

图2-14 投影面平行线

表2-2 投影面平行线的投影特性

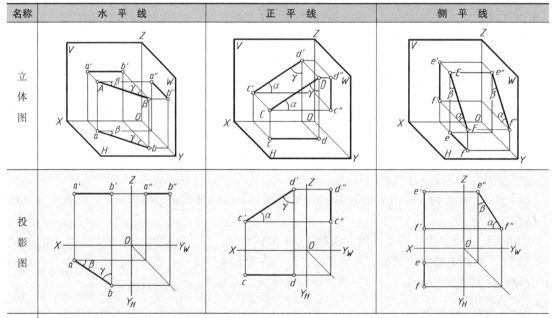

名称	水 平 线	正 平 线	侧 平 线
立体图			
投影图			
投影特性	1) 投影面平行线的三面投影都是直线 2) 平行线在所平行的投影面上的投影反映实长, 该投影与投影轴的夹角分别反映直线对另外两个投影面的真实倾角[①] 3) 平行线在另外两个投影面上的投影分别平行于相应的投影轴, 且投影短于实长		

[①] 空间直线或平面与它在投影面上的投影所夹锐角称为倾角, 对 H、V、W 三个投影面的倾角分别用 α、β、γ 表示。

2. 投影面垂直线

垂直于一个投影面，与另外两个投影面平行的直线称为投影面垂直线。其中，垂直于 V 面的直线称为正垂线，垂直于 H 面的直线称为铅垂线，垂直于 W 面的直线称为侧垂线。在图 2-15 中，直线 AB 是铅垂线，CD 是正垂线、BC 是侧垂线。

投影面垂直线的投影特性见表 2-3。

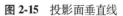

图 2-15 投影面垂直线

3. 一般位置直线

倾斜于三个投影面的直线称为一般位置直线。如图 2-16 所示，一般位置直线的投影特性是：三个投影均倾斜于投影轴，均短于实长；且投影与投影轴的夹角均不反映倾角的实形。一般情况下，只要直线的两面投影呈"斜线"，即可断定该直线是一般位置直线。

表 2-3 投影面垂直线的投影特性

名称	铅垂线	正垂线	侧垂线
立体图			
投影图			
投影特性	1）投影面垂直线在所垂直的投影面上的投影积聚成一点 2）垂直线在另外两个投影面上的投影均反映实长,且同时平行于一条相应的投影轴		

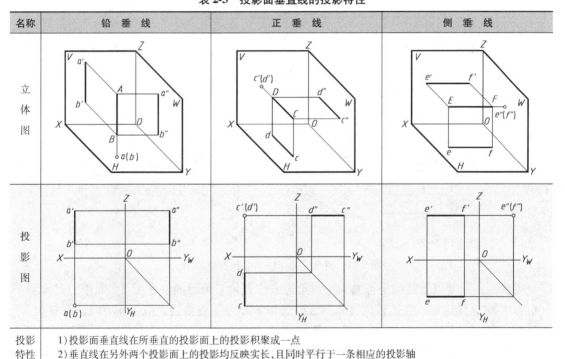

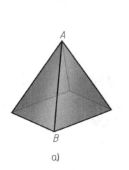

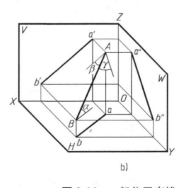

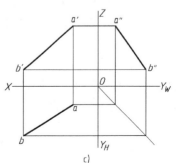

a)   b)   c)

图 2-16 一般位置直线

4. 求作一般位置直线的实长及其倾角——直角三角形法

一般位置直线的三面投影既不反映实长，也不反映直线与各投影面的倾角，工程上常应用直角三角形法求解一般位置直线的实长及其倾角。

如图2-17a所示，过点 A 作 $AB_1 // ab$，$\triangle ABB_1$ 构成直角三角形，它的一直角边 $AB_1 = ab$，另一直角边 BB_1 是直线两端点的 Z 坐标差（$\Delta Z = |Z_A - Z_B|$），可从 V 面投影中量得，其斜边 AB 即为实长，AB 与 AB_1 的夹角即为 AB 对 H 面的倾角 α。应用直角三角形求解一般位置直线的实长及其倾角有下面三种方法。

方法一：以直线的某一面投影为一直角边作直角三角形。如图2-17b所示，在 H 面上，以直线的水平投影 ab 为一直角边，然后过 ab 的任一端点（此处为 b 点）作直线 bB_0 垂直于 ab，且使 $bB_0 = \Delta Z$，则斜边 aB_0 即为所求直线的实长，aB_0 与 ab 之间的夹角 $\angle B_0 ab$ 即为 α 角。

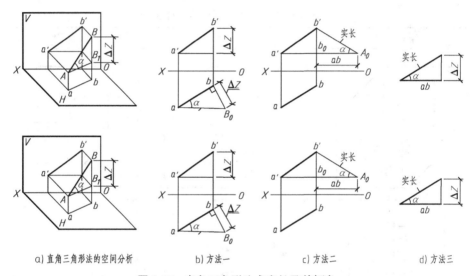

a) 直角三角形法的空间分析　　　b) 方法一　　　c) 方法二　　　d) 方法三

图2-17　直角三角形法求实长及其倾角

方法二：这是以直线的坐标差为一直角边来作直角三角形的。在图2-17c中，过 a' 点作 $a'A_0 // OX$ 轴，且与 $b'b$ 相交于 b_0（$bb_0 = \Delta Z$），以 bb_0 为一直角边，取 $b_0A_0 = ab$，则斜边 bA_0 也是所求直线的实长，$\angle b'A_0b_0$ 即为 α 角。

方法三：分别以直线的一面投影和某一坐标差为直角三角形的两条直角边作出直角三角形。如图2-17d所示，ab 为一直角边，以 ΔZ 为另一直角边，斜边即为实长 AB，ab 与实长的夹角即为 α 角。求直线与 V 面的倾角 β，以及直线与 W 面的倾角 γ，可参照上述分析得出。

5. 直线上的点

直线上点的投影满足从属性和定比性：若点在直线上，则点的投影必在直线的同面投影上（从属性）；若直线上的点分割线段成定比，则点的投影也分割线段的同面投影成相同的比例（定比性）。如图2-18所示，C 点在直线 AB 上，则 c、c'、c'' 分别在 ab、$a'b'$、$a''b''$ 上，且 $AC : CB = ac : cb = a'c' : c'b' = a''c'' : c''b''$。

【例2-4】 在图2-19a中，判断点 M 和点 N 是否在直线 AB 上、点 K 是否在直线 CD 上。

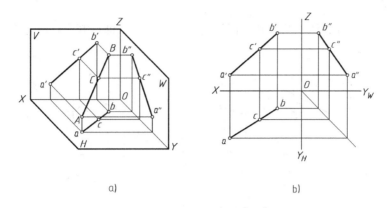

a)   b)

图 2-18 直线上的点的投影

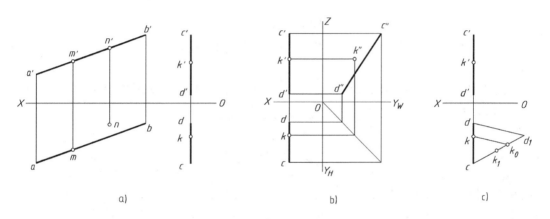

a)   b)   c)

图 2-19 判断点是否在直线上

分析：1）判断点是否在一般位置直线上，只需判断两个投影面上点的投影是否满足从属性即可。由于 m' 和 n' 在 $a'b'$ 上，m 在 ab 上，n 不在 ab 上，故点 M 在直线 AB 上，而点 N 不在直线 AB 上。

2）根据直线 CD 已知的两面投影可知，CD 是侧平线。有两种方法可以判断 K 点是否在侧平线 CD 上。

作图：方法一：因为 CD 是侧平线，所以不能由 CD 的 H、V 投影判断 K 点是否在 CD 直线上，但根据点在直线上的投影性质，如果 K 在 CD 上，则 K 的 W 面投影必在 CD 的 W 面投影上。如图 2-19b 所示，作出 $c''d''$ 和 k''，可判断 K 点不在 CD 上。

方法二：如果 K 点在 CD 直线上，则必定符合 $c'k' : k'd' = ck : kd$ 的定比关系。如图 2-19c 所示，过 d 作任意辅助线，在辅助线上量取 $ck_1 = c'k'$，$k_1d_1 = k'd'$，连接 dd_1，并由 k 作 $kk_0//dd_1$。因为 k_1、k_0 不是同一点，所以可判断 K 点不在 CD 直线上。

6. 两直线的相对位置

空间两直线的相对位置有三种情况：平行、相交、交叉（异面）。在后两种位置中还有一种特殊情况——垂直相交和垂直交叉。

（1）两直线平行 若空间两直线相互平行，则它们的三组同面投影必定相互平行（平行性），且同面投影长度之比等于它们的实长之比（定比性）。反之，若两直线的三组同面投影分别相互平行，则空间两直线必定相互平行。

对于两条一般位置直线，只要任意两组同面投影平行，即可判定这两条直线在空间相互平行（见图 2-20）。

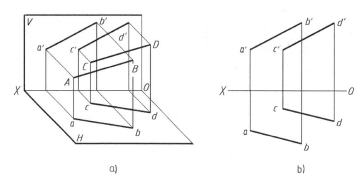

a)   b)

图 2-20 两直线平行

（2）两直线相交 若空间两直线相交，则它们的同面投影必相交，且交点必符合点的投影规律；反之亦然。

如图 2-21 所示，直线 AB、CD 相交于点 K（两直线的共有点），其投影 ab 与 cd、$a'b'$ 与 $c'd'$ 分别相交于 k、k'，且 $kk' \perp OX$ 轴，即符合点的投影规律，也满足直线上点的投影特性。

（3）两直线交叉 交叉两直线在空间既不平行也不相交。如图 2-22 所示，交叉两直线可能有一组或两组的同面投影相互平行，但第三组同面投影不可能相互平行；它们的同面投影也可能相交，但"交点"不符合点的投影规律。

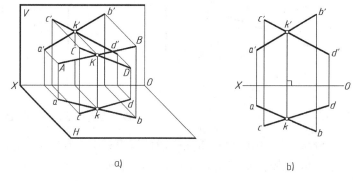

a)   b)

图 2-21 两直线相交

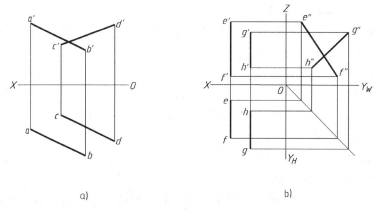

a)   b)

图 2-22 两直线交叉（一）

交叉两直线同面投影的交点实际上是一对重影点的投影。在图 2-23 中，H 面上的交点是直线 AB 上的点 I 与直线 CD 上的点 II 对 H 面的重影。从 V 面投影可知，点 I 高于点 II，故 1 可见，2 不可见。同理，V 面上的交点是点 III 与点 IV 对 V 面的重影，点 IV 在点 III 的前方，故 4′ 可见，3′ 不可见。

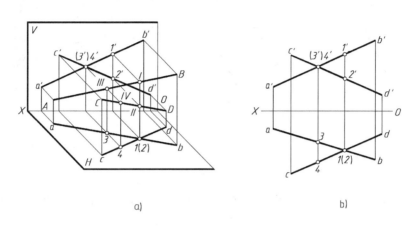

图 2-23 两直线交叉（二）

（4）两直线垂直 垂直的两条直线的投影一般不垂直。当垂直两直线都平行于某投影面时，则它们在该投影面上的投影必定垂直。当垂直两直线中有一条直线平行于某投影面时，则两直线在该投影面上的投影也必定垂直，这种投影特性称为直角投影定理。反之，若两直线的某投影相互垂直，且其中一条直线平行于该投影面（即为该投影面的平行线），则两直线在空间必定相互垂直。如图 2-24 所示，AB 与 BC 垂直相交，AB//V 面，在 V 面投影上，$a'b' \perp b'c'$。

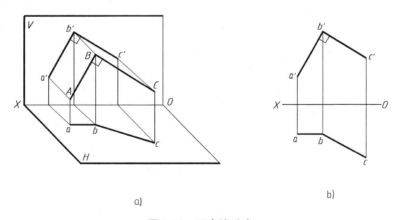

图 2-24 两直线垂直

【例 2-5】 求作 AB、CD 的公垂线 EF（见图 2-25a）。

分析：AB 是铅垂线，CD 是一般位置直线，它们的公垂线必定是水平线，因为既与铅垂线垂直又与一般位置直线垂直的直线只可能是水平线。可利用直角定理作图求解（见图 2-25c）。

作图：1）由铅垂线 AB 的 H 面投影 a（b）向 cd 作垂线交于 f，由 f 求得 f′。

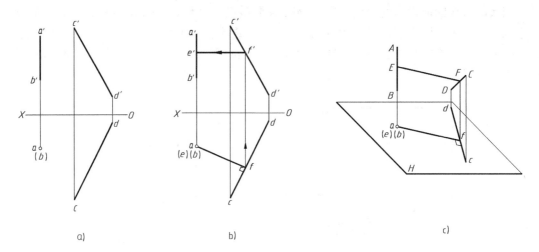

图 2-25　作交叉两直线的公垂线

2）由 f' 向 $a'b'$ 作垂线（水平线）交于 e'。$e'f'$、ef 即为所求公垂线 EF 的两面投影，如图 2-25b 所示。

三、平面的投影

平面可以用不在同一条直线上三点或由三点转化而成的其他几何元素的投影来表示，如图 2-26 所示。

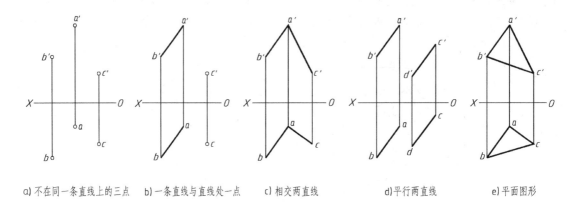

a) 不在同一条直线上的三点　　b) 一条直线与直线处一点　　c) 相交两直线　　　　d) 平行两直线　　　　e) 平面图形

图 2-26　几何元素表示平面

1. 平面的投影特性

平面对投影面的相对位置有三种：投影面垂直面、投影面平行面和一般位置平面。前两类统称为特殊位置平面。建筑形体上的大多数表面均为特殊位置平面（见图 2-27a）。

（1）投影面垂直面　垂直于一个投影面而倾斜于另外两个投影面的平面称为投影面垂直面。其中，垂直于 H 面而倾斜于 V、W 面的平面称为铅垂面，垂直于 V 面而倾斜于 H、W 面的平面称为正垂面，垂直于 W 面而倾斜于 H、V 面的平面称为侧垂面。如图 2-27b 中形体上的 A、B、C 三个平面均为投影面垂直面，A 面为铅垂面，B 面、C 面与投影的位置关系请读者自行分析。投影面垂直面的三面投影及其投影特性见表 2-4。

a) 中国工艺美术馆

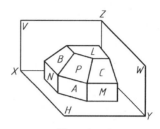
b) 不同位置的平面

图 2-27　形体上的各种位置平面

表 2-4　投影面垂直面的三面投影及其投影特性

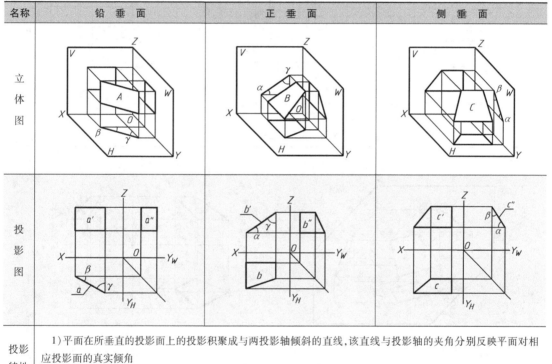

名称	铅　垂　面	正　垂　面	侧　垂　面
立体图			
投影图			
投影特性	1) 平面在所垂直的投影面上的投影积聚成与两投影轴倾斜的直线,该直线与投影轴的夹角分别反映平面对相应投影面的真实倾角 2) 其余两投影均为平面的类似形		

（2）投影面平行面　平行于一个投影面而垂直于另外两个投影面的平面称为投影面平行面。其中，平行于 H 面的平面称为水平面，平行于 V 面的平面称为正平面，平行于 W 面的平面称为侧平面。如图 2-27b 中形体上的 L、M、N 三个平面均为投影面平行面，L 面为水平面，M 面和 N 面的投影位置请读者自行分析。投影面平行面的三面投影及其投影特性见表 2-5。

（3）一般位置平面　与三个投影面都倾斜的平面称为一般位置平面，如图 2-27b 中的 P 面。一般位置平面的投影特性为：三个投影均为平面的类似形。如图 2-28 所示，P 平面的三个投影形状相类似，但都不反映 P 平面的实形。

表 2-5 投影面平行面的三面投影及其投影特性

名称	水 平 面	正 平 面	侧 平 面
立体图			
投影图			
投影特性	1) 平面在所平行的投影面上的投影,反映平面的实形 2) 其余两投影均积聚成直线,且分别平行于相应的投影轴		

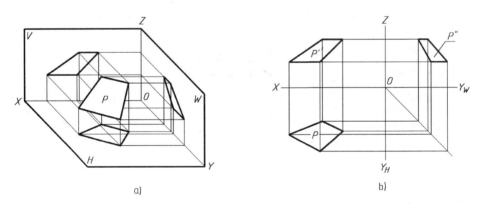

a)   b)

图 2-28 一般位置平面

2. 平面上的直线与点

由初等几何可知,点和直线在平面上的充分必要条件是:①点在平面上,则该点必定在这个平面的一条直线上;②直线在平面上,则该直线必定通过这个平面上的两个点,或者通过这个平面上的一个点,且平行于这个平面上的另一条直线。

因此,在平面上取直线有两种方法:

1) 平面上取两个已知点并连线,如图 2-29a 中的直线 DE。

2) 过平面上一个已知点,作平面上一已知直线的平行线,如图 2-29b 中的直线 DE。

在平面上取点的方法:先在平面上取直线,然后再在该直线上取点,这种方法称为辅助线法,如图 2-30 中的 D 点。

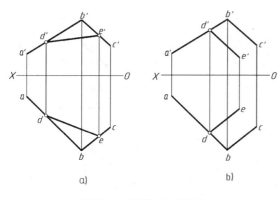

图 2-29　平面上取直线

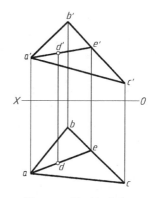

图 2-30　平面上取点

【例 2-6】 已知△ABC 的两面投影，求作平面内的一条水平线，使其到 H 面的距离为 10mm（如图 2-31a 所示）。

分析： 平面上的投影面平行线应同时具有投影面平行线和平面上直线的投影特性，故所求水平线的正面投影应平行于 OX 轴，且到 OX 轴的距离为 10mm。又因直线在平面上，因此可在△ABC 上取两个点以确定该直线。

作图： 如图 2-31b 所示。

1）在 V 面上作与 OX 轴平行且距 OX 轴为 10mm 的直线，该直线与 a'b'、a'c' 分别交于 m' 和 n'。

2）过 m'、n' 分别作 OX 轴的垂线与 ab、ac 交于 m 和 n，连接 m'n'、mn，即为所求。

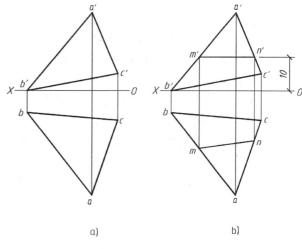

图 2-31　在平面上取水平线

【例 2-7】 已知△ABC 上一点 K 的正面投影 k'，求点 K 的水平投影（见图 2-32a）。

分析： 由点在平面上的几何条件可知，点 K 必在△ABC 的一条直线上，点的投影则在该直线的同面投影上。故通过在平面上过点 K 作辅助线的方法求解。

作图：方法一： 连接 a'k' 并延长与 b'c' 交于 1'，由 1' 作出 1，连接 a1，然后在 a1 上求得 k（见图 2-32b）。

方法二： k' 作 b'c' 的平行线与 a'b' 交于 2'，由 2' 作出 2；再由 2 作 bc 的平行线，在此线上即可求得 k（见图 2-32c）。

3. 平面上的最大斜度线

平面内对于投影面倾角最大的直线称为该平面的最大斜度线，它必垂直于该平面上的投影面平行线。平面上最大斜度线有三种：垂直于水平线的直线称为对 H 面的最大斜度线；垂直于正平线的直线称为对 V 面的最大斜度线；垂直于侧平线的直线称为对 W 面的最大斜度线。

如图 2-33 所示，直线 CD 是平面 P 上的水平线，过 A 点作 AB⊥CD，则 AB 是对 H 面的

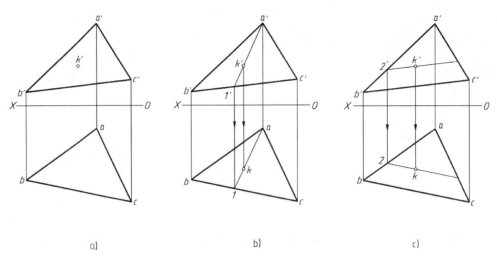

图 2-32　求平面上点的投影

最大斜度线。证明如下：

1）过 A 点作任一直线 AE，它对 H 面的倾角为 α_1。

2）在直角 $\triangle AaB$ 中，$\sin\alpha = Aa/AB$，在直角 $\triangle AEa$ 中，$\sin\alpha_1 = Aa/AE$。

3）由于 $AB \perp CD$，且 $EB/\!/CD$，故 $AB \perp EB$，$\triangle AEB$ 为直角三角形，则 $AB < AE$，所以 $\alpha > \alpha_1$，即 AB 对 H 面的倾角为最大，故称为最大斜度线。

显然，一平面上对 H 面的最大斜度线有无数多条。

最大斜度线的几何意义是可以用它来测定平面对投影面的倾角。由于 $AB \perp EB$，则 $\angle ABa = \alpha$，它是 P、H 两平面的二面角。所以平面 P 对 H 面的倾角就是最大斜度线 AB 对 H 面的倾角。

先求出 $\triangle ABC$ 对 H 面的最大斜度线 BE，再应用直角三角形法即可作出平面对 H 面的倾角 α，如图 2-34 所示。

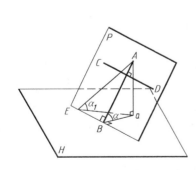

图 2-33　平面对 H 面的最大斜度线

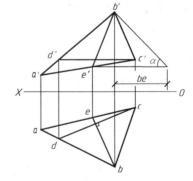

图 2-34　求作平面的 α 角

同理可分析如何求得平面对 V 面的倾角 β 和对 W 面的倾角 γ。

第四节　直线与平面、平面与平面的相对位置

直线与平面、平面与平面之间的相对位置有平行、相交和垂直三种情况。

一、直线与平面、平面与平面平行

1. 直线与平面平行

若一直线平行于平面上的任一直线，则直线与该平面平行。如图 2-35 示，直线 *AB* 平行于平面 *H* 上的任一直线 *CD*，则 *AB*//*H* 面。

【例 2-8】 过已知点 *K* 作一水平线与平面 *ABC* 平行（见图 2-36）。

分析：过点 *K* 可作无数多条平行于已知平面的直线，但其中只有一条水平线。可先在平面 *ABC* 内任作一条水平线 *AD*，再过点 *K* 作直线 *KF*//*AD*。因直线 *KF* 平行于平面 *ABC* 上的水平线 *AD*，所以 *KF* 也是水平线，且平行于平面 *ABC*。

作图：1）在△*ABC* 上作一水平线 *AD*（*a'd'*，*ad*）。

2）过点 *K* 作直线 *KF*//*AD*，即 *k'f'*//*a'd'*，*kf*//*ad*，则 *KF* 即为所求。

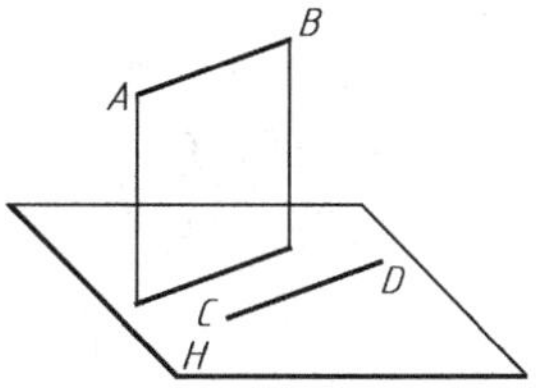

图 2-35　直线和平面平行的条件

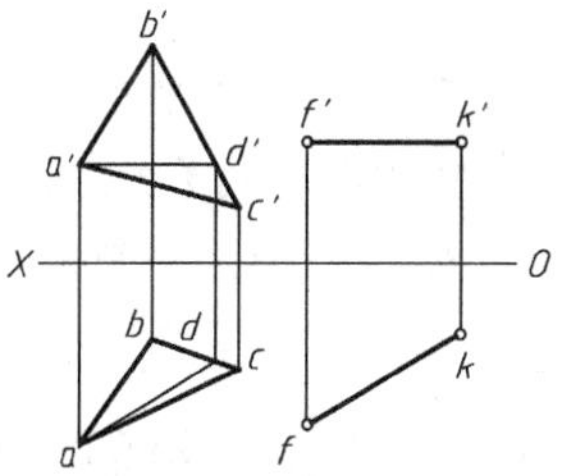

图 2-36　过已知点作水平线平行已知平面

【例 2-9】 试判断直线 *MN* 是否平行于平面 *ABCD*（见图 2-37）。

分析：若要判别直线是否与平面平行，只需在平面上作出一直线，检查该直线是否能与已知直线平行。为此，在平面 *ABCD* 上作辅助线 *CE*，检查 *CE* 与 *MN* 的平行关系。

作图：在平面 *ABCD* 上过 *C* 点作辅助线 *CE*，使 *c'e'*//*m'n'*，由 *e'* 求 *e*，连 *ce*；因 *ce* $\nparallel$ *mn*，故 *BE* $\nparallel$ *MN*，即直线 *MN* 与平面 *ABCD* 不平行。

若直线的投影与投影面垂直面的积聚投影平行，则直线与该平面平行。

2. 两平面平行

若一平面上的两相交直线与另一平面上的两相交直线对应平行，则两平面互相平行（见图 2-38）。

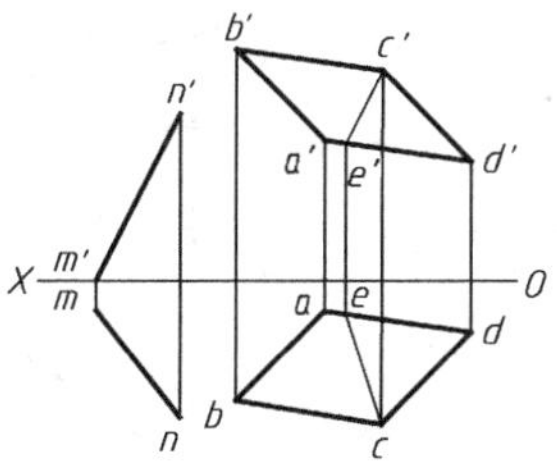

图 2-37　判断直线与平面是否平行

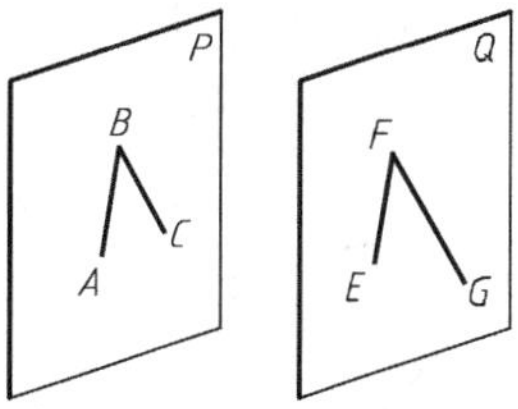

图 2-38　两平面平行的条件

【例 2-10】 试判断△*ABC* 和△*DEF* 两平面是否平行（见图 2-39）。

分析：可分别在两平面上相应地作出一对相交的直线，检查这两对直线是否对应平行。为方便作图，在两平面上均取水平线和正平线。

作图：先在△ABC上作水平线 CM 和正平线 AN，再在△DEF上作水平线 DK 和正平线 EL。因为 $CM \not\parallel DK$（$c'm'\parallel d'k'$，$cm \not\parallel dk$），$AN \not\parallel EL$（$a'n'\not\parallel e'l'$，$an\parallel el$），故△ABC 与 △DEF 不平行。

【**例 2-11**】 过点 K 作一平面平行于由两平行直线 AB 和 CD 所确定的平面（见图 2-40）。

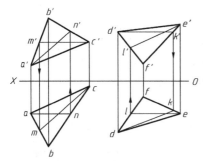
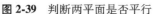

图 2-39 判断两平面是否平行

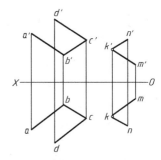

图 2-40 过已知点作平面平行于已知平面

分析：先将由两平行直线 AB 和 CD 所确定的平面转换成由相交两直线 AB 和 BC 确定的平面；再过点 K 作出平行于直线 AB 和 CD 的两相交直线 KM 和 KN，KM 和 KN 所确定的平面即为所求。

二、直线与平面、平面与平面相交

直线与平面、平面与平面若不平行，则必定相交（包括垂直相交）。直线与平面相交只有一个交点，它是直线和平面的共有点，既在直线上，又在平面上。两个平面相交的交线是一条直线，它是两个平面的共有线，求解这条交线，只要求出属于两个平面的两个共有点，或求出一个共有点和交线方向，即可确定交线。由此可见，求直线与平面的交点、平面与平面的交线实际上就是解决求直线与平面的交点问题。

1. 一般位置直线与特殊位置平面相交

当平面垂直于投影面时，根据投影的积聚性和直线与平面相交的共有性，交点在平面所垂直的投影面上的投影可以直接确定，而交点的另一个投影可以根据投影的从属性求出。

图 2-41a 所示为一般位置直线 AB 与铅垂面 P 相交，求作交点 M。

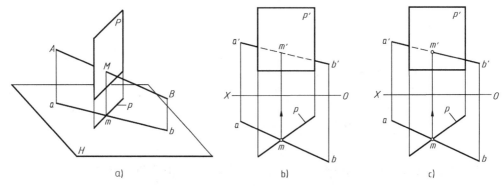

a)   b)   c)

图 2-41 一般位置直线与铅垂面相交

由于铅垂面 P 的 H 面投影具有积聚性，交点 M 的 H 投影 m 必在直线的积聚投影 p 上；根据共有性 m 也应在直线 AB 的 H 面投影 ab 上，所以 m 必是 p 与 ab 交点。如图 2-41b 所示，再由 m 作 OX 轴的垂线与 $a'b'$ 交于 m'，则 M（m，m'）即为所求的交点。

当直线穿过平面时，必然有一段是不可见的，交点 M 即为可见与不可见的分界点，从图中可直接判断，M 点的右边一段在 P 平面之前，是可见的，M 点左边的一段为不可见，如图 2-41c 所示。

2. 投影面垂直线与一般位置平面相交

直线为投影面垂直线时，可利用线的积聚投影直接求出直线与一般位置平面的交点投影。

【例 2-12】 求作铅垂线 AB 与一般位置平面△DEF 的交点 K（见图 2-42）。

分析：铅垂线 AB 与平面△DEF 相交，交点 K 的水平投影 k 与直线 AB 的水平投影 a（b）重影，可以直接定出。因点 K 又是平面上的点，故可用辅助线法（在△DEF 上作出辅助线 FG）求出点 K 的正面投影 k'，如图 2-42b 所示。

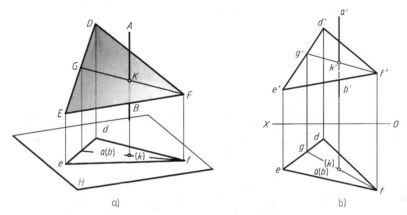

图 2-42 铅垂线与一般位置平面相交

从水平投影可以看出，直线 AB 在△DEF 平面 DF 边的前面，所以 KA 段为可见，KB 被△DEF 平面遮住的一段为不可见。

3. 一般位置平面与投影面垂直面相交

图 2-43a 所示为一般位置平面△ABC 与铅垂面 P 相交，求作交线 MN。两平面的交线实际上就是 AB 和 BC 两直线与铅垂面 P 的两个交点 M 和 N 的连线。应用前面的方法分别作出 M 和 N 的两面投影 m、m' 和 n、n'，连接 MN（$m'n'$，mn）即为所求（见图 2-43b）。

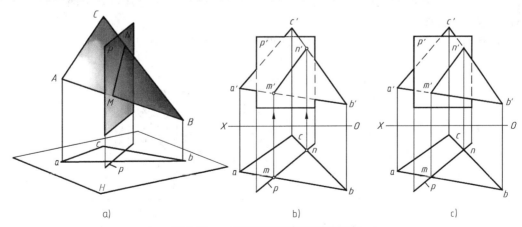

图 2-43 一般位置平面与铅垂面相交

两个平面相交，必定有一部分被遮住而不可见，交线是可见与不可见的分界线。对照水平投影和立体图可以看出，△ABC 的右半部分在 MN 的前方，其正面投影为可见，左半部分为不可见，如图 2-43c 所示。

【例 2-13】 求作侧平面△ABC 与正垂面△DEF 的交线 MN（见图 2-44）。

分析： 两个平面均垂直于正面，交线 MN 必是正垂线。两个平面在 V 面上积聚投影的交点 m'n' 即是正垂线 MN 的正面投影；由 m'n' 直接在 W 面上两平面的公共区间作出 m"n"。

两个平面侧面投影的可见性可以从它们正面投影的左右位置分析得出。

建筑形体表面交线的投影位置分析与作图方法简要示意于图 2-45 中，请读者对照、分析表面交线的投影特性和作图方法。

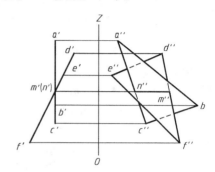

图 2-44 两个垂直于正面的平面相交

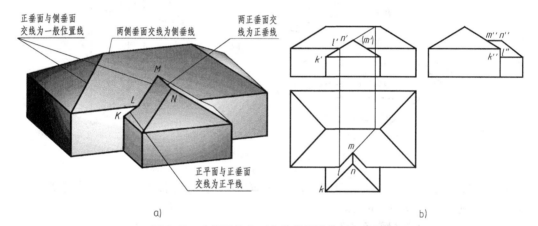

图 2-45 建筑形体表面交线的投影分析与作图

4. 一般位置直线与一般位置平面相交

当直线和平面均处于一般位置时，两者在投影图上都没有积聚性，不能直接确定出交点，可采用辅助平面法求交点。为便于作图，辅助平面一般采用特殊位置平面（投影面垂直面）。求解过程如下：

1）利用交点的共有性，含直线 AB 作辅助平面 P，如图 2-46a 所示。

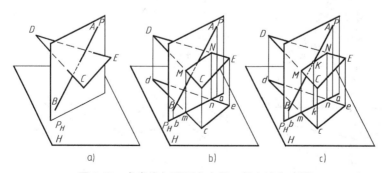

图 2-46 求直线与平面交点的一般方法和步骤

2）求辅助平面 P 与已知平面 CDE 的交线 MN，如图 2-46b 所示。

3）求交线 MN 与已知直线 AB 的交点 K，K 既在 AB 上，又在平面 CDE 上，K 即为所求，如图 2-46c 所示。

4）判别可见性。

【例 2-14】　求直线 DE 与平面 ABC 的交点（见图 2-47a）。

作图（见图 2-47b）：1）包含直线 DE 作辅助平面 P（即 P_H）。

2）求辅助平面 P 与平面 ABC 的交线 MN。

3）求交线 MN 与直线 DE 的交点 K，K 即为直线 DE 与平面 ABC 的交点。

4）利用重影点判别可见性。

5. 两个一般位置平面相交

两个一般位置平面相交，求解其交线的关键是作出这两个平面上的两个共有点，这两个共有点的连线即为所求交线。求解此类交线的方法有：辅助平面法和三面共点法。

（1）辅助平面法　在一平面内任取两直线与另一平面相交，运用直线与一般位置平面相交求交点的方法（辅助平面法）分别确定两直线与另一平面的交点，两个交点的连线即为两平面的交线。

图 2-48 所示两个一般位置平面△ABC 与△DEF 相交。分别过 DE 和 DF 作辅助平面 Q 和 R，求解出 DE 和 DF 与△ABC 的两个交点 K（k，k'）及 L（l，l'），KL 即为两平面的交线。

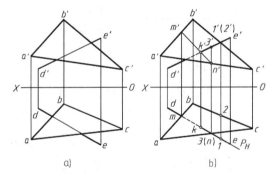

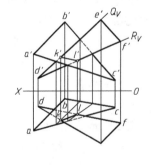

图 2-47　一般位置直线与一般位置平面相交　　　　**图 2-48**　两个一般位置平面相交

（2）三面共点法　图 2-49 所示是用三面共点法求两平面共有点的示意图，图中已给两平面为 R 和 S。为求两平面的共有点，取两个辅助平面（特殊位置平面）P 和 Q，在每个辅助平面上分别作出各自与已知两平面相交的交线及共有点 K_1、K_2，K_1K_2 便是两平面的交线。

【例 2-15】　求平面△ABC 与平行线 DE、FG 所确定的平面的交线（见图 2-50）。

分析： 取水平面 P 为辅助面，P 面与△ABC 的交线为 Ⅰ Ⅱ，与 DE 和 FG 交线为 Ⅲ Ⅳ，Ⅰ Ⅱ 与 Ⅲ Ⅳ 相交于 K_1，K_1 便为两平面的一个共有点。同理，作第二辅助平面 Q//P，即 Q_V//P_V，则 Ⅴ Ⅵ// Ⅰ Ⅱ，Ⅶ Ⅷ// Ⅲ Ⅳ，从而简化作图，求得第二个共有点 K_2。连 K_1K_2，即为所求。

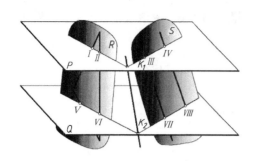

图 2-49 三面共点法示意图

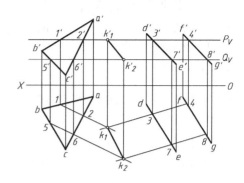

图 2-50 三面共点法求两平面的交线

三、直线与平面、平面与平面垂直

1. 直线与投影面垂直面垂直

垂直于投影面垂直面的直线，必然平行于该平面所垂直的投影面，是一条投影面的平行线。根据直角投影定理，该投影面垂直面的积聚投影必然垂直于直线的同面投影。如图 2-51 所示，直线 $AB \perp$ 铅垂面 $CDEF$，故 AB 必定是水平线，且 $ab \perp cdef$，其交点 k 即为垂足 K 的水平投影。

2. 直线与一般位置平面垂直

若直线垂直于平面上的一对相交直线，则直线与该平面垂直，同时该直线也垂直于平面内所有直线。在投影作图时，可选择平面内的正平线和水平线作为一对相交直线，以便利用直角投影定理来解题。

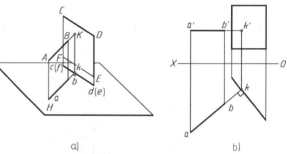

图 2-51 直线与铅垂面垂直

如图 2-52 所示，$MN \perp \triangle ABC$，则 MN 必垂直于平面上的正平线 CE 和水平线 AD（这两条相交直线不一定垂直）。由直角投影定理可知：$mn \perp ad$，$m'n' \perp c'e'$。由此可以得出直线与一般位置平面垂直的投影特性，即直线的水平投影垂直于平面上水平线的水平投影，直线的正面投影垂直于平面上正平线的正面投影。反之，如果直线、平面的投影具有上述投影特性，则直线与平面垂直。

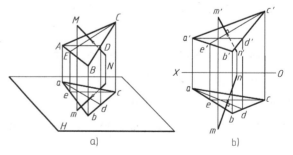

图 2-52 直线与平面垂直

【例 2-16】 过点 M 作 $\triangle ABC$ 平面的垂线，并求垂足（见图 2-53a）。

分析： 先根据直线和平面垂直的投影特性作出平面的垂线，然后利用线面关系求出垂线与平面的交点即垂足。

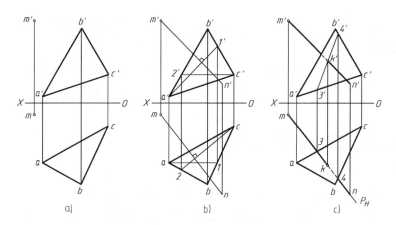

图 2-53　过点作直线垂直平面

作图：1）在△ABC 平面上分别作正平线 AⅠ（$a1$，$a'1'$）和水平线 CⅡ（$c2$，$c'2'$）。

2）作 MN 垂直于 AⅠ和 CⅡ，即 $mn \perp c2$，$m'n' \perp a'1'$（见图 2-53b）。

3）含直线 MN 作铅垂面 P（即 P_H），求 P 面与△ABC 的交线Ⅲ Ⅳ。

4）求出Ⅲ Ⅳ与 MN 的交点 K（k，k'）即为所求垂足。

5）判断可见性（见图 2-53c）。

3. 两平面相互垂直

若一直线垂直于一平面，则包含该直线所作的任何平面均垂直于该平面。如图 2-54 所示，$AB \perp H$ 面，包含 AB 所作的平面均垂直于平面 H。

当两个相交平面同时垂直于同一投影面时，它们在该投影面上的积聚投影反映出两平面夹角的实形。此时，若两个平面相互垂直，则它们的积聚投影也必然相互垂直（见图 2-55）。

【例 2-17】　试判断△ABC 与△DEF 是否相互垂直（见图 2-56）。

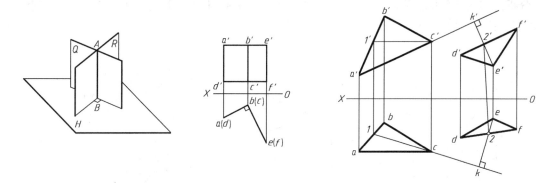

图 2-54　两平面垂直的	**图 2-55　相互垂直的**	**图 2-56　判断两平面**
几何条件	**两铅垂面**	**是否相互垂直**

分析：只要能在一个平面上找出一条既属于该平面又垂直于另一平面的直线，就可证明两平面相互垂直。为此，在△DEF 上试作一条直线，看其是否能满足既垂直于△ABC 又在

△DEF 上。

作图：1）在 △DEF 上任取一点，如 E 点，作一直线 EK 垂直于 △ABC，即 ek ⊥ c1，e'k' ⊥ a'c'（AC 为水平线）。

2）判断 EK 是否在 △DEF 上，如图 2-56 所示，e'k' 与 d'f' 的交点 2' 和 ek 与 df 的交点 2 的连线不垂直于 OX 轴，2' 和 2 不符合点的投影规律，所以，EK 线不在 △DEF 上，即 △ABC 与 △DEF 不相互垂直。

＊四、空间几何元素的综合分析

空间几何元素点、直线、平面的综合分析，就是根据几何定理和投影特性，利用投影作图方法来解决满足若干个条件的空间定位和度量的图解问题。定位问题包括点与线、点与面、线与面的从属问题、交点、交线和平面的定位等，度量问题包括求解实长、实形、距离、角度、平行、垂直等问题。综合作图题一般有两个或两个以上要满足的条件，其中可能包含隐含的条件。每个条件对应着一个解题路径，所有路径的交点即为所求。正确理解几何元素之间平行、相交、垂直的几何定理和投影特性，熟练掌握各种基本作图方法是求解空间问题的基础。

综合求解空间几何问题的一般步骤：

（1）分析题意　首先要明确已知条件和题目要求，对已知的几何元素和求解对象进行空间几何特征分析，并针对它们与投影面的相对位置进行投影分析。

（2）确定作图方法和步骤　根据题意和涉及的有关几何定理及作图方法安排好解题顺序。有时，同一个题目由于解题思路不同或作图方法不同会有几种解题方法，因此，需要分析、比较，选用简便的方法求解。

（3）投影作图　运用有关几何定理和投影特性逐步作图求解。可以在分析时先作出空间示意草图，帮助空间思维和几何作图。

（4）校对　确认图解作图结果满足题目要求和全部条件。

【例 2-18】　求两平行直线 AB 和 CD 间的距离（见图 2-57a）。

分析：如图 2-57b 所示，作辅助面 Q 与平行两直线 AB 和 CD 垂直，并相交于 E 和 F 点。连接 EF，其实长即为所求。

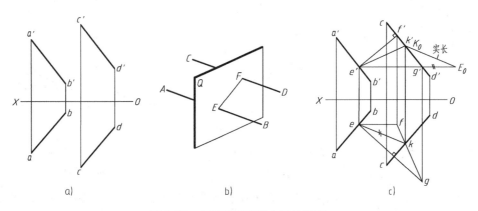

a)　　　　　　　　　b)　　　　　　　　　c)

图 2-57　求两平行直线之间的距离

作图：1）在 AB 直线上任取一点 E，过 E 点作一平面 Q 与 AB 垂直，即作 e'f'⊥a'b'，ef//OX；eg⊥ab，e'g'//OX。

2）因 CD//AB，故 CD⊥Q，求出 CD 与 Q 平面的交点 K（k，k'）。

3）连接 EK（ek，e'k'），利用直角三角形法求出 EK 的实长 E_0K_0（见图 2-57c）。

【例 2-19】　已知三条交叉直线 AB、CD、EF（见图 2-58a），求作直线 MN，使之与 EF 平行，与 AB、CD 相交。

分析：与 AB 相交且平行于 EF 的直线有无数条，这些直线可以构成一个平面 P（2-59c）。只要求出直线 CD 与平面 P 的交点 M，再过 M 作出 EF 的平行线，此题就可得到求解。

作图（见图 2-58b）：1）过 B 点作直线 BⅠ//EF，即 b'1'//e'f'，b1//ef，则△ABⅠ//EF。

2）利用线面交点法求直线 CD 与△ABⅠ的交点 M。

3）过 M 点作直线 MN//EF（m'n'//e'f'，mn//ef），交 AB 于 N 点，则 MN 即为所求。

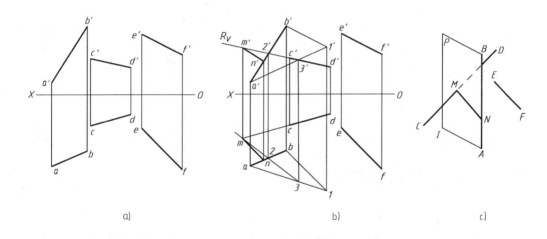

图 2-58　求作一直线与 EF 平行，与 AB、CD 相交

【例 2-20】　求直线 EF 与平面 ABCD 间的夹角（见图 2-59a）。

分析：由立体几何可知，直线与它在平面上的投影所夹的锐角为直线与平面间的夹角。图 2-59b 所示是本例求解的空间分析示意图，为求解直线 EF 与平面间的夹角 θ，可过直线 EF 上任取一点如 E 作平面 P 的垂线 EO，求出 EF 与 EO 间的夹角 φ，则 φ 的余角就是直线 EF 与平面间的夹角 θ。

作图：1）如图 2-59c 所示，过点 E 作平面 ABCD 的垂线 EⅢ（Ⅲ点是垂线上的任意一点），即使 e'3'⊥d'2'，e3⊥d1。

2）在 EⅢ上取一点 K，连接点 E、F、K，得△EFK。为解题方便，此处 FK 为水平线，fk 反映其实长。

3）利用直角三角形法分别作出△EFK 两边 EK 和 FK 的实长（见图 2-59d）。

4）作出△EFK 实形，如图 2-59e 所示，则∠KEF 的余角 θ 即为所求夹角。

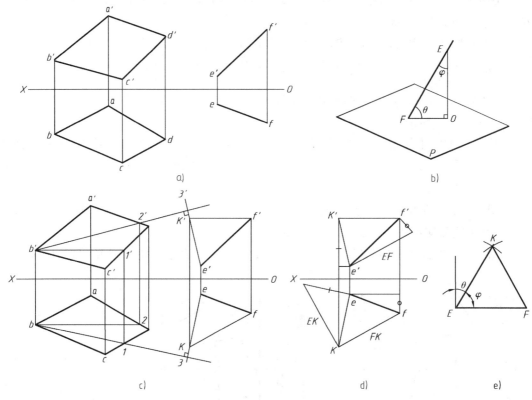

图 2-59 求直线与平面的夹角

第五节 基本形体的投影

任何建筑物或构筑物都是由一些简单的几何体构成的，如图 2-60 所示的建筑形体，无非就是柱、锥、球、环等几何体经过叠加、切割而构成的。这些简单的几何体称为基本形体。掌握基本形体投影特性和作图方法对今后绘制或识读工程图样是十分重要的。

a) 深圳科学馆

b) 日本爱媛县科技博物馆

图 2-60 建筑形体的构成

基本形体有平面体和曲面体两类。平面体的每个表面都是平面，如棱柱、棱锥等。曲面体至少有一个表面是曲面，如圆柱、圆锥、圆球和圆环等。

下面介绍一些常见的基本形体的投影特性和作图方法。

一、棱柱

棱柱的棱线互相平行，底面是多边形。常见的棱柱有三棱柱、四棱柱、五棱柱和六棱柱等。以图 2-61 所示五棱柱为例，分析其投影特征和作图方法。

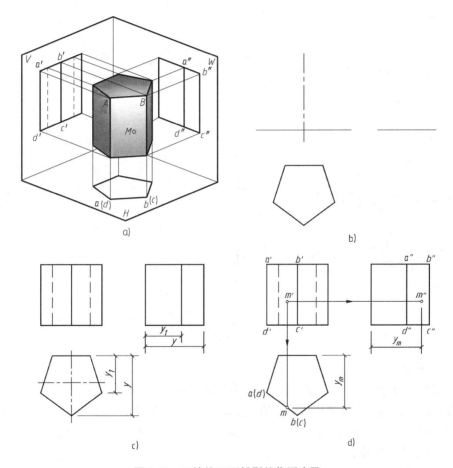

图 2-61　五棱柱三面投影的作图步骤

1. 投影分析

正五棱柱的上、下底面平行于 H 面，两底面的水平投影重影，并反映实形，正面投影和侧面投影均积聚成水平线；五个棱面均垂直于 H 面，水平投影积聚在正五边形的轮廓线上，其中，后棱面平行于 V 面，正面投影反映其实形，侧面投影积聚成铅垂线，其他四个棱面均为铅垂面，它们的正面投影、侧面投影均为类似形。

2. 作图步骤

1）先画出反映五棱柱主要形状特征的投影，即水平投影的正五边形（参阅表 1-6），再画出正面、侧面投影中的底面基线和对称中心线，如图 2-61b 所示。

2）按"长对正"的投影关系及五棱柱的高度画出五棱柱的正面投影，按"高平齐、宽相等"的投影关系画出侧面投影，如图 2-61c 所示。

3. 棱柱表面上点的投影

如图 2-61d 所示，已知五棱柱棱面 ABCD 上点 M 的正面投影 m′，求作另外两面投影 m、m″。由于点 M 所在的棱面 ABCD 是铅垂面，其水平投影积聚成直线 abcd，因此，点 M 的水平投影必在 abcd 上，即可由 m′ 直接作出 m。然后由 m′、m 作出 m″。因为棱面 ABCD 的侧面投影为可见，所以 m″ 为可见。

二、棱锥

棱锥的棱线交于锥顶。常见的棱锥有三棱锥、四棱锥、五棱锥等。以图 2-62 所示三棱锥为例，分析其投影特征和作图方法。

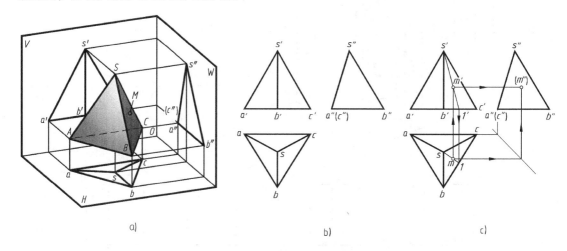

图 2-62 正三棱锥的三面投影

1. 投影分析

正三棱锥的底面 △ABC 为水平面，水平投影 △abc 反映实形（等边三角形）。后棱面 △SAC 为侧垂面，其侧面投影积聚为一直线 s″a″（c″）。左右两棱面 △SAB、△SBC 是一般位置平面，它们的三面投影均为类似形。底边 AB、BC 为水平线，AC 为侧垂线，棱线 SB 为侧平线，SA、SC 为一般位置直线。

2. 作图步骤

1）先画出反映底面 △ABC 实形的水平投影和有积聚性的正面、侧面投影。

2）作出锥顶 S 的各面投影，然后连接锥顶 S 与底面各点的同面投影，得到三条棱线的投影，从而得到正三棱锥的三面投影，如图 2-62b 所示。

3. 棱锥表面上点的投影

如图 2-62c 所示，已知三棱锥棱面 △SBC 上点 M 的正面投影 m′，求作另外两面投影 m、m″。由于点 M 所在棱面 △SBC 是一般位置平面，其投影没有积聚性，所以必须借助在该面上作辅助线的方法来求解。过 m′ 点作辅助线 S Ⅰ 的正面投影 s′1′，并作出 S Ⅰ 的水平投影 s1，在 s1 上定出 m。然后由 m′、m 作出 m″。因为棱面 △SBC 的水平投影可见，侧面投影不可见，所以 m 可见，m″ 不可见。

三、圆柱

1. 圆柱的形成与投影分析

圆柱由圆柱面和上、下底面围成，如图 2-63a 所示。圆柱面由直线 AB 绕与其平行的轴线 O 旋转而形成，这条形成圆柱面的直线称为母线，圆柱面上母线的任一位置称为圆柱面的素线。

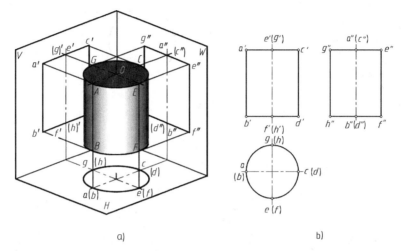

图 2-63 圆柱面的形成与投影

当圆柱轴线垂直于 H 面时，圆柱上、下底面的水平投影反映实形，正面、侧面投影积聚成水平线。圆柱面的水平投影积聚为圆，与上下底面的水平投影的轮廓线重合。其正面投影和侧面投影均为矩形，如图 2-63b 所示。其中，正面投影的轮廓线 a'b' 和 c'd'，分别是圆柱面上最左素线 AB 和最右素线 CD 的正面投影，AB、CD 是圆柱面前、后两部分可见与不可见的分界线，（它们的侧面投影与轴线投影重合，在图中不画出），所以正面投影矩形实际上是圆柱面前、后两部分的重影。侧面投影的轮廓线 e"f" 和 g"h"，分别是圆柱面的最前素线 EF 和最后素线 GH 的侧面投影，EF、GH 是圆柱面左、右两部分可见与不可见的分界线，所以侧面投影矩形是圆柱面左、右两部分的重影。

2. 圆柱面上点的投影

如图 2-64a 所示，已知圆柱面上点 A 和点 B 的正面投影 a'、(b')，求作两点的另外两面投影。由点 A 和点 B 的正面投影位置和可见性可知，点 A 位于圆柱面上左、前方，点 B 位于圆柱面正后方，即点 B 在圆柱面的最后素线上。利用圆柱面水平投影的积聚性和点的投影规律进行求解。如图 2-64b 所示，分别过 a'、b' 向下作投影连线交圆柱面水平投影于 a、b；再由 a 和 a'作出 a"，由 b'向右作投影连线交圆柱面最后素线的侧面投影于 b"，a"、b"均可见。

四、圆锥

1. 圆锥的形成与投影分析

圆锥表面有圆锥面和底面，如图 2-65a 所示，圆锥面是由直母线 SA 绕与其斜交的轴线 O 旋转而形成。圆锥面上的素线均与轴线斜交于锥顶 S。

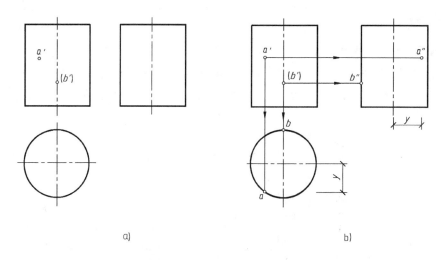

图 2-64 作圆柱面上点的投影

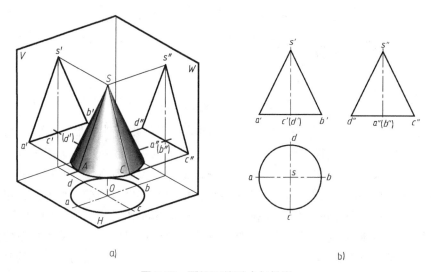

图 2-65 圆锥面的形成与投影

当圆锥轴线垂直于 H 面时，其水平投影为圆，它既是底圆的实形投影，也是圆锥面的投影，其正面投影和侧面投影为两个全等的等腰三角形，如图 2-65b 所示。三角形底边是底圆的积聚投影。两个斜边分别是圆锥面转向素线的投影，圆锥面的正面、侧面投影特点及可见性判断，请自行分析。

2. 圆锥面上点的投影

由于圆锥面的三个投影均无积聚性，所以在求作圆锥表面上点的投影时，必须借助过该点作辅助素线或辅助纬圆的方法作图，如图 2-66a 所示。

图 2-66b 所示为用辅助素线法求作圆锥表面上点的投影。从锥顶过 E 点作辅助素线 SF（$s'f'$、sf、$s''f''$），再由已知的 e' 作出 e 和 e''。

图 2-66c 所示为辅助纬圆法作图。过 e' 作水平线与圆锥正面投影的轮廓线相交，即纬圆的正面投影，从而确定纬圆的直径。在 H 投影面上作出纬圆的实形，然后由 e' 向下作投影连线，在纬圆上定出 e，由 e、e' 作出 e''。由于点 E 在圆锥面的左、前半部分上，故 e 和 e'' 均

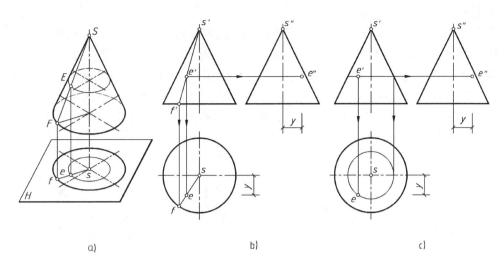

图 2-66　作圆锥面上点的投影

可见。

五、圆球

1. 圆球的形成与投影分析

如图 2-67a 所示，圆球可以看成是圆面绕其直径旋转而形成。

如图 2-67b 所示，圆球的三面投影都是与球直径相等的圆，正面投影中的圆 b' 是球面上平行于 V 面的最大轮廓圆 B 的投影，也是前、后两半球面可见与不可见的转向轮廓圆的投影，其水平投影 b 与球的水平投影中平行于 X 轴的中心线重合，侧面投影 b'' 与球的侧面投影中平行于 Z 轴的中心线重合，但均不画出其投影。

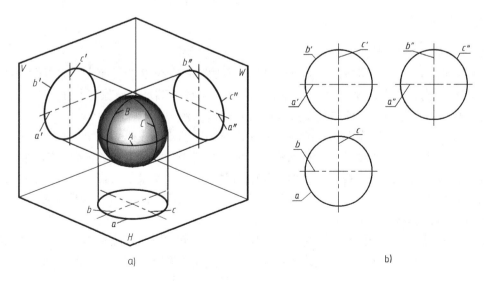

图 2-67　球面的形成与投影

同理，可分析球面上另外两个轮廓圆 A、C 的投影特性。

2. 圆球表面上点的投影

圆球面的三个投影都没有积聚性，求作球面上点的投影，可利用辅助纬圆作图。

如图 2-68a 所示，已知球面上点 M 的水平投影 m 和点 N 的侧面投影 n''，求作两点的其他投影。由于 n'' 在侧面投影的轮廓线上，点 N 一定在平行于 W 面的最大圆上，故可直接按投影关系作出 n、n'。因点 M 不在球面的特殊位置上，因此利用辅助纬圆法求解，先在 H 面过 m 点作水平纬圆，再在 V 面上作出纬圆积聚成水平线的正面投影，在此线上即可作出 (m')，然后根据投影关系作出 m''，如图 2-68b 所示。

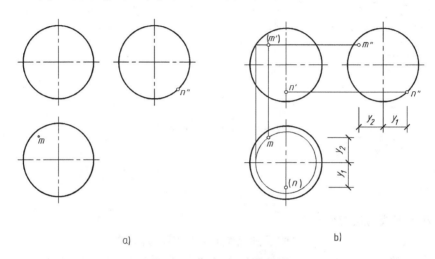

a)　　　　　　　　　　　b)

图 2-68　作球面上点的投影

因点 N 位于球面的前、下方，故 n' 可见，n 不可见；由于 m' 为可见，说明点 M 位于上半球的左、后部分，故 m、m'' 均为可见。

求解 m、m'' 还可选用正平圆或侧平圆作纬圆，作图方法请自行分析。

六、圆环

1. 圆环的形成与投影

如图 2-69a 所示，圆环是以一圆面绕与其共面的圆外直线 O 旋转而成。靠近轴线的半圆 CBD 旋转形成内圆环面，远离轴线的半圆 DAC 旋转形成外圆环面。圆母线上离轴线最远点 A 的旋转轨迹为赤道圆，离轴线最近点 B 的旋转轨迹为颈圆。

如图 2-69b 所示，当圆环的轴线垂直于 H 面时，它的水平投影为两个同心圆，分别是赤道圆和颈圆的投影，圆母线的圆心运动轨迹用细点画线表示。圆环面的正面投影中的两个圆分别是最左和最右素线圆的投影，侧面投影中的两个圆分别是最前、最后素线圆的投影，其中，外半圆可见，用实线表示，内半圆不可见，用虚线表示。两圆的上、下两条水平公切线是圆环面上最高和最低纬圆的投影。

对于水平投影，上半圆环面可见，下半圆环面不可见。对于正面投影只有前半外环面可见，后半外圆环面及整个内圆环面均不可见。对于侧面投影，只有左半外圆环面可见，其余均不可见。

2. 圆环面上点的投影

图 2-70 表示已知环面上点 D 的正面投影 (d') 和点 E 的水平投影 e，求作两点的另外

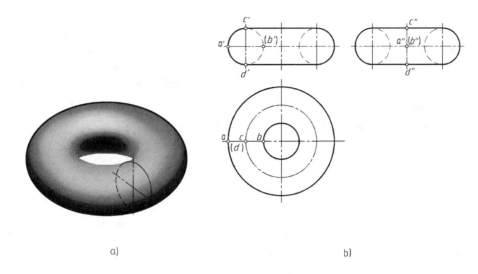

图 2-69　圆环面的形成与投影

两面投影的方法。因为点 D 的正面投影（d'）不可见，所以点 D 有可能在前侧或后侧内环面上，也可能在后侧外环面上，故 d、d'' 有三解。其中，它们的水平投影均可见（D 点在上半环面上），而在内环面上两个点的侧面投影不可见，位于后侧外环面上的点的侧面投影可见。点 E 位于圆环赤道圆的左、前方，其正面投影、侧面投影直接由 e 按投影关系作出，这两个投影均为可见投影。

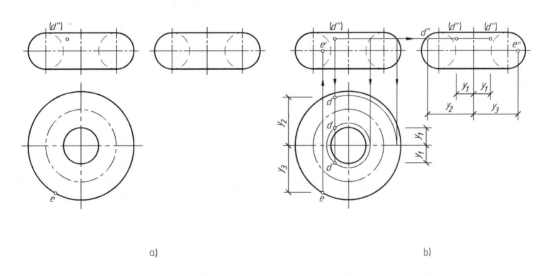

图 2-70　作圆环面上点的投影

*第六节　换面法

当直线或平面不平行于任一投影面时，它们的投影不能反映其实长或实形，可以利用换面法求作直线实长或平面实形。换面法是增加一个新的投影面更换原投影体系中的一个投影面，使直线或平面在新投影面上的投影处于有利于解题的位置。图 2-71 所示为用换面法求平面的实形。

一、求直线实长

如图 2-72a 所示，一般位置直线 AB 在 H、V 面上的投影不反映实长，如果用一个平行于 AB 直线且垂直于被保留投影面 H 的新投影面 V_1 更换原投影面 V，则 AB 在 V_1 面上就能反映实长和 AB 对 H 面的倾角 α。

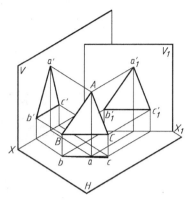

必须注意：新投影面 V_1 必须垂直于原投影体系中被保留的投影面 H，这时，V_1 面与 H 面的交线 X_1 为新投影轴，V_1 面上的新投影 $a_1{'}$、$b_1{'}$ 与保留投影 a、b 的连线 $a_1{'}a \perp X_1$、$b_1{'}b \perp X_1$；并且，$a_1{'}$、$b_1{'}$ 到 X_1 的距离等于被代替的投影 $a{'}$、$b{'}$ 到 X 的距离，即 $a_1{'}a_{x1} = a{'}a_x = Aa = Z_A$，$b_1{'}b_{x1} = b{'}b_x = Bb = Z_B$。

图 2-71 用换面法求平面的实形

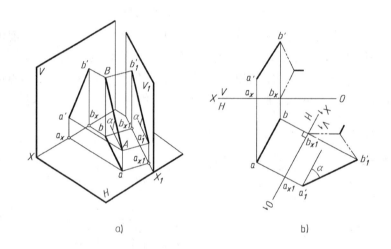

a)

b)

图 2-72 一般位置直线变换成投影面的平行线

用换面法求一般位置线实长和对投影面的倾角的作图步骤如图 2-72b 所示。

1）在 H 面的适当位置作新投影轴 $X_1 /\!/ ab$（X_1 轴的方向和它到保留投影的距离可以任意选定）。

2）分别过保留投影 a、b 作新投影轴 X_1 的垂线 aa_{x1}、bb_{x1}，并在它们的延长线上分别量取 $a_1{'}a_{x1} = a{'}a_x$，$b_1{'}b_{x1} = b{'}b_x$。

3）连 $a_1{'}b_1{'}$ 即为 AB 直线的实长，$a_1{'}b_1{'}$ 与 X_1 轴的平行线的夹角即 AB 直线对 H 面的倾角 α。

如果要求 AB 直线对 V 面的倾角 β，请读者自行思考作图方法。

二、求投影面垂直面的实形

将投影面垂直面变换成新投影面的平行面就可得到该平面的实形，如图 2-73 所示。作新投影面 V_1 平行于铅垂面 $\triangle ABC$，则 $\triangle ABC$ 在 V_1 面上的投影反映实形。由于 $\triangle ABC$ 垂直于 H 面，所以新投影面 V_1 垂直于 H 面，新投影轴 X_1 必与已知平面的积聚性投影平行，即 $X_1 /\!/$

bac。

在图 2-73a 中，已知正垂面 △*ABC* 的两投影，求作其实形。由于 △*ABC* 是正垂面，所以新投影面 H_1 垂直于 *V* 面，新投影轴 X_1 // *a'b'c'*。作图步骤如下：

1）在 *V* 面的适当位置作新投影轴 X_1 // *a'b'c'*，由 *a'*、*b'*、*c'* 分别作 X_1 轴的垂线。

2）在三条垂线上分别量取 a_1、b_1、c_1 到 X_1 轴的距离等于 *a*、*b*、*c* 到 *X* 轴的距离。

3）连 a_1、b_1、c_1，$\triangle a_1 b_1 c_1$ 即为 △*ABC* 的实形，如图 2-73b 所示。

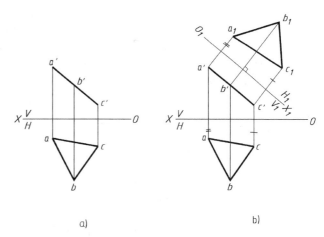

图 2-73　投影面垂直面变换为投影面平行面

三、求一般位置平面的实形

求作一般位置平面的实形需要进行两次变换：先将一般位置平面变换成投影面垂直面（见图 2-74a、b）；然后再把投影面垂直面变换成投影面的平行面，如图 2-74c 所示。在两次换面中，投影面必须交替变换，如第一次用 V_1 更换 *V*，第二次就要用 H_2 更换 *H*。

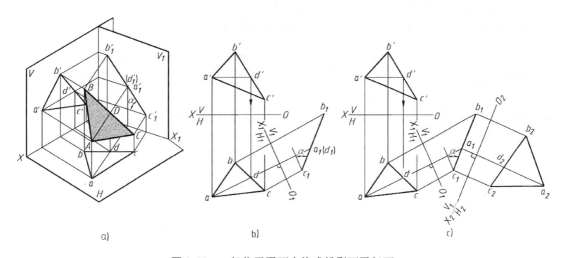

图 2-74　一般位置平面变换成投影面平行面

四、用换面法解定位和度量问题示例

【例 2-21】　已知管道 *AB* 的水平投影和 *B* 端的高度为 *L*（投影图中管道用单线表示），又知管道自 *B* 至 *A* 向下倾斜 30°，如图 2-75a、b 所示。试求管道的实长并完成其正面投影。

分析：管道在空间处于一般位置。由于 *α* 角已知，故设立平行于管道 *AB* 的新投影面 V_1，使管道 *AB* 变换成 V_1 面上的平行线。利用 V_1 面上反映出的 *α* 角作出 *AB* 的新投影

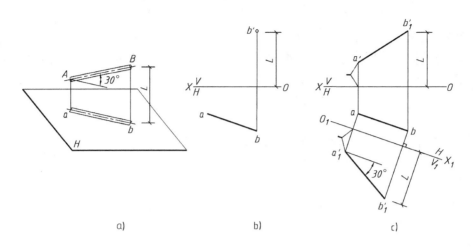

图2-75 求管道实长并完成正面投影

$a_1'b_1'$，$a_1'b_1'$即反映管道实长；然后，再将点 A 返回到原投影体系 V/H 中，即可得到管道 AB 的正面投影。

作图： 如图 2-75c 所示。

1）作 $X_1 /\!/ ab$，使 AB 变换成 V_1 面的平行线。

2）过 a、b 分别作 X_1 轴的垂线，由 b' 作出 b_1'。

3）按 $\alpha = 30°$ 和管道的走向，过 b_1' 作与 X_1 轴夹角成 30°的直线，该直线与过 a 点的垂线交于 a_1'，连接 a_1' 和 b_1'，$a_1'b_1'$ 即为管道的实长。

4）由 a_1' 和 a 作出 a'，连接 a' 和 b'，即得 AB 的正面投影 $a'b'$。

【例 2-22】 求图 2-76a 中连接 AB、CD 两根管道的最短距离及其两面投影。

分析： AB 和 CD 两根管道可视为两交叉直线（见图 2-76b，管道用单线表示）。连接两交叉直线的最短距离是两直线公垂线的实长。当其中一条交叉直线为投影面的垂直线时，则公垂线必平行于该投影面，其投影必与另一直线的同面投影垂直，且反映实长。

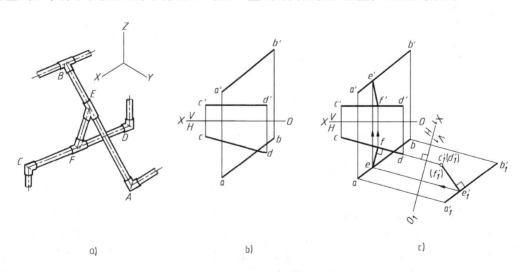

图2-76 求作两交叉管道的最短距离及其投影

由于 *CD* 是水平线，故只需将其变换成 *V*₁ 面的垂直线，在 *H/V*₁ 中求出公垂线 *EF* 的实长。然后将公垂线 *EF* 逐步返回到 *V/H* 中就可作出它的两面投影。

作图：如图 2-76c 所示。

1）设立 $X_1 \perp cd$，作出 *AB*、*CD* 在 *V*₁ 中的投影 $a_1'b_1'$ 和 $c_1'd_1'$，其中 $c_1'd_1'$ 积聚成一点。

2）过 $c_1'd_1'$ 作 $a_1'b_1'$ 的垂线，该垂线与 $a_1'b_1'$ 交于 e_1'，而 f_1' 积聚在 $c_1'd_1'$ 上。$e_1'f_1'$ 反映公垂线 *EF* 的实长，即为 *AB*、*CD* 之间的最短距离（忽略管径）。

3）由 e_1' 作投影连线垂直于 *X*₁，与 *ab* 交于 *e*；再由 *e* 作 *X*₁ 的平行线，与 *cd* 交于 *f*；然后由 *e*、*f* 作出 *e*′、*f*′。*ef*、*e*′*f*′ 即为公垂线 *EF* 的两面投影。

【例 2-23】 已知被截切圆柱的两面投影（见图 2-77a），求圆柱断面的实形。

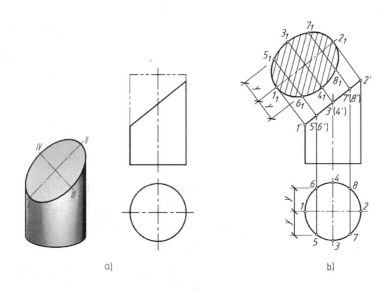

a)　　　　　　　　　b)

图 2-77 求圆柱断面的实形

分析：圆柱断面是被与圆柱轴线斜交的截平面（正垂面）截切而形成的，截交线为椭圆，即断面的实形为椭圆。断面的 *V* 面投影积聚成一直线，*H* 面投影与圆柱面的 *H* 面投影（圆）重合。若将断面（正垂面）变换成投影面的平行面，即可求得断面的椭圆实形。

作图：为使作图简便、清晰，换面时在投影图中可以不画出投影轴。作图过程如图 2-77b 所示。

1）在圆柱两面投影上标注出长、短轴的端点（Ⅰ、Ⅱ、Ⅲ、Ⅳ）和一些中间点（Ⅴ、Ⅵ、Ⅶ、Ⅷ）的投影。

2）在适当的位置上作 1′2′ 的平行线 $1_1 2_1$，并过 1′、5′（6′）、3′（4′）、7′（8′）、2′ 各点作 1′2′ 的垂线。其中，过 1′、2′ 两点的垂线与 1′2′ 的平行线交于 1_1、2_1。

3）在 $1_1 2_1$ 线段两侧的垂线上分别量取各个点在 *H* 面投影中的相应距离（如 *y*），得到 3_1、4_1、5_1、6_1、7_1、8_1 等点。然后按它们在 *H* 面投影中的顺序连得断面的椭圆实形，其中，$1_1 2_1$ 是椭圆长轴，$3_1 4_1$ 是椭圆短轴。

【例 2-24】 图 2-78 所示是由四个梯形平面组成的料斗，试求料斗相邻两平面 *ABCD* 和

CDEF 的夹角 θ。

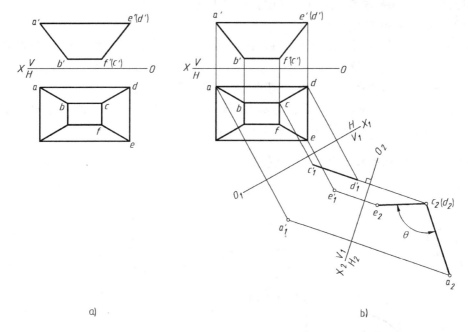

图 2-78 求作两平面的夹角

分析：若将两个平面同时变换成同一投影面的垂直面，也就是将它们的交线变换成投影面的垂直线，则两平面积聚投影之间的夹角就反映出两平面的夹角。料斗相邻两平面的交线 *CD* 是一般位置直线，要将它变换成投影面垂直线必须经过两次换面，先将一般位置直线变换成投影面的平行线，再将此平行线变换成投影面的垂直线。

由于直线与线外一点就能确定一个平面，为了简便作图，在对平面 *ABCD* 和 *CDEF* 进行投影变换时，只需分别变换 *CD* 和点 *A*、点 *E* 即可。

作图：1）作 $X_1 // cd$。按投影变换基本作图法作出 c_1'、d_1'、a_1'、e_1'，连 $c_1'd_1'$，即得 *CD* 变换成 V_1/H 中的 V_1 面平行线的 V_1 面投影。

2）作 $X_2 \perp c_1'd_1'$。作出 c_2、d_2、a_2、e_2，其中 c_2 与 d_2 重影，c_2（d_2）即为 *CD* 变换 V_1/H_2 中的 H_2 面垂直线的有积聚性的 H_2 面投影。

3）将 a_2、e_2 分别与 c_2（d_2）相连，得到两个平面有积聚性的 H_2 面投影 a_2c_2、e_2c_2，它们之间的夹角即为所求的夹角 θ。

第三章 工程形体表面的交线

第一节 概述

工程形体通常是由基本形体经过截割、叠加而形成的，因此在其表面会出现一些交线。这些交线有些是平面与形体相交产生的，有些是由两形体相交产生的。

图 3-1 所示体育馆的球壳屋面，其四周的轮廓曲线就是由平面截割半球壳而形成的交线。如图 3-2 所示，假想用来截割形体的平面称为截平面，截平面与形体相交形成的表面交线称为截交线，由截交线围成的平面图形称为截断面。截交线是截平面与形体表面的共有线，是封闭的平面折线或平面曲线。

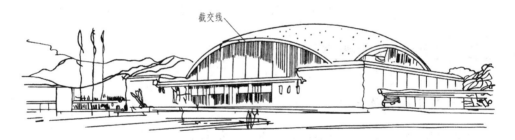

图 3-1 体育馆

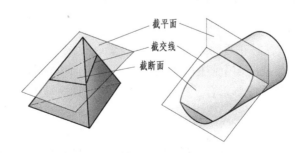

图 3-2 截交线

图 3-3 所示武汉东湖水族馆的两个坡屋面的交线可看成是两棱柱相交产生的。如图 3-4 所示，两相交的形体称为相贯体，它们的表面交线称为相贯线。相贯线是两形体表面的共有线，一般是（一个或几个）空间（或平面）图形。

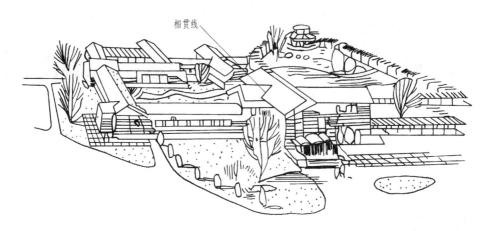

相贯线

图 3-3　武汉东湖水族馆

 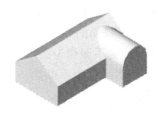 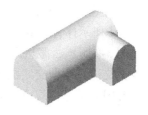

图 3-4　两形体相交形成相贯线

第二节　平面与立体相交

一、平面与平面立体相交

平面立体的截交线一般是平面多边形。如图 3-5 所示，平面截割三棱锥 $SABC$，截交线为三角形，它的顶点 Ⅰ、Ⅱ、Ⅲ 是截平面与棱线的交点，三条边是截平面与棱面的交线。求作平面立体的截交线的方法，可归结为求平面立体的各棱线与截平面的交点，然后连接位于同一棱面上的两交点。

【例 3-1】　求作四棱柱被正垂面 P_V 截割后的投影（见图 3-6）。

分析：截平面与四棱柱的四个侧棱面均相交，且与顶面也相交，故交线为五边形。截交线的 V 投影与截平面的积聚投影重合，H 投影的四条边与四个棱面的积聚投影重合，正垂面与顶面的交线为正垂线。

作图：1）求交点 A、M、N、C、D 的投影。利用正垂面 P_V 的积聚性求出 a''、c''、d''；由于 MN 是正垂线，可直接作出 mn。根据投影关系，H 投影中的 y 和 W 投影中的 y 是相等的，可直接在顶面的 W 投影上定出 $m''n''$。

2）截交线五条边 $AMNCD$ 均在四棱柱的可见棱面或积聚棱面的轮廓上，所以直接将同一棱面的两交点用直线连接起来，即得截交线 $AMNCD$ 的三面投影。右侧未被截去的一段棱线在 W 投影中应画虚线。

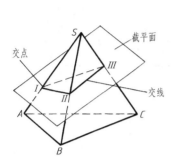

图 3-5 平面与立体的截交线

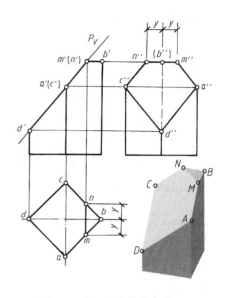

图 3-6 求四棱柱的截交线

【例 3-2】 图 3-7a 所示屋顶天窗可看作一四棱柱被几个平面截割而成，图 3-7b 为简化后的立体图。已知 H 投影和 V 投影，求作其 W 投影。

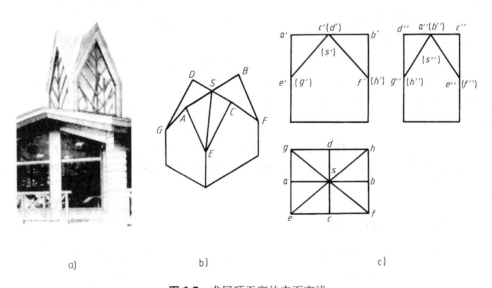

a)   b)   c)

图 3-7 求屋顶天窗的表面交线

分析：从 V、H 投影可知，天窗前后左右对称。由于 CD 是正垂线，包含正垂线 CD 的平面必是正垂面，因此，CSE、DSG、CSF、DSH 都是正垂面。同样，包含侧垂线 AB 的平面 ASE、ASG、BSF、BSH 都是侧垂面。因此，V 投影中两条斜线表示正垂面的积聚投影，同理，在 W 投影中也有两条表示侧垂面积聚性投影的斜线。

作图：如图 3-7c 所示。

1）正垂线 CD 的 W 投影反映实长；侧垂线 AB 的 W 投影积聚成一点，与 S 重合。分别

作出 $c''d''$、a''（b''）和 s''。

2）作出 e''、（f''）、（h''）、g''。

3）连接 $a''e''$ 和 $a''g''$，两条斜线表示侧垂面的积聚性投影。

【例3-3】 已知一个歇山屋顶的 V、W 投影，补画 H 投影（见图3-8a）。

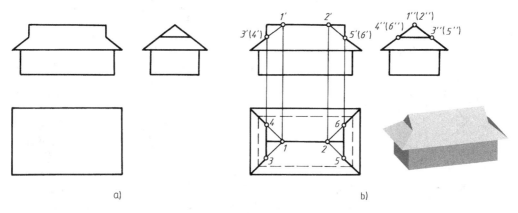

a)   b)

图3-8 求歇山屋顶的表面交线

分析：由已知的 V、W 投影可以看出歇山屋顶为三棱柱被正垂面和侧平面截割而成。正垂面在 V 投影上积聚成一条斜线，侧平面在 V、H 投影上积聚成直线，截交线投影均在这些积聚性投影上。根据截交线的正面和侧面投影，可作出水平投影。

作图：如图3-8b所示。

1）根据投影关系画出屋脊线，即三棱柱上最高的一条棱线的 H 投影。

2）将 V 投影中的两个正垂面分别延长，交屋脊线于 $1'$ 和 $2'$，由此求出 H 投影 1 和 2。分别将四个屋角投影与 1 和 2 连接，即得正垂面与三棱柱的交线投影。

3）正垂面和侧垂面的交线为正垂线，在 V 投影中积聚为点 $3'$（$4'$）和 $5'$（$6'$），W 投影为 $3''4''$ 和（$5''$）（$6''$），根据投影关系求得 H 投影 34 和 56，此亦为侧平面的 H 投影。

4）歇山屋顶 H 投影的交线均可见，画实线。屋顶下部的四棱柱体，在 H 投影中不可见，画虚线。

二、平面与曲面立体相交

曲面立体的截交线一般情况下是平面曲线。截交线上的每一点，都是截平面与曲面立体表面的共有点。因此求曲面立体的截交线，实际上就是作出曲面上的一系列的共有点，然后依次连接成光滑的曲线。为了能准确地作出截交线，首先应求出控制截交线形状、范围的一些特殊点（如最高点、最低点、最左点、最右点、最前点、最后点，以及可见与不可见的分界点等），然后根据需要再作一些一般点，最后将这些点依次光滑连成截交线。求共有点的基本方法有：素线法、纬圆法和辅助平面法。

1. 平面与圆柱相交

根据截平面与圆柱体轴线的相对位置不同，截交线的形状有圆、椭圆和矩形三种情况，见表3-1。

表 3-1　平面与圆柱相交

截平面位置	垂直于圆柱轴线	倾斜于圆柱轴线	平行于圆柱轴线
截交线形状	圆	椭　圆	矩　形
立 体 图	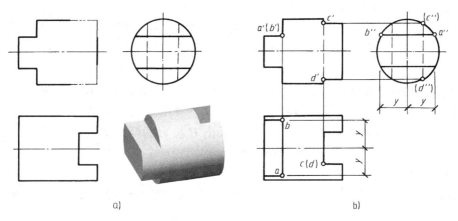		
投 影 图			

当截平面倾斜于圆柱轴线时，椭圆形截交线的短轴平行于圆柱体的底圆平面，长度等于底圆直径，椭圆中心在圆柱轴线上。

【例 3-4】　补全接头（槽口）的 H、V 投影（见图 3-9）。

图 3-9　求接头（槽口）的投影

分析： 接头是一个圆柱体右端开槽（中间被两个正平面、一个侧平面截割）、左端切肩（被水平面和侧平面对称地截去两块）而形成。所得交线为直线和平行于侧面的圆弧段。

作图： 如图 3-9b 所示。

1）作切肩交线的投影。水平面截圆柱面的交线为直线段，侧平面截圆柱得一圆弧段，水平面与侧平面的交线为正垂线。圆弧段交线的 H 投影成直线段，根据线段 AB 的 W 投影 a'' b'' 和 V 投影 a'（b'），作出 H 投影 ab。该交线可见，画实线。

2）作槽口交线的投影。过 W 投影（c"）和（d"）向左作投影连线，过 H 投影 c（d）向上作投影连线相交得 c' 和 d'。c'd' 在槽口内部不可见，画虚线，轮廓线画实线。

【例 3-5】 补全木屋架下弦杆的投影（见图 3-10a）。

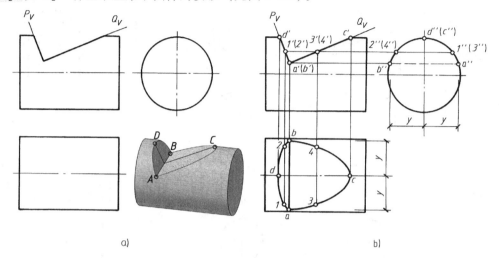

图 3-10 求木屋架下弦杆的截交线

分析： 下弦杆被正垂面 P_V、Q_V 截割，交线的 H 投影分别为一段椭圆弧；正垂面 P_V、Q_V 相交，交线为正垂线，V 投影积聚为一点。求作曲面体表面上的截交线时，首先作出截交线上的特殊点（如最高、最低、最左、最右、最前、最后点以及轮廓切点等）。再作出若干一般点，并判别可见性。

作图： 如图 3-10b 所示。

（1）求特殊点 作两正垂面交线 AB 的端点 A 和 B，两正垂面与圆柱最高素线的交点 C 和 D 的投影。过 a'（b'）向右作投影连线，与 W 投影轮廓线交得 a"、b"，根据投影关系可求出 a、b；由 c'、d' 直接作出投影 c、d，W 投影 c"（d"）重合为一点。

（2）作一般点 在椭圆曲线上适当位置取若干点 Ⅰ、Ⅱ、Ⅲ、Ⅳ。利用圆柱表面上取点的方法，由 1"、2"、3"、4" 作出 1'、2'、3'、4'，再作出 1、2、3、4。

（3）连点 将点依次光滑地连接起来，画出 H 投影的两椭圆线段和两正垂面的交线 AB。交线在 H 投影均可见，画实线；两正垂面的交线 AB 在 W 投影中不可见，a"b" 画虚线。

2. 平面与圆锥相交

根据截平面与圆锥体轴线的相对位置不同，圆锥的截交线的形状有五种，见表 3-2。

表 3-2 圆锥的截交线

截平面位置	垂直于圆锥轴线	倾斜于圆锥轴线	平行于圆锥轴线	平行于圆锥的一条素线	通过圆锥顶点
截交线形状	圆	椭 圆	双曲线加直线段	抛物线加直线段	等腰三角形
立 体 图					

（续）

截平面位置	垂直于圆锥轴线	倾斜于圆锥轴线	平行于圆锥轴线	平行于圆锥的一条素线	通过圆锥顶点
投 影 图					

当截平面倾斜于投影面时，椭圆、抛物线、双曲线的投影，一般仍为椭圆、抛物线和双曲线。

作圆锥表面上截交线的投影，实际上也是锥面上取点的问题。可运用素线法或纬圆法，求出截交线上特殊点（形状控制点）及若干一般点，依次光滑连接起来即得所求。

【例 3-6】 求作圆锥被正垂面 P 截断后的投影和截断面的实形（见图 3-11a）。

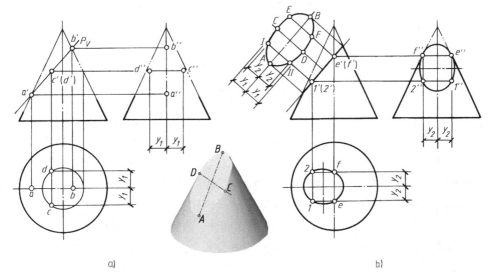

图 3-11 求正垂面与圆锥的截交线

分析： 圆锥被一正垂面斜截，对照表 3-2 可知截交线为一椭圆。其 V 投影积聚为一直线，H 和 W 投影均为椭圆，都不反映实形。

作图： （1）求特殊点　由图 3-11a 可知，最低点 A 和最高点 B 是椭圆长轴的两端点，也是截平面与圆锥最左、最右素线的交点。可由 V 投影 a'、b' 作出 H 投影 a、b 和 W 投影 a''、b''。椭圆短轴的端点 C、D 也是截交线上的最前、最后点，其 V 投影 c'、(d') 在 $a'b'$ 的中点，H 投影 c、d 可用辅助纬圆法或辅助素线法求得，再由 c、d 和 c'、(d') 求得 c''、d''。

如图 3-11b 所示，圆锥的最前、最后素线与截平面的交点 E、F，其 V 投影 e'、f' 为截平面与轴线 V 投影的交点，根据 e'、(f') 作出 e''、f''，再由 e'、(f') 和 e''、f'' 作出 e、f。

（2）求一般点 用纬圆法或素线法作出椭圆上若干个中间点。如图 3-11b 中的点 Ⅰ、Ⅱ（选点最好对称于长轴 AB，这样连线画椭圆时容易做到对称均匀）。

（3）连点 在 H、V 投影中依次光滑连接各点，即得所求椭圆投影。由于圆锥上部截去后，截交线在 H 和 W 投影中均可见，应画实线。

（4）用换面法作截断面的实形 先作椭圆的长轴 AB 平行于截平面 P_V，以此为基准线，量出 Y 方向的坐标差定出各点，然后连成椭圆。

【例 3-7】 求作圆锥被正平面 Q 截割后的投影（见图 3-12a）。

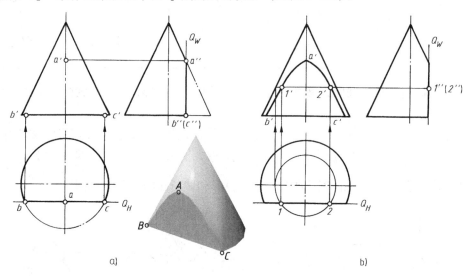

图 3-12 求正平面与圆锥的截交线

分析：截平面 Q 平行于圆锥的轴线，与圆锥面的交线为双曲线，其 V 投影反映实形。截交线的 H 投影和 W 投影分别为积聚在 Q_H 和 Q_W 上的直线段。仅需作出其 V 投影。

作图：（1）求特殊点 如图 3-12a 所示，最高点 A 是圆锥最前素线与 Q 面的交点，可利用积聚性直接定出 W 投影 a'' 和 H 投影 a，再由 a'' 和 a 作出 V 投影 a'。最低点 B、C 是圆锥底面圆与 Q 面的交点，可直接作出 b、c 和 b''、c''，再作出 b'、c'。

（2）求一般点 如图 3-12b 所示，可采用纬圆法，在截交线的适当位置作与圆锥轴线垂直的辅助纬圆，该圆的 H 投影与 Q 面的 H 投影的交点 1、2 即为截交线上两点的 H 投影，再作出 $1''$、$(2'')$ 和 $1'$、$2'$。

（3）连线 依次光滑连接 b'、$1'$、a'、$2'$、c'，即得所求双曲线的 V 投影。因为截平面 Q 是正平面，所以 V 投影即为双曲线的实形。

3. 平面与圆球相交

无论截平面处于何位置，它与球的截交线总是圆。截平面越靠近球心，截得的圆越大。当截平面通过球心时，截得的圆最大，其直径等于球的直径。

当截平面倾斜于投影面时，截交线在该投影面上的投影为椭圆；当截平面平行于投影面时，截交线在该投影面上的投影为实形——圆。

【例 3-8】 求球壳屋面的投影图（见图 3-13a）。

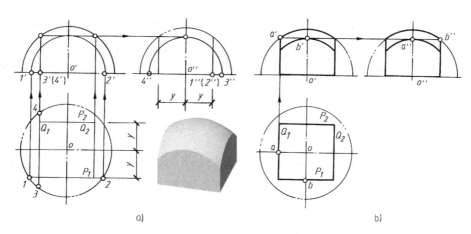

图 3-13　求球壳屋面的投影图

分析： 球壳屋面是由正平面 P_1、P_2 和侧平面 Q_1、Q_2 截割半球形成的。P_1、P_2 截得的交线的 V 投影为该圆弧的实形，W 投影积聚成直线；Q_1、Q_2 截得的交线的 W 投影为该圆弧的实形，V 投影积聚成直线。截平面 P_1、P_2 与 Q_1、Q_2 的交线为四条铅垂线。

作图： 1）如图 3-13a 所示，在 H 投影中延长 P_1 与半球底圆相交，求得交线圆弧的直径 12，由此作出截交线圆弧的 V 投影（圆弧实形）和 W 投影（两条铅垂线）；延长 Q_1 与半球底圆相交，求得交线圆弧的直径 34，由此作出交线圆弧的 W 投影（圆弧实形）和 V 投影（两条铅垂线）。

2）擦去作图线，描深，完成作图，如图 3-13b 所示。

4. 平面与回转体相交

作回转体上的截交线投影一般采用纬圆法（辅助平面法）。求作回转体上截交线的投影时，首先分析截交线的形状特征；再作出截交线上的特殊点投影，然后作出若干一般点投影；最后判别可见性，将求出的各点光滑地连接起来，即所求回转体上的截交线投影。

【例 3-9】　求回转立体被铅垂面 P_H 截割后的 V 投影及截断面的实形（见图 3-14）。

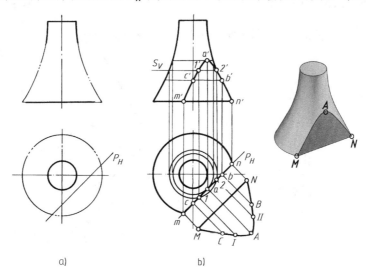

图 3-14　求回转体的截交线

分析：回转体的轴线为铅垂线，选择水平面作辅助平面，水平面与回转体的交线是纬圆，纬圆与截平面 P 的交点即所求交线上的点。由于截平面 P 为铅垂面，交线的 H 投影重合在 P_H 上积聚为一直线段。据此，再用纬圆法作出交线的 V 投影。另外，由于截平面平行于回转轴，所以截交线是以过顶点的铅垂线为对称轴的。

作图：如图 3-14b 所示。

（1）作最高点 A 和最低点 M、N 的投影　m、n 和 m'、n' 可直接求得；在 mn 的中点定出 a，用纬圆法作出 a'。

（2）作转向轮廓线上的点 B 的投影　在 H 投影中 P_H 与中心轴线的交点为 b，过 b 作投影连线与 V 投影的轮廓线交于 b'。在同一纬圆高度位置还可以作出 c 点。

（3）用纬圆法作出若干中间点 Ⅰ、Ⅱ　先在 V 投影中适当高度作辅助水平面 S_V，交线为纬圆，在 H 投影中作出此纬圆，与 P_H 交于 1、2，然后在 V 投影中求出 $1'$ 和 $2'$。

（4）连线　将上述各点的 V 投影依次连接成光滑的曲线，即得所求截交线的投影。

（5）用换面法作截断面的实形　先平行于 P_H 作基准线 M、N，量出 z 方向的坐标差，定出各点，然后光滑地连接起来。

第三节　立体与立体相交

如前所述，两立体表面的交线称为相贯线。相贯线是两立体表面的共有线，相贯线上的点都是两立体表面的共有点。

一、两平面体相交

如图 3-15 所示，烟囱与屋面相交，可看作四棱柱与五棱柱相交，相贯线是封闭的空间折线。每段折线都是一形体棱面与另一形体棱面的交线，每个转折点都是一形体棱线与另一形体棱面的交点。因此，求两平面立体的相贯线投影，实质上可理解为求直线与平面的交点或求两平面的交线的投影。

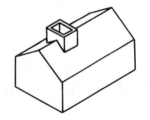

图 3-15 两平面体相贯

【**例 3-10**】 求作图 3-16a 所示建筑形体与入口交线的投影。

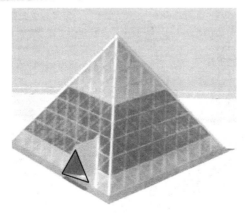

a)

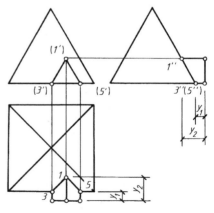

b)

图 3-16 求建筑形体与入口交线的投影

分析： 该交线可看作正四棱锥与正三棱柱两个棱面的相贯线，其 V 投影与棱柱投影重合、W 投影与棱锥投影重合，它们均可直接画出，仅需求出 H 投影。

作图： 1）据投影关系，作出点 I、Ⅱ、Ⅲ、Ⅳ、Ⅴ、Ⅵ的 H 投影。

2）依次连接各点的 H 投影成封闭折线。折线位于可见面上，画实线。

【例 3-11】 求作屋面与烟囱的交线投影（见图 3-17a）。

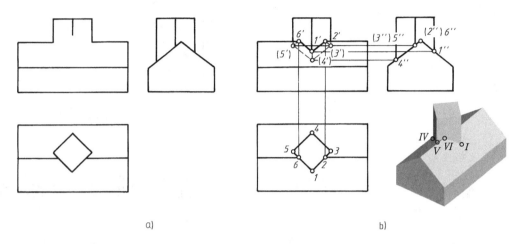

a)　　　　　　　　　　　　　　　b)

图 3-17 求屋面与烟囱的交线投影

分析： 房屋与烟囱相交可看作五棱柱与正四棱柱相贯，其相贯线为一组封闭的空间折线。可用交点法作出相关棱线的相贯点，再依次连成封闭折线即得所求。

作图： 如图 3-17b 所示。

（1）作相贯点　四棱柱的四条棱线均与屋面相交，共有四个交点。五棱柱有一条棱线与四棱柱相交，有两个交点。分别将各点依次编号为 I、Ⅱ、Ⅲ、Ⅳ、Ⅴ、Ⅵ。这六个点均可根据它们的 H 和 W 投影作出 V 投影。

（2）连线　在 V 投影上按两个交点均在两立体的同一表面上可以连线的规则，连接 1′、2′、(3′)、(4′)、(5′)、6′、1′，得到相贯线的 V 投影。

（3）判别可见性　五棱柱后侧的棱面不可见，该面上相贯线的 V 投影 2′(3′)(4′)(5′)6′画虚线；前侧的棱面可见，该面上相贯线的 V 投影 6′1′2′画实线。四棱柱交点以外被五棱柱遮挡部分的棱线不可见，应画虚线。

二、平面体与曲面体相交

平面体与曲面体的相贯线，一般情况下是由若干平面曲线或平面曲线和直线组成，如图 3-18 所示的柱头。各段平面曲线或直线就是平面体的棱面与曲面体的交线，相邻平面曲线的交点是平面体棱线与曲面体的交点。因此，求平面体与曲面体的相贯线，可归结为求平面与曲面体的交线和求直线与曲面体的交点。

【例 3-12】 求作圆锥形薄壳基础模型表面交线的投影（见图 3-19）。

分析： 圆锥形薄壳基础可看成由正四棱柱和圆锥相交。正四棱柱的四个棱面平行于圆锥轴线，它们与圆锥表面的交线为四段形状相同的双曲线。四段双曲线的连接点就是四棱柱四

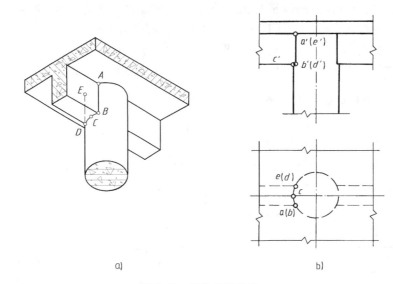

a)　　　　　　　　　b)

图 3-18　柱头的相贯线

条棱线与锥面的交点。由于四棱柱的四个棱面是 H 面的垂直面，所以交线的水平投影与四棱柱的水平投影重合。

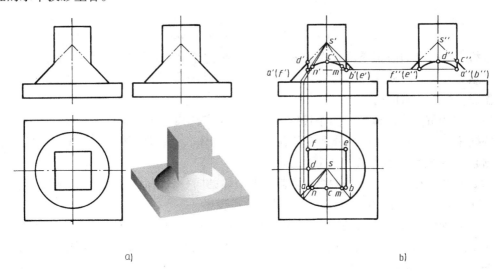

a)　　　　　　　　　b)

图 3-19　求圆锥形薄壳基础的表面交线投影

作图：如图 3-19b 所示。

（1）求特殊点　先求四棱柱四条棱线与锥面的交点 A、B、E、F 的投影。可由已知 A、B 点的水平投影 a、b，用素线法求得 a′、b′ 和 a″、b″。再作出四棱柱前棱面和左棱面与锥面的交线（双曲线）的最高点 C、D，可由 C 点的侧面投影 c″ 求得 c′，再由 D 点的正面投影 d′ 求得 d″。

（2）求一般点　用素线法求得对称的一般点 M、N 的正面投影 m′、n′。

（3）连线　分别在正面和侧面投影中，将求得各点依次连接成 a′n′c′m′b′ 和 f″d″a″，完成作图。

【**例 3-13**】　某欧式屋顶模型由三棱柱与回转体组成，求作其相贯线的投影（见图 3-20a）。

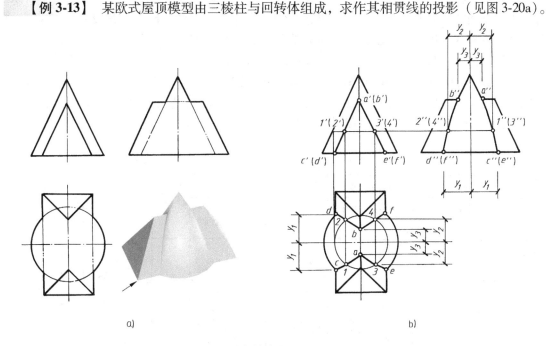

图 3-20　求某欧式屋顶的相贯线

分析：三棱柱从前至后全部贯穿回转体，形成前后对称的两组相贯线。每组相贯线由两段截交线组成。侧棱面与回转体的交线为对称的两段抛物线。各段交线的端点是三条棱线与回转体的交点。因三棱柱侧棱面的 V 投影有积聚性，故相贯线的 V 投影与之重合，需要作出 H 和 W 投影。

作图：如图 3-20b 所示。

（1）求特殊点　最高棱线与回转体的交点 A 和 B，其 W 投影可直接定出 a'' 和 b''，再作 a 和 b。最下边两棱线与回转体的交点分别为 C、D 和 E、F，可直接定出 c、d 和 e、f 及 c''、d'' 和 e''、f''，由此可求出其 V 投影。

（2）求一般点　利用纬圆法作出一般点 Ⅰ、Ⅱ、Ⅲ、Ⅳ的 H 和 W 投影。

（3）连点　光滑连接各点，H 投影中的四段抛物线均位于可见面上，画实线。在 W 投影中，两组相贯线投影是重合的，故只画出可见的一组相贯线。其他轮廓投影应画实线。

三、曲面体与曲面体相交

两曲面体的相贯线一般情况下是封闭的空间曲线。求两曲面体的相贯线，一般要先作出一系列的共有点，然后依次光滑地连接成曲线。共有点要根据两曲面体的形状、大小、相对位置来作图，一般有两种方法。

1. 积聚投影法

当相交的某一曲面的一个投影有积聚性时，则相贯线的该投影面上的投影与之重合，其他投影就可以利用在另一曲面上取点的方法作出，如图 3-21 所示。

【**例 3-14**】　求作建筑水管异径三通（轴线垂直相交）外表面的交线投影（见图 3-21a）。

分析：两异径圆柱轴线垂直相交，相贯线为一条封闭的空间曲线，其投影左右前后对称。由于小圆柱的 H 投影和大圆柱的 W 投影都有积聚性，因此相贯线的 H 投影和 W 投影均为已知，只需利用积聚性作出相贯线的 V 投影。

作图：（1）求特殊点　如图 3-21a 所示，直立圆柱的最左、最右素线与水平圆柱最高素线的交点 B、C 是相贯线上的最高点，也是最左、最右点。b'、c' 和 b、c 均可直接求得。直立圆柱的最前、最后素线和水平圆柱的交点 A、D 是相贯线上最低点，也是最前、最后点，a''、d'' 和 a、d 可直接求出，再根据 a''、d'' 和 a、d 求得 a'、d'。

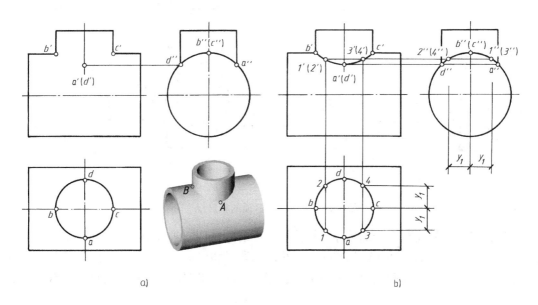

图 3-21 两异径三通外表面的相贯线

（2）求一般点　如图 3-21b 所示，利用积聚性和投影关系，在 H 投影和 W 投影上定出 1、3 和 2、4，$1''$、$(3'')$ 和 $2''$、$(4'')$，再求出 $1'$（$2'$）和 $3'$（$4'$）。

（3）连线　将各点的 V 投影光滑地连成相贯线。由于相贯线前后对称，V 投影重合，故画实线。

【例 3-15】　已知某圆锥形建筑（见图 3-22a）的 V 投影及 H 和 W 投影的外轮廓，补全其 H 和 W 投影中的相贯线投影。

分析：该建筑主体与入口的交线可以看作半圆柱与四棱柱叠加组合后与圆锥相交形成的相贯线。半圆柱与圆锥的相贯线为空间曲线，在 H、W 投影中均为曲线；四棱柱与圆锥的交线为两段双曲线，H 投影积聚为直线，W 投影为双曲线。

作图：如图 3-22b 所示。

（1）求特殊点　半圆柱最上素线与圆锥的交点 A 是相贯线上的最高点，a' 和 a'' 可直接定出，用纬圆法可由 a' 求得 a；半圆柱最左、最右素线与圆锥的交点 B、C 是相贯线上的最左点、最右点，b'、c' 可直接定出，用纬圆法求得 b、c，据此求得 b''、c''；四棱柱底面的两棱线与圆锥底面的交点 D、E 是相贯线上的最低点，d'、e' 和 d''、e'' 可直接定出，据此可得 d、e。

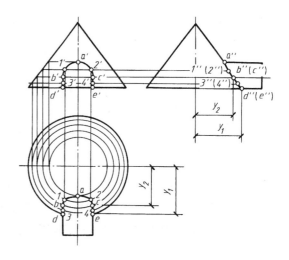

a) b)

图 3-22　圆锥形建筑入口的交线

（2）求一般点　取点Ⅰ、Ⅱ、Ⅲ、Ⅳ，利用纬圆法作出各点的投影。

（3）连线　将各点的 H、W 投影光滑地连成相贯线。由于相贯线左右对称，W 投影重合为一条曲线，画实线。H 投影可见，画实线。

2. 辅助平面法

如图 3-23 所示，根据三面共点原理，作辅助平面分别与两曲面体（圆柱、圆锥）相交，得到两辅助交线，两交线的交点即为相贯线上的点。选择辅助面时，应使其与两曲面的交线的投影简单易画。图 3-23a 所示前后对称的圆柱与圆锥相贯，选用水平面作辅助平面（见图 3-23b）时，与圆锥和圆柱的表面交线的投影分别为圆和矩形；选用过圆锥顶的侧垂面作辅助平面（见图 3-23c）时，与圆锥和圆柱的截交线的投影分别为等腰三角形和矩形。

a）圆柱与圆锥相贯　　　b）水平面作为辅助平面　　　c）过锥顶的平面作为辅助平面

图 3-23　利用辅助平面法求相贯线

【例 3-16】　求如图 3-24 所示圆球与圆台相贯线的投影。

分析：圆台与圆球前后对称相交，相贯线为一条封闭的空间曲线，并且前后对称。选用水平面作辅助平面（见图 3-24b）时，与圆球和圆台的截交线投影为两个圆；选用过圆台锥顶的平面作辅助平面（见图 3-24c）时，与圆球交线的投影为不易画出的椭圆，故不宜选其作为辅助平面。

a) 圆台与球相贯 b) 水平面作辅助平面 c) 过圆台锥顶的平面

图3-24　辅助平面法求两曲面体的相贯线

作图：（1）求特殊点　如图3-25b所示，最左、最右点Ⅰ、Ⅱ是圆锥最左、最右素线与

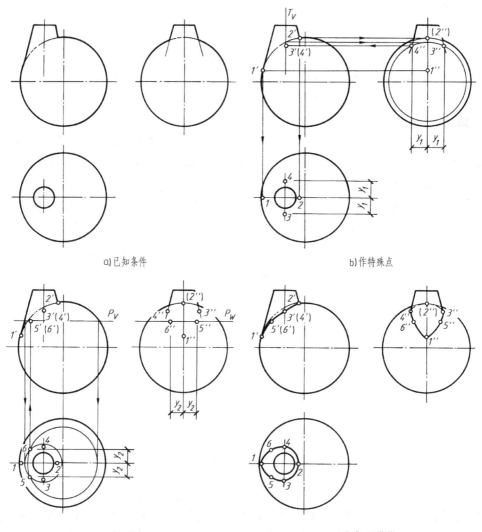

a) 已知条件　　　　　　　　　b) 作特殊点

c) 作一般点　　　　　　　　　d) 完成三面投影

图3-25　圆台与圆球相贯线的投影

圆球的交点，V 投影 $1'$、$2'$ 和 W 投影 $1''$、$2''$、H 投影 1、2 可直接得到。最前、最后点Ⅲ、Ⅳ是圆台的最前、最后素线与圆球的交点，W 投影 $3''$、$4''$ 和 H 投影 3、4 可直接过圆台轴线作辅助平面 T 求得，由此求出 V 投影 $3'$、$(4')$。

（2）求一般点 如图 3-25c 所示，在适当位置上作水平辅助平面 P_V，分别画出该平面与球和圆台的交线的 H 投影，他们的交点即为Ⅴ、Ⅵ两点的 H 投影 5、6，由此求出 V 投影 $5'$、$(6')$ 和 W 投影 $5''$、$6''$。

（3）连点 相贯线 V 投影前后重合，光滑连接前面可见点 $1'$、$5'$、$3'$、$2'$；相贯线的 H 投影前后对称，光滑连接可见点 1、6、4、2、3、5；相贯线的 W 投影以 $4''$、$3''$ 为分界点，曲线段 $4''6''1''5''3''$ 可见，$4''$（$2''$）$3''$ 不可见（见图 3-25d）。

四、两曲面立体相贯线的特殊情况

具有公共顶点的两圆锥或轴线互相平行的两圆柱相交时，相贯线为直线。如图 3-26a、b 所示的两种情况，其相贯线均为立体上的两条直素线。

具有公共轴线的两回转体相交时，相贯线为垂直于公共轴线的圆，如图 3-27 所示。

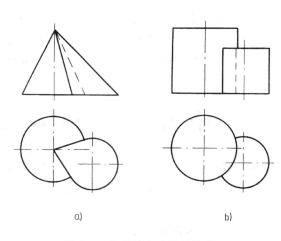

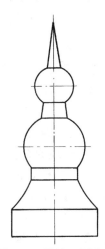

图 3-26 相贯线为直线的情况   **图 3-27** 塔的 V 投影

具有公共内切球的两回转体相交时，相贯线为平面曲线。如图 3-28a、b、c、d 所示的

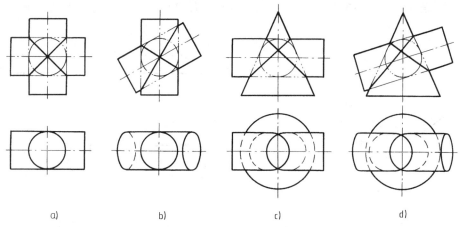

图 3-28 相贯线为两椭圆的情况

情况下两立体的相贯线分别为两个椭圆。建筑上常见的十字拱就是两等径圆柱正交形成的（见图3-29），等径圆柱相交还用于管道连接（见图3-30）等。

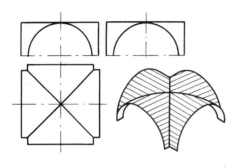

图 **3-29** 两等径圆柱相交—十字拱

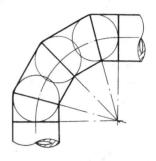

图 **3-30** 等径90°弯管

第四节 同坡屋面交线

为了排水需要，建筑屋面均有坡度，当坡度大于10%时称坡屋面。坡屋面分单坡、二坡和四坡屋面。当各坡面与地面（H面）倾角都相等时，称同坡屋面。坡屋面的交线是两平面立体相交的工程实例，但因其特性，与前面所述的作图方法有所不同。坡屋面各种交线的名称如图3-31所示。

同坡屋面交线有如下特点：

1）两坡屋面的檐口线平行且等高时，两坡屋面必交于一条水平屋脊线，屋脊线的H投影与该两檐口线的H投影平行且等距。

2）檐口线相交的相邻两个坡面交成的斜脊线或天沟线，它们的H投影为两檐口线H投影夹角的平分线。当两檐口相交成直角时，斜脊线或天沟线在H面上的投影与檐口线的投影成45°角。

3）在屋面上如果有两斜脊、两天沟或一斜脊一天沟相交于一点，则该点上必然有第三条线即屋脊线通过。这个点就是三个相邻屋面的公有点。如图3-31中，A点为三个坡屋面Ⅰ、Ⅱ、Ⅲ所共有，两条斜脊AC、AE和屋脊AB交于该点。

图3-32是这三个特点的投影图示。图中四坡屋面的左右两斜面为正垂面，前后两斜面

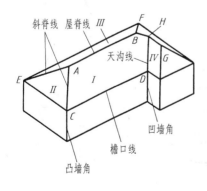

图 **3-31** 同坡屋面

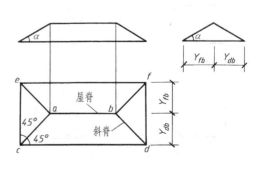

图 **3-32** 同坡屋面的投影

为侧垂面，从 V 和 W 投影上可以看出这些垂直面对 H 面的倾角 α 都相等，这样在 H 面投影上就有：

1）ab（屋脊）平行于 cd 和 ef（檐口），且 $Y_{db}=Y_{fb}$。

2）斜脊的投影必为两檐口线投影夹角的平分线，如 $\angle eca = \angle dca = 45°$。

3）过 a 点有三条脊棱 ab、ac 和 ae。

【例 3-17】　已知四坡屋面的倾角 $\alpha = 30°$ 及檐口线的 H 投影，求屋面交线的 H 投影和屋面的 V、W 投影（见图 3-33a）。

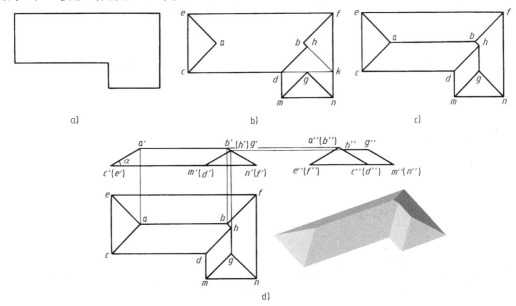

图 **3-33**　求屋面交线

作图：

（1）作屋面交线的 H 投影

1）在屋面的 H 投影上过每一屋角作45°分角线。在凸墙角上作的是斜脊线 ac、ae、mg、ng、bf、bh；在凹墙角上作的是天沟线 dh。其中 bh 是将 cd 延长至 k 点，从 k 点作分角线与天沟线 dh 相交而截取的。也可以按上述屋面交线的第三条特点作出（见图 3-33b）。

2）作每一檐口线（前后或左右）的中线，即屋脊线 ab 和 hg（见图 3-33c）。

（2）作屋面的 V、W 投影　根据屋面倾角 $\alpha = 30°$ 和投影规律，作出屋面的 V、W 投影。一般先作出具有积聚性屋面的 V 投影（或 W 投影），再加上屋脊线的 V 投影（或 W 投影）即得屋面的 V 投影；然后，根据投影规律作出屋面的 W 投影（见图 3-33d）。

由于同坡屋面的同一周界限不同尺寸可以得到四种典型的屋面划分：

1）$ab<ef$，如图 3-34a 所示。

2）$ab=ef$，如图 3-34b 所示。

3）$ab=ac$，如图 3-34c 所示。

4）$ab>ac$，如图 3-34d 所示。

由上述可见，屋脊线的高度随着两檐口之间的距离而起变化，当平行两檐口屋面的跨度越大，屋脊线就越高。

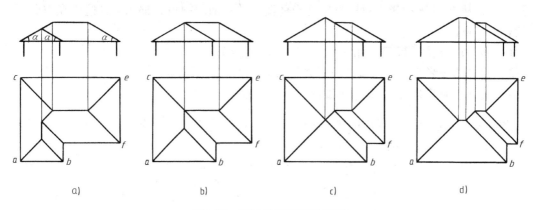

a)　　　　　　　b)　　　　　　　c)　　　　　　　d)

图 3-34　同坡屋面的四种情况

第四章 工程应用曲面

第一节 概述

曲线与曲面广泛应用于建筑工程中。图 4-1 所示的美国肯尼迪机场 TWA 航站楼的屋面就是由曲面构成的，而屋面与立面檐口的交线则形成曲线。本章主要研究工程上各种常见曲面的形成、投影特点以及它们的图示方法。

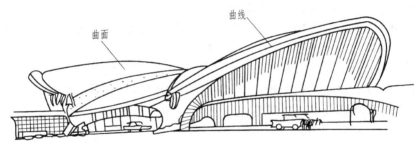

图 4-1 美国肯尼迪机场 TWA 航站楼

一、曲线及其投影特性

1. 曲线的形成及分类

曲线是一系列点的集合，也可以视作点的运动轨迹。曲线可分为两大类：

（1）平面曲线　曲线上所有点都在同一平面上，如圆、抛物线、椭圆、双曲线等。

（2）空间曲线　曲线上连续四个点不在同一平面内的曲线，如圆柱螺旋线等。

2. 曲线的投影

曲线的投影就是曲线上一系列点的投影的集合。如图 4-2a 所示，只要作曲线上各点 A、

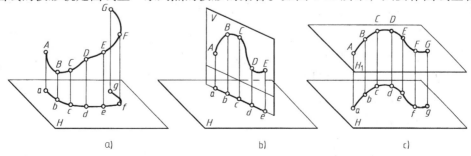

a)　　　　　　　　　　　b)　　　　　　　　　　　c)

图 4-2 曲线及其投影

B、C、…的投影 a、b、c、…，然后依次光滑地连接起来，即得到该曲线的投影。一般情况下曲线的投影仍为曲线。特殊情况时，若平面曲线所在的平面与投影面垂直，则它在该投影面的投影为直线，如图 4-2b 所示；若平面曲线所在平面与投影面平行，则在该投影面的投影反映曲线的实形，如图 4-2c 所示。

二、曲面的形成及分类

曲面是一系列线的集合，也可以视作直线或曲线在一定约束条件下的运动轨迹。形成曲面的动线称为母线，母线在曲面上的任一位置称为曲面的素线。控制母线运动的点、线、面分别称作导点、导线和导面。母线和导线可以是直线或曲线，导面也可以是平面或曲面。如图 4-3 所示曲面，是直母线 L 沿着曲导线 K，且始终平行于直导线 M 运动而形成的。

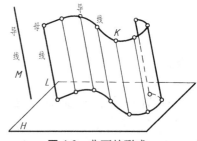

图 4-3 曲面的形成

在工程实践中，通常按母线的运动方式将曲面分为两类：

（1）回转面 母线绕一轴线旋转而形成的曲面，如圆柱面、圆锥面、球面、环面、单叶双曲回转面等。

（2）非回转面 母线不是绕一轴线旋转，而是按其他约束条件而形成的曲面，如锥面、柱面、锥状面、柱状面、双曲抛物面、平圆柱螺旋面等。

掌握各种常用曲面的性质和特点，有利于准确地画出它的投影，对各种曲面建筑物和构筑物进行设计和施工。本章将讨论建筑工程中常用的单叶双曲回转面、锥面、柱面、锥状面、柱状面、双曲抛物面及平圆柱螺旋面。

第二节　回转面

一、回转面的形成及特点

如图 4-4a 所示，曲母线 L 绕轴线 O 旋转形成回转面。母线上任一点 A 的旋转轨迹均是垂直于轴线 O 的圆，称为纬圆。回转面上最大的纬圆称为赤道圆，最小的纬圆称为颈圆。

画回转面的投影时，一般是使其轴线垂直于投影面。如图 4-4b 所示，若回转面的轴线为铅垂线，其 H 投影为一组同心圆，V 投影的外形轮廓线反映母线的实形。在回转面的投影图中，轴线和圆的中心线都用细点画线表示。

工程上常见的回转面如圆柱面、

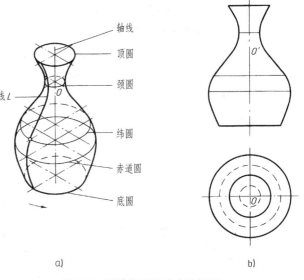

图 4-4 回转曲面的形成及投影

圆锥面、圆环面、球面等前面已介绍，本节只介绍单叶双曲回转面。

二、单叶双曲回转面的投影

　　如图 4-5a 所示，直母线绕与其交叉的轴线旋转而形成的曲面称为单叶双曲回转面。根据给定的直母线 AB 和轴线 O，就可作出曲面的投影。如图 4-5b 所示，当单叶双曲回转面的轴线垂直于 H 面时，其 H 投影为一组同心圆，分别是颈圆、顶圆和底圆的投影。其 V 投影中上、下两水平线是顶圆和底圆的积聚投影，左、右外轮廓线是与各素线的投影相切的包络线，为双曲线，它反映该曲面经线的形状，所以该曲面又可以看成是以双曲线为母线，绕其轴线 O 旋转而形成的。

　　单叶双曲回转面在水塔（见图 4-6）、冷凝塔、电视塔上常有应用。

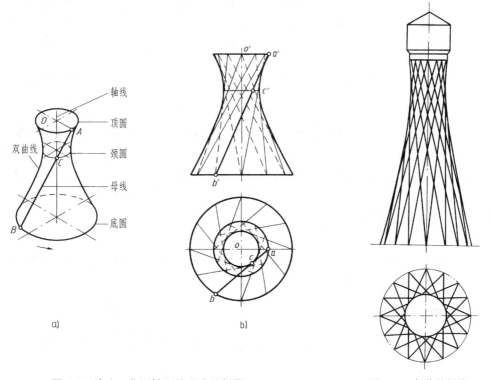

图 4-5　单叶双曲回转面的形成及投影　　　　　**图 4-6**　水塔的投影

单叶双曲回转面的作图步骤如下（见图 4-7）：

　　1）画出直母线 AB 和轴线 O 的投影 a'b'、ab 和 o'、o。轴线 O 垂直于 H 面（见图 4-7a）。

　　2）母线旋转时，每一点的运动轨迹都是一个垂直于轴线 O 而平行于 H 面的纬圆。先作出过母线两端点 A 和 B 的纬圆，为此，以轴线的 H 投影 o 为圆心，分别以 oa 和 ob 为半径作圆，即为所求两纬圆的 H 投影。它们的 V 投影分别是过 a' 和 b' 的水平线段，长度等于纬圆的直径（见图 4-7b）。

　　3）把两纬圆分别从点 A 和点 B 开始，各分为相同的等分，如 12 等分。AB 旋转 30°（即圆周的 1/12）后，就是素线 MN。根据它的 H 投影 mn 作出 V 投影 m'n'（见图 4-7c）。

　　4）顺次作出每旋转 30° 后，各素线的 H 投影和 V 投影（见图 4-7d）。

　　5）作出单叶双曲回转面的 V 投影轮廓线。即引平滑曲线作为包络线与各素线的 V 投影

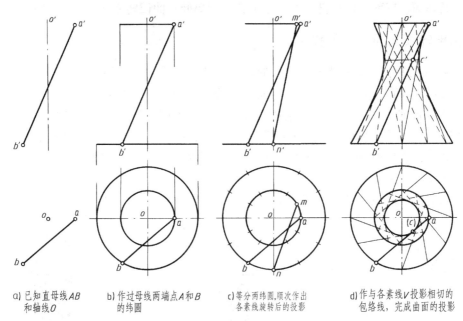

a) 已知直母线AB   b) 作过母线两端点A和B   c) 等分两纬圆,顺次作出   d) 作与各素线V投影相切的
和轴线O   的纬圆   各素线旋转后的投影   包络线,完成曲面的投影

图 4-7 单叶双曲回转面的画法

相切,这是一对双曲线。整个曲面也可以看成是由这对双曲线绕它的虚对称轴线旋转而成。这时,该双曲线便成为单页双曲回转面的母线。曲面各素线的 H 投影也有一根包络线,它是一个圆,即曲面颈圆的 H 投影(见图 4-7d)。每根直母线的 H 投影,均与颈圆的 H 投影相切。

第三节　非回转直纹曲面

在工程实践中,应用较广的非回转面是由直母线按一定约束条件运动而形成的直纹曲面,主要有锥面、柱面、锥状面、柱状面、双曲抛物面等。

一、锥面

如图 4-8a 所示,直母线 SA 沿曲导线 K 移动,且始终通过导点 S 所形成的曲面,称为锥面。

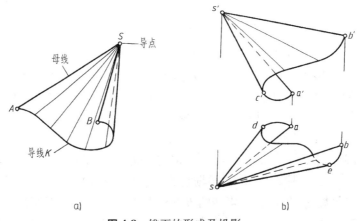

a)　　　　　　　　　　　　　b)

图 4-8 锥面的形成及投影

导点 S 为锥顶，锥面上所有的素线都交于锥顶点。曲导线可以是平面曲线，也可以是空间曲线。

图 4-9a 所示渠道转弯处的斜坡以及 4-9b 所示异径圆柱形管道连接段的表面都是锥面。

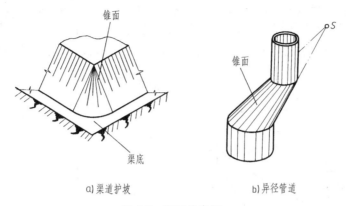

a) 渠道护坡   b) 异径管道

图 4-9 锥面的应用

二、柱面

如图 4-10a 所示，直母线 L 沿曲导线 K 移动，且始终平行于直导线 M 所形成的曲面，称为柱面。柱面上所有素线都相互平行。

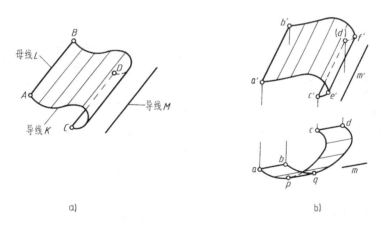

a)   b)

图 4-10 柱面的形成及投影

图 4-11 所示某体育馆的屋面即柱面的应用实例。

图 4-11 某体育馆

三、锥状面

直母线沿着一直导线和一曲导线移动，且始终平行于一导平面所形成的曲面，称为锥状面。如图 4-12a 所示，锥状面的直母线 AC 沿着直导线 CD 和曲导线 AB 移动，并始终平行于铅垂的导平面 P。当导平面 P 平行于 W 面时，该锥状面的投影如图 4-12b 所示。

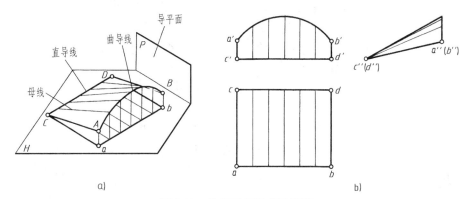

图 4-12 锥状面的形成及投影

图 4-13b 所示大楼入口屋面为锥状面。屋面的形成如图 4-13a 所示，DE 是直导线，ABC

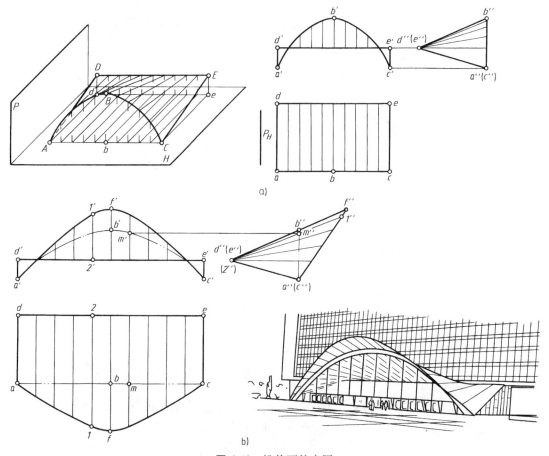

图 4-13 锥状面的应用

是曲导线，导平面为侧平面。投影图画法如图 4-13b 所示，屋面的檐口曲线 *AFC* 是锥状面与侧垂面的交线，也可理解为该锥面的曲导线。

在道路交通、水利等工程中大量运用了锥状面，如图 4-14 所示桥台护坡采用的是锥状面。

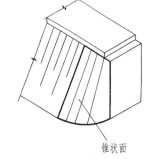

图 4-14　桥台的锥状面护坡

四、柱状面

直母线沿着两曲导线移动，且始终平行于一导平面所形成的曲面，称为柱状面。如图 4-15a 所示，柱状面的直母线 *AC*，沿着曲导线 *AB* 和 *CD* 移动，并始终平行于铅垂的导平面 *P*。当导平面 *P* 平行于 *W* 面时，该柱状面的投影如图 4-15b 所示。

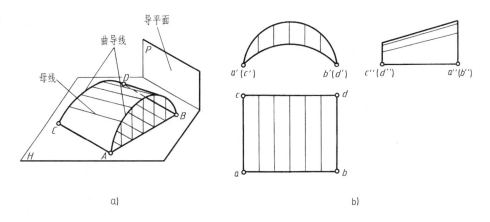

图 4-15　柱状面的形成及投影

图 4-16 所示桥墩的右端面表面是柱状面，其上导线为半圆周，下导线为椭圆弧，导面为正平面。该柱状面上的所有素线都是正平线，其正面投影可根据水平投影作出。

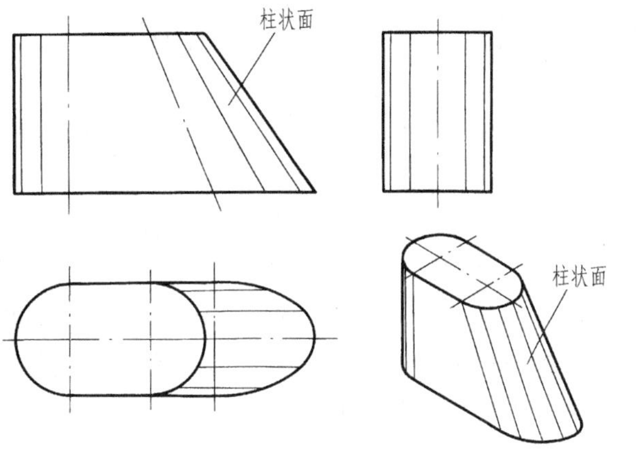

五、双曲抛物面

直母线沿着两交叉的直导线移动，且始终平行于一个导平面所形成的曲面，称为双曲抛物面。图 4-17a 所示的双曲抛物面，是直母线 *AC* 沿着两交叉直导线 *AB* 和 *CD* 移动，且平行于导平面 *P* 而形成的。水利工程中的渠道与闸口连接处，为使水流平顺，从 *M* 面到 *N* 面用双曲抛物面过渡（见图 4-17b）。

图 4-16　柱状面桥墩

如果给出了两交叉直导线 *AB*、*CD* 和导平面 *P*（见图 4-18a），只要画出一系列素线的投影，便可求出该双曲抛物面的投影图。作图步骤如下：

1）分直导线 *CD* 为若干等分，例如 6 等分，得各等分点的 *H* 投影 *c*、1、2、3、4、5、*d*

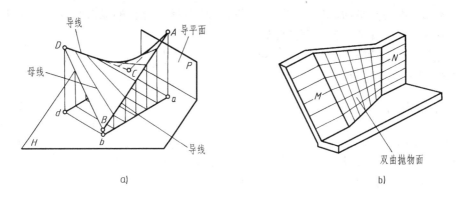

图 4-17 双曲抛物面的形成

和 V 投影 c'、$1'$、$2'$、$3'$、$4'$、$5'$、d'。由于各素线平行于导平面 P，因此素线的 H 投影都平行于 P_H。如作过等分点Ⅳ的素线Ⅳ-Ⅳ$_1$ 时先作 $44_1 /\!/ P_H$，求出 $c'd'$ 上对应的点 $4'_1$ 后即可画出该素线的 V 投影 $4'4'_1$（见图 4-18b）。

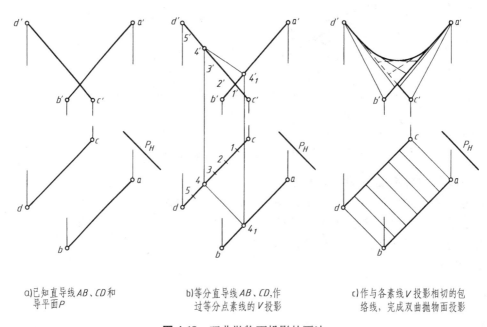

a)已知直导线 AB、CD 和 导平面 P

b)等分直导线 AB、CD，作 过等分点素线的 V 投影

c)作与各素线 V 投影相切的包 络线，完成双曲抛物面投影

图 4-18 双曲抛物面投影的画法

2）同理，作出过其他各等分点的素线的投影。作出与各素线 V 投影相切的包络线，得到一根抛物线（见图 4-18c）。

图 4-19a 所示广东省星海音乐厅的屋面为双曲抛物面，也称为马鞍形屋面。马鞍形屋面的檐口线可看成由椭圆柱与双曲抛物面相交而形成的，它的投影图如图 4-19b 所示。

图 4-20 所示墨西哥某饭店的屋面是 8 个双曲抛物面相交组合而成。

六、平圆柱螺旋面

1. 圆柱螺旋线的形成及要素

如图 4-21 所示，当动点 A 沿圆柱面的直母线作等速移动，同时该直母线绕与其平行的

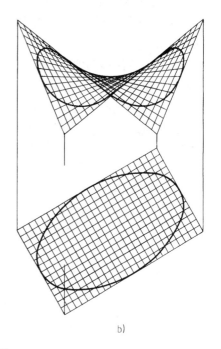

a)

b)

图 4-19　广东省星海音乐厅

轴线作等速旋转时，形成圆柱螺旋线。螺旋线是该圆柱面上的一条空间曲线。

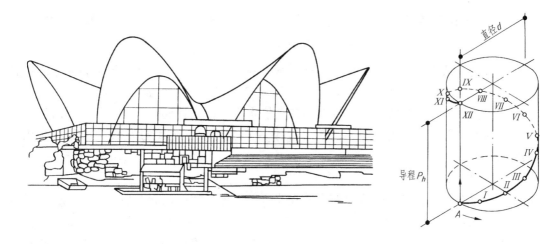

图 4-20　墨西哥某饭店

图 4-21　圆柱螺旋线

圆柱螺旋线有三个基本要素：

（1）直径 d　即导圆柱的直径。

（2）导程 P_h　动点旋转一周后沿轴线方向移动的距离。

（3）旋向　动点在导圆柱面上的旋转方向。有右旋和左旋两种。当手作握拳状时，拇指指向动点沿直线的移动方向，其他四指指向动点的旋转方向，如果符合右手情况时称为右螺旋线，如果符合左手情况时，称为左螺旋线。图 4-21 所示为右螺旋线。

2. 圆柱螺旋线的投影

若已知圆柱螺旋线的直径 d、导程 P_h 和旋向，就可以作出其投影，具体作图步骤如图4-22 所示。

（1）画出圆柱和螺距 设圆柱轴线垂直于 H 面，根据圆柱的直径 d 和导程 P_h，作出圆柱的两个投影（见图4-22a）。

（2）等分圆周和导程为相同数目 把圆柱面的 H 投影圆周分为适当等分，如12 等分，并按旋转方向编号，将 V 投影的导程 P_h 也作相同等分，并由下而上顺序编号（见图4-22b）。

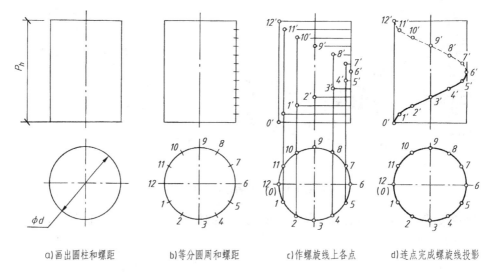

| a)画出圆柱和螺距 | b)等分圆周和螺距 | c)作螺旋线上各点 | d)连点完成螺旋线投影 |

图 4-22 圆柱螺旋线投影的画法

（3）作螺旋线上各点的 V 投影 从 H 投影中各点向上作投影连线，与 V 投影中相应各点的水平线相交，得到螺旋线上各点的 V 投影 $1'$、$2'$、$3'$、$\cdots$（见图4-22c）。

（4）连点完成螺旋线的投影 将上述各点依次光滑地连接起来，并作可见性判断，得到螺旋线的 V 投影，该曲线为一条正弦（或余弦）曲线。螺旋线的 H 投影积聚在圆周上（见图4-22d）。

3. 圆柱螺旋线的展开

如图4-23 所示，由圆柱螺旋线形成的规律可以知道，螺旋线展开后为一直线，它是以圆柱正截面圆周长 πd 为底边，螺距 P_h 为高的直角三角形的斜边。图中的 $\angle \alpha$ 为螺旋线的升角，它反映了螺旋线的切线与 H 面的倾角，同时也反映了圆柱螺旋线上每点对圆柱正截面的倾角都是相等的。因为圆柱螺旋线展开后为一直线，所以它亦是圆柱面上不在同一条直素线上的两点之间的最短距离。

4. 平圆柱螺旋面的形成

如图4-24a 所示，平圆柱螺旋面也是一种锥状面，它的两条导线是圆柱轴线（直线）和圆柱螺旋线（曲线），导平面是垂直于轴线的平面。当直母线运动时，一端沿直导线，另一端沿曲导线，且始终平行于导平面，螺旋上升而形成的曲面，称为平圆柱螺旋面。它是螺旋面中最常见的一种，故常简称为平螺旋面。

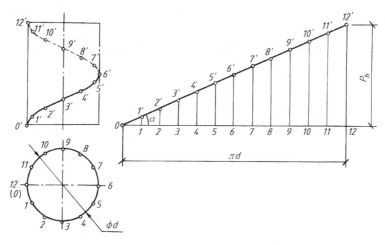

图 4-23　圆柱螺旋线的展开

5. 平螺旋面的投影

画平螺旋面的投影时，先画出圆柱螺旋线（曲导线）及轴线（直导线）的两投影，并将 H 投影中的圆周和 V 投影中的导程分成 12 等分。如图 4-24b 当轴线垂直于 H 面时，可从螺旋线 H 投影的圆周上各等分点引直线与轴线 H 面的积聚投影点相连，就是平螺旋面相应素线的 H 投影。素线的 V 投影是过螺旋线 V 投影上各分点引到轴线 V 投影的水平线。如果平圆柱螺旋面被一个同轴的小圆柱面所截，它的投影如图 4-24c 所示。小圆柱面与螺旋面的交线，是一根与圆柱螺旋曲导线相等导程的螺旋线。

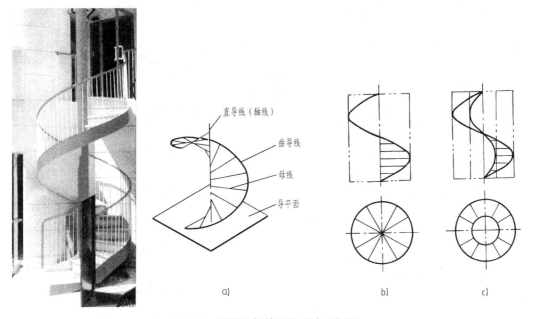

图 4-24　平圆柱螺旋面的形成及投影

【例 4-1】　已知一螺旋楼梯的水平投影。沿楼梯走一圈有 12 步，一圈上升高度如图 4-25a 所示的 h。楼梯板沿竖直方向的厚度为楼梯的踢面高度。求出该螺旋楼梯的 V 投影。

（1）画平螺旋面的投影 根据已知的内、外直径和导程，以及楼梯的级数，作出两条螺旋线（见图 4-25a）。

（2）依次画楼梯上各踏步的投影 踏步各有一个踢面和踏面，踢面为铅垂面，踏面为水平面。在 H 投影中圆环的第一个线框，就是一个踏步的 H 投影，由此作出各个踏步的 V 投影（见图 4-25b）。

（3）画楼梯底板面的投影 楼梯底板面是与顶面相同且向下平移的螺旋面，因此可从顶板面 H 投影中各点向下量取竖直厚度（与踢面同高），作出底板面的两条螺旋线（见图 4-25c）。

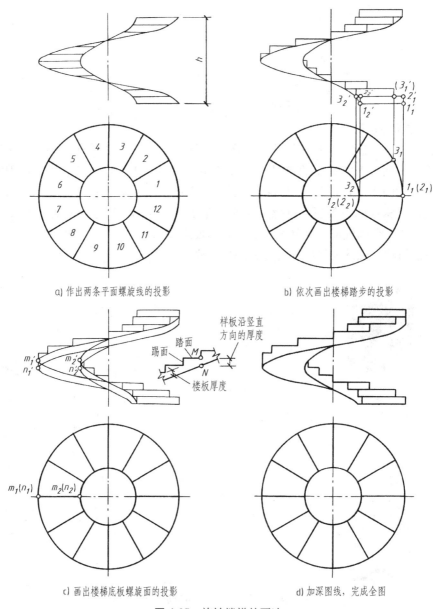

a）作出两条平面螺旋线的投影

b）依次画出楼梯踏步的投影

c）画出楼梯底板螺旋面的投影

d）加深图线，完成全图

图 4-25 旋转楼梯的画法

（4）加深图线，完成全图 最后将可见的线画为粗实线，不可见的线画为虚线或擦除，完成全图（见图 4-25d）。

第五章 轴测图

在工程中，应用最多的是正投影图，但正投影图缺乏立体感，不够直观，读懂正投影图需要具有专业的读图知识，这使得正投影图在提倡快速、高效的信息社会中总显得有些缺憾。为适应管理层和决策层以及其他方面的需要，工程中常用轴测图作为辅助图样来表达物体。由于轴测图能在单面投影中反映物体长、宽、高三个方向的形状，基本接近人们观察物体所得出的视觉形象，而且图形的绘制也相对准确和简单，因而轴测图在工程中也有较多的应用。

第一节 轴测投影概述

一、轴测图的基本概念

（1）轴测图 如图 5-1 所示，将物体连同其直角坐标系沿不平行于任何坐标面的方向，用平行投影法将其投射在单一投影面 P（即轴测投影面）上所得到的图形称为轴测投影图，简称轴测图。

（2）轴测投影面 该单一投影面 P 称为轴测投影面。

（3）轴测轴 直角坐标轴 O_0X_0、O_0Y_0、O_0Z_0 在轴测投影面上的投影 O_1X_1、O_1Y_1、O_1Z_1 和 O_2X_2、O_2Y_2、O_2Z_2 均称为轴测轴。三条轴测轴的交点 O_1 和 O_2 均称为原点。

根据投射方向与轴测投影面的相对位置，轴测图分为两类：

（1）正轴测图 投射方向与轴测投影面垂直所得的轴测图。物体所在的三个基本坐标面都倾斜于轴测投影面。

（2）斜轴测图 投射方向与轴测投影面倾斜所得的轴测图。一般在投影时可以将某一基本坐标面平行于轴测投影面。

图 5-1 中描述了正轴测图和斜轴测图两类投影状况。

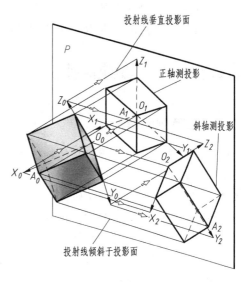

图 5-1 正轴测图和斜轴测图两类投影状况

二、轴间角和轴向伸缩系数

（1）轴间角　两根轴测轴之间的夹角，如图 5-2 中 $\angle XOY$、$\angle XOZ$、$\angle YOZ$。

（2）轴向伸缩系数　轴测轴上的线段与坐标轴上对应线段长度的比值。从图 5-2 中可看出，由于空间坐标轴与投影面均形成一定的夹角，因而规定各轴的轴向伸缩系数分别为 p_1、q_1、r_1，其定义如下：

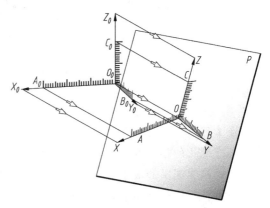

X 轴的轴向伸缩系数 $p_1 = OA/O_0A_0$。

Y 轴的轴向伸缩系数 $q_1 = OB/O_0B_0$。

Z 轴的轴向伸缩系数 $r_1 = OC/O_0C_0$。

轴间角和轴向伸缩系数是画轴测图的两个主要参数，按不同的轴间角和轴向伸缩系数可绘制效果不同的轴测图。正（斜）轴测图按轴向伸缩系数是否相等又分为等轴测图、二等轴

图 5-2　轴间角和轴向伸缩系数

测图和三等轴测图三大类。本章仅介绍正等轴测图、正面斜二轴测图以及水平斜轴测图等三种建筑工程中常用的画法。

由于轴测图是用平行投影法绘制的，所以具有以下平行投影的特性：

1）平行关系不变，平行线段的比例投影后不变，亦即同一轴向所有线段的轴向伸缩系数相同。

2）物体上不平行于轴测投影面的平面图形，在轴测图上投影呈类似形。

画轴测图时，物体上凡是与空间 O_0X_0、O_0Y_0、O_0Z_0 三轴平行的线段可根据轴向伸缩系数沿投影轴方向直接测量取得。所谓"轴测"，是"沿轴的方向进行测量"的意思。

第二节　正等轴测图画法

一、正等测的概念

正等轴测图简称正等测，是使物体所在的坐标系中三根坐标轴及三个坐标面均与轴测投影面的倾角相等。因而可得出如图 5-3 所示轴测轴的投影结果。其中轴间角均为 120°。利用立体几何知识可证明，形成正轴测图的必要条件是使 $p^2 + q^2 + r^2 = 2$，由此可得出 $p = q = r = 0.82$。即在画图时，物体的各长、宽、高方向的尺寸均要缩小约 0.82 倍。

作图时，通常使 OZ 轴画成铅垂位置，然后画出 OX、OY 轴。又由于正等测各轴的轴向伸缩系数都相等，为了作图方便，通常采用简化的轴向伸缩系数 $p = q = r = 1$。这样在工程中画图时，凡平行于各坐标轴的线段，可直接按物体上相应线段的实际长度量取，不必换算。虽然其结果沿各轴向的长度分别都放大了 $1/0.82$ 约 1.22 倍，但形状没有改变。

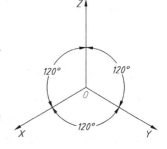

图 5-3　正等轴测图的轴测轴

二、正等测作图

正等测常用的基本作图方法是坐标法。作图时，先定出空间直角坐标系，画出轴测轴；再按立体表面上各顶点或线段的端点坐标，画出其轴测投影；然后分别连线，完成轴测图。下面以一些常见的图例来介绍正等测画法。

1. 正六棱柱

1）根据正六棱柱的结构特点，可将其轴线设置为与 OZ 轴重合，并按图 5-4a 所示各点的空间坐标位置分别求出其在轴测图中的坐标。一般先求出一底面上各点，在作图时尽可能利用对称关系和平行关系，如图 5-4b 所示。

2）得到底面上各点后，可根据六棱柱的高度沿各点平行于 OZ 轴方向向上引直线，即可找到上底面各端点，如图 5-4c 所示。

3）依次连接上底面上各点及各条可见棱线，擦去不可见轮廓及作图线并描粗，即得到轴测投影结果。一般情况下，不可见轮廓不要求画出虚线，图 5-4d 所示即为六棱柱正等轴测投影结果。

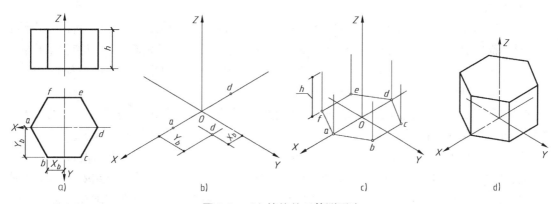

图 5-4　正六棱柱的正等测画法

在练习轴测图的最初训练中，宜将形体上的各点及每条线都画出来，然后判断其可见情况，以对轴测投影有较为全面的认识。在训练较多以后，找点和绘图都较自如了，便可在绘图前先分析各点的可见性，仅需画出可见点。

2. 叠加与切割型形体

分析：对于图 5-5 所示的既有叠加又有切割的组合形体，可把形体的原始状态看成是两个六面体叠加在一起，然后被两侧平面和一水平面切去一槽，再由侧垂面切去前角而成。对于截切后的斜面上有与三根坐标轴都不平行的线段，作图时常采用切割法。这些线段在轴测图上不能直接从正投影图中量取，必须按坐标作出其端点，然后再连线。

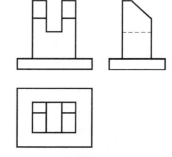

图 5-5　组合形体的三面投影

作图：1）定出坐标原点及坐标轴，根据底板的尺寸大小画出底板的轴测结构，如图 5-6a 所示。

2）根据上半部分的大体结构及所给的尺寸大小，按其所在位置，作出长方体的轴测结构，如图 5-6b 所示。

3）根据主视图上缺口的位置画出缺口结构，再根据左视图上被截斜角的 Y 及 Z 坐标，定出斜面上线段端点的位置，画出被截前角，如图5-6c 所示。

4）仔细分析各条线段的可见状况，擦去不可见轮廓及多余作图线，描粗，如图5-6d 所示。

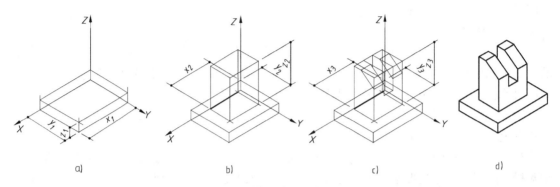

图5-6 组合形体的正等测画法

3. 圆柱

1）定坐标时，图5-7a 所示的圆柱体轴线在作轴测图时一般使之与 OZ 轴重合。由于圆柱的顶平面圆在轴测投影后结果为椭圆，而在工程中椭圆的绘制一般都用近似椭圆来代替，为方便画出近似椭圆，可将与圆外切的正四边形的轴测投影先画出来，在得到一菱形的同时亦可得到作图所需的 a、b、c、d 四点，如图5-7b 所示。

2）图5-7c 所示，用作图线连接菱形的对角线，并使 a、b 与顶点2连接，c、d 与顶点1连接，可在对角线上得到3、4两点。1、2、3、4 即为近似椭圆的四段圆弧的圆心。以1、2点为圆心，1点到 c 点的长度为半径，可画出从 a 点到 b 点，从 c 点到 d 点两段大圆弧，以3、4点为圆心，以4点到 c 点的长度为半径，可画出从 b 点到 c 点，从 a 点到 d 点两段小圆弧，这四段圆弧即形成近似椭圆。利用平行的原理，可将各圆心的位置根据圆柱高度垂直向下平移，图5-7c 中下半部分仅画出了可见圆弧轮廓。

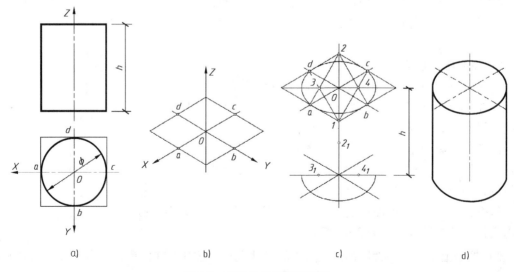

图5-7 圆柱体的正等测画法

3）保留椭圆，擦去作图线，并画出外切于两椭圆的两条转向轮廓线，描粗图线，即得到圆柱的轴测投影，如图 5-7d 所示。

4. 支架

分析：该结构是一个柱状物体，其结构可看作是两个棱柱被挖切了三个四分之一圆角，而圆角正是圆的一部分。工程中常需画出四分之一圆周的圆角，其正等测恰好是上述近似椭圆的四段圆弧中的一段。

作图：1）画出基本结构棱柱一底面的轴测图，并根据圆角的半径 R、R_1，在底面相应的棱线上先作出切点 1、2，过切点 1、2 及前顶点和后底点分别作相应棱线的垂线，得到三个交点，如图 5-8b 所示。

2）以各交点为圆心，交点到切点的距离为半径作出三段圆弧，然后将交点沿厚度方向平移距离 δ，即可画出另一底面上三段圆弧，对应作出各圆弧的公切线，并擦去不可见图线，如图 5-8c 所示。

3）擦去作图线，描粗，如图 5-8d 所示。

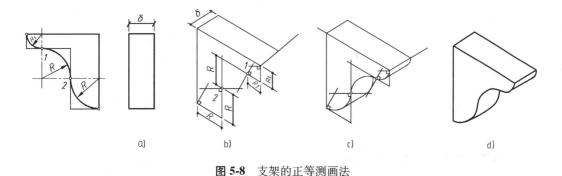

a)　　　　　b)　　　　　c)　　　　　d)

图 5-8　支架的正等测画法

【例 5-1】　图 5-9 所示是世界著名建筑——巴黎凯旋门。已知凯旋门的正面和水平投影如图 5-10a 所示，绘制其正等测图。

图 5-9　巴黎凯旋门

分析：凯旋门是以叠加为主的建筑形体。主体部分结构并不复杂，中间的圆拱结构需画出半圆柱的内圆柱面。

作图：1）画叠加部分的各四棱柱面并不复杂，只是需要注意高度方向坐标变动后，其他坐标点的位置的变化。画半圆柱时依然应先画出圆的外切四边形，在切点 a、b、c 处分别引外切四边形的垂线，得交点 1、2，以 1、2 为圆心，$2a$ 和 $1b$ 的长度为半径画出两段圆弧，如图 5-10b 所示。

2）擦去作图线和多余的不可见轮廓，描粗，即完成作图，如图 5-10c 所示。

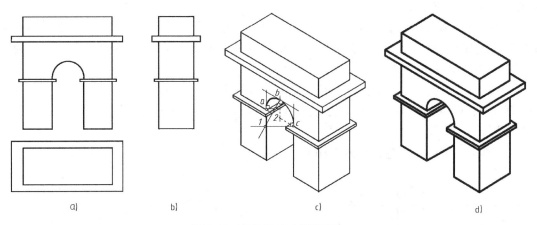

图 5-10　凯旋门的正等测画法

第三节　正面斜轴测图画法

一、轴间角和轴向伸缩系数

正轴测投影是斜轴测投影的一个特例，而斜轴测投影的变化更多，若各参数选择不当，所得轴测投影图将不能准确反映物体的真实形状，因而在实际应用时，斜二轴测图是在工程中应用最多的斜轴测投影图。将轴测投影面 P 平行于物体所在的某个基本坐标面，投射光线方向倾斜于轴测投影面时，可得正面斜二轴测图。由于 XOZ 坐标面平行于 P 面，所以轴测轴 OX、OZ 分别为水平和铅垂方向，轴间角 $\angle XOZ = 90°$，轴向伸缩系数 $p = r = 1$。轴测轴 OY 与水平线成 45°，$\angle XOY = \angle YOZ = 135°$，其轴向伸缩系数 $q = 0.5$，如图 5-11a 所示，亦可得如图 5-11b 所示的另一种坐标系，其作图方法一样，可根据所需表现的不同侧面进行选择。

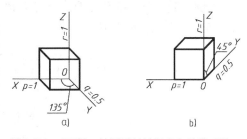

图 5-11　正面斜二轴测图的轴间角与伸缩系数

二、正面斜二测画法

在正面斜二测图中，由于物体上平行于 XOZ 坐标面的直线和平面图形，都反映实长和实形，因而在设定坐标系时，一般将有绘制过程复杂的曲线结构等所在的坐标面平行于 XOZ 平面，平行于坐标面 XOZ 的圆的正面斜二测仍为大小相同的圆，而平行于坐标面 XOY 和 YOZ 的圆的正面斜二测是椭圆，在绘图时一般避开这些椭圆。因此，当物体上有较多的圆或曲线平行于坐标面 XOZ 时，采用正面斜二测作图比较方便。下面以一些典型图例说明正面斜二测画法。

1. 台阶

分析：在正面斜二测图中，轴测轴 OX、OZ 分别为水平线和铅垂线，OY 轴可自己根据表达对象确定。如果如图 5-12b 选择 Y 轴方向，则台阶的有些表面无法表达清楚，而如图 5-12c 选择 Y 轴方向，台阶的每个表面便都能较为清楚地表达出来。

作图步骤如图 5-12c、d 所示，在确定了轴测轴 OX、OZ、OY 后，沿 Y 轴方向先画出前面的台阶部分的正面投影实形，过各顶点作 OY 轴平行线，并量取实长的一半（因为 $q=0.5$），即可画出台阶的轴测图，然后再用类似的方法画出扶手的轴测图。

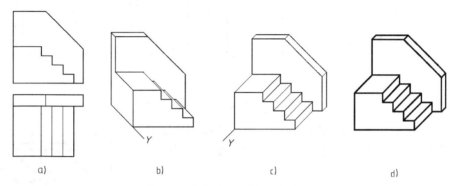

a)　　　　　　b)　　　　　　c)　　　　　　d)

图 5-12　台阶的正面斜二测图画法

2. 凯旋门

分析：正面斜二测的特点是能反映平行于正面的平面图形的实形。图 5-9 所示凯旋门的门拱端面圆弧平行于正面，与其平行的各段圆弧投影在正面斜二测轴测投影里都能反映实形，这便很适合作正面斜轴测图。

作图：由于该结构左右对称，因而轴测轴的确定无特殊要求。可先画出大体结构四棱柱，然后画出圆拱，再画其他细节，如图 5-13 所示。

【例 5-2】　图 5-14 所示是苏州某园林的一个拱门，根据其正投影图作出正面斜二测图。

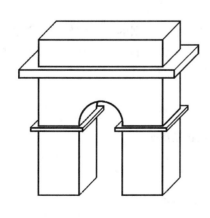

图 5-13　凯旋门的正面斜二测图画法　　　　　　**图 5-14**　苏州园林拱门

分析：根据图 5-15a 所示的圆拱门进行形体分析，其平行于正投影面的结构中有较多圆弧，这些圆弧有些属于内圆柱面，有些属于外圆柱面，有些属于圆锥面，虽然轴测投影反映实形，但在作图时应注意各圆弧部分的相对位置以及可见情况。

作图：1）画轴测轴，*OX*、*OZ* 分别为水平线和铅垂线，*OY* 轴由右向左投射。先画墙体及直线结构部分，并在墙面上确定出拱门的圆心。

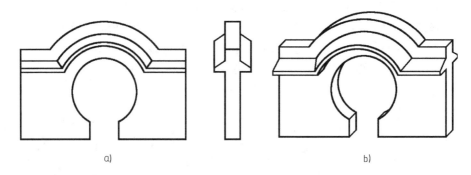

a)　　　　　　　　　　　　　　　　　　b)

图 5-15　拱门的正面斜二测图画法

2）沿 *OY* 轴方向根据墙檐宽度的 1/2 确定出拱门前墙檐圆弧的圆心位置，并由拱门圆心向后量取 1/2 墙厚，定出拱门在后墙面的圆心位置。

3）画出各段圆弧，并使之与直线结构衔接，分析可见状况，尤其是一些仅露出一小部分的后墙面结构，完成拱门正面斜二测图，如图 5-15b 所示。

图 5-16　花窗的正面斜二测图

3. 花窗的正面斜二测图

从前述的各种结构物体的正面斜二测图中可以看出，正面结构复杂的物体宜用正面斜二测图去表现，绘制相对简便。图 5-16 所示的花窗是另一个例子。

第四节　水平斜轴测图画法

在建筑工程中，表现建筑群体的总体规划、建筑物平面规划的立体效果时，常常用到水平斜轴测图。水平斜轴测图的投影原理和正面斜二测图是相同的，只是其水平投影面的投影结果保持原形。在水平斜轴测投影体系中，通常将 *OX* 轴和 *OY* 轴相互垂直，*OZ* 轴保持铅垂方向，按轴测投影理论一般可不考虑与另两轴的相对夹角，但在工程中为达到较好的立体效果，可如图 5-17 所示设置三轴测轴间的夹角。其轴向伸缩系数虽亦无特殊规定，但为了计算和作图方便，一般设 $p = q = 1$，$r = 0.5$ 或 $r = 1$。

图 5-18 所示是房屋的水平剖面立体图，这样能更清晰地表达房屋的内部结构分布状况，并便于作室内布置，其作图一般在建筑平面图的基础之上完成。

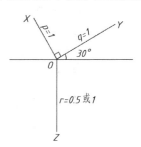

图 5-17　水平斜轴测图的轴间角和轴向伸缩系数

　　对于一个建筑小区的总平面布置，通常不便设置投影轴间的夹角，只需将 Z 轴定为铅垂方向即可。图 5-19a 所示为某建筑小区的平面图，据此画水平斜轴测图，可作出图 5-19b 所示的小区平面鸟瞰图，更清晰地表达了小区中各建筑物的楼高情况以及道路、绿化等。

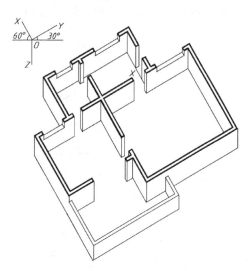

图 5-18　房屋的水平剖面立体图

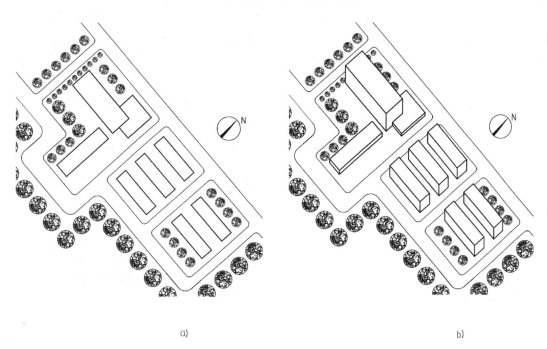

a)　　　　　　　　　　　　　　　　　　　　　　　b)

图 5-19　小区鸟瞰图

第五节　徒手画法

　　草图是工程技术人员在构思、交流、讨论时有可能用到的一种能大致描述物体的图样，这些草图一般不用绘图仪器和工具，通常徒手绘制。徒手绘图在现代社会高节奏生活的背景下显得尤其重要，作为工程技术人员必须掌握这样的技术。工程中的徒手绘图能力要求做到"眼准"和"手准"。"眼准"是要求工程技术人员能基本准确地估量出实际物体的尺寸大小；"手准"是要求绘图者能将图形按要求基本准确地绘制出来。

要想画好草图，必须反复训练，才有可能绘出清晰、准确、有实用价值的草图。

一、草图绘图练习

1. 直线

直线是工程图中使用最多的图线。在画直线时，落笔起点后，眼睛应注视线段的终点。较短线段用腕运笔即可，但较长线段则要悬肘用手臂运笔。较长线段还可分段绘制，当方向偏离时应在正确位置上再起续段，而不应沿错误方向继续绘制。图 5-20 所示为徒手绘制的一些直线段。

2. 等分问题

无论是找对称中心点还是绘制夹角，等分线段是绘图过程中常遇到的问题。这里要求绘图人员"眼准"，因为根据等分数目的不

图 5-20 徒手绘制直线段

同，绘图人员应目测出每段长度。一般先将较长线段分为较短部分，然后再细分。对半分、四等分及八等分相对容易，而三等分、五等分及其他等分则对绘图人员的要求就要高一些。图 5-21 所示为几种等分的常规分法。

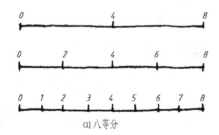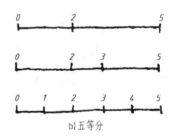

图 5-21 几种等分的常规分法

3. 角度及多边形

常用角度如 30°、45°、60° 等夹角的绘制时，一般根据两直角边的比例关系，定出斜边两端点，连接后即可得到所需角度线，如图 5-22 所示。

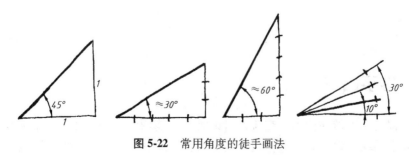

图 5-22 常用角度的徒手画法

正多边形可利用画角度线方法及对正多边形的几何理解绘制。图 5-23 所示为正六边形画法，图 5-24 所示为正八边形画法。

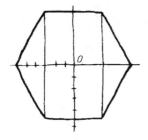

图5-23 正六边形画法

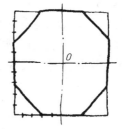

图5-24 正八边形画法

4. 圆

画圆宜先依圆心画出两互相垂直的对称中心线，在中心线上根据半径确定四点，用圆弧连接这些点。若圆的直径较大时，还应沿 45° 方向再画出两条直径线，并根据半径再确定四点，然后用圆弧连接这些点，如图 5-25 所示。

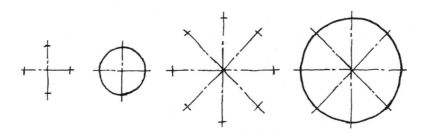

图5-25 徒手画圆

5. 椭圆

徒手画椭圆一般有根据长短轴确定四个端点或八个端点的画法，也有轴测图中画椭圆的特定画法。具体作图步骤如图 5-26 所示。

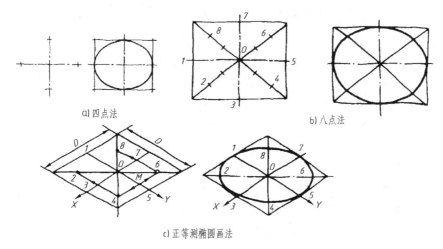

a) 四点法

b) 八点法

c) 正等测椭圆画法

图5-26 徒手画椭圆

二、应用草图

1. 平面草图

在进行构思并未完全定稿的设计过程中，平面草图是运用最多的思想记载方法。在平面草图的绘制过程中，为准确记载完整的设计思想，草图应尽可能绘得更细致一些，比例、尺寸等都应尽量准确，这样才便于更进一步完成后续设计。图5-27所示为某房屋结构图的局部草图。

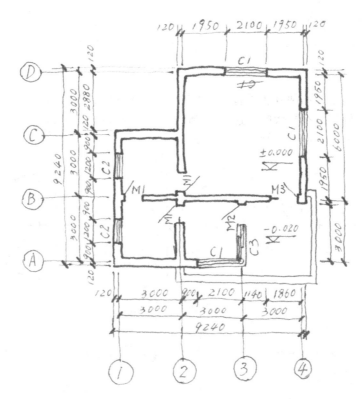

图5-27 某房屋结构图的局部草图

2. 轴测草图

由于轴测图能更好地表达物体的立体状态，能较直观地说明问题，因而在设计过程中有较多机会使用到轴测草图。绘制轴测草图时除了要掌握轴测投影原理以外，还应注意物体的平行关系在图中的表现，这些平行关系在轴测图中是不会改变的。图5-28所示为某楼房大体结构的轴测草图。

3. 透视草图

与轴测草图一样，透视草图的表现也较为直观，因而应用也很多。在绘制透视草图的过程中，应注意透视原理，否则不易达到透视效果。图5-29所示为某楼房大体结构的透视草图。

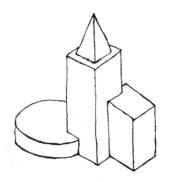

图5-28 某楼房大体结构的
轴测草图

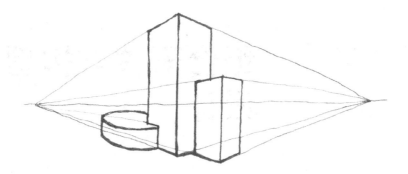

图 5-29　某楼房大体结构的透视草图

第六章 组合形体与构型设计

第一节 形体分析和投影图画法

从几何角度分析建筑形体可以看出，建筑造型是由若干基本形体按一定方式组合构成的，这样的形体称为组合形体。如图 6-1 所示，其中的大部分建筑都是由棱柱、棱锥、圆台、圆球、圆柱等基本形体构成的组合形体。

一、形体分析

形体分析是指对构成形体的各个基本体的形状、相对位置、组合形式、表面交线的空间形状和投影特征等进行综合分析，从而建立对形体的完整认识。形体分析是画图、读图的基本方法。

形体的组合形式通常有叠加和切割两种。叠

图 6-1 上海国际会议中心

加型是组合形体中最基本的组合形式，如图 6-2a 所示房屋形体可看成是由两个基本体叠加而成。值得注意的是，两个形体叠加在一起后成为一个整体，它们的屋面是共平面，在投影图中两个形体的叠合处不应画出轮廓线，如图 6-2b 中，H 面上"×"处的实线不应画出，V 面上的"×"处应画成虚线。

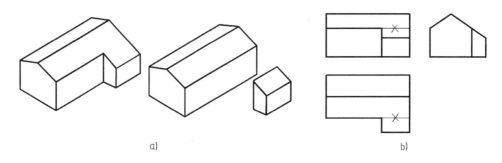

a)   b)

图 6-2 叠加形体

当组合形体中两个基本体的相邻表面（平面与曲面或曲面与曲面）处于相切或相交时，要注意它们不同的画法。两相邻表面相切时，在结合处光滑过渡，不画出切线的投影；若两相邻表面相交时，应画出形体表面交线的投影，如图 6-3a 所示。

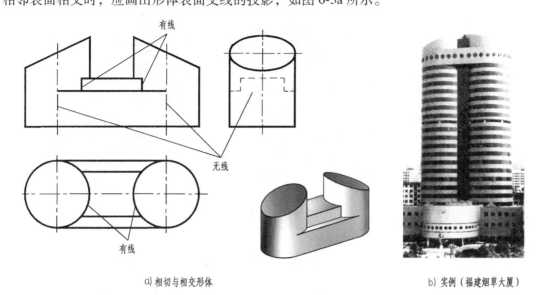

a) 相切与相交形体　　　　　　　　　　　　b) 实例（福建烟草大厦）

图 6-3 相切、相交形体

基本体被平面或曲面切割或贯穿后形成切割型组合形体，如图 6-4a 所示的歇山式屋顶就是切割型组合形体，它可以看成是一个五棱柱左右对称地被侧平面和正垂面切割而成，如图 6-4b 所示。

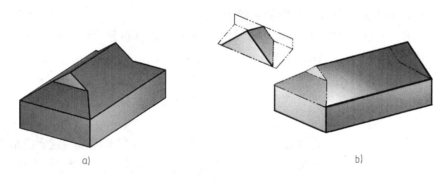

a)　　　　　　　　　　　　　　　　　　　　b)

图 6-4 切割形体（歇山式屋顶）

建筑物或构筑物经常出现由若干基本体叠加或切割后形成各种形状的表面交线。在图 6-3 中，圆柱顶面被平面截切产生椭圆截交线，图 6-5 所示是圆球与圆柱相交产生的相贯线。

二、组合形体投影图的画法

现以图 6-6 所示的组合形体为例，说明画组合形体投影图的一般步骤。

1. 形体分析

该组合形体由四个基本形体经过切割后叠加而成。必须注意，形体 B 和 D 的前表面与半圆柱面 C 分别是相交和相切。画图时应注意它们的画法。

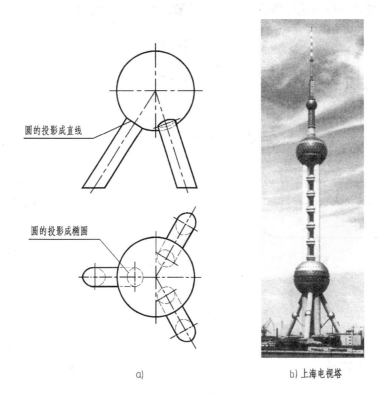

a)   b) 上海电视塔

图 6-5   相贯形体

2. 确定形体的安放位置和正面投影的投射方向

一般按自然、平稳位置安放形体，选择最能反映组合形体的形状特征和各部分相对位置的方向作为正面投影的投射方向，如图 6-6a 中箭头所指示。

3. 选比例、定图幅

根据形体的大小和复杂程度，选择适当的比例，确定图纸幅面。

4. 画底稿

按形体分析法分析各基本形体及其相对位置，逐个画出各基本形体的三面投影。必须注意，在逐个画基本形体时，应该同时画出三个投影，这样既能保证各基本形体之间的相对位置和投影关系，又能提高绘图速度，如图 6-6c~e 所示。

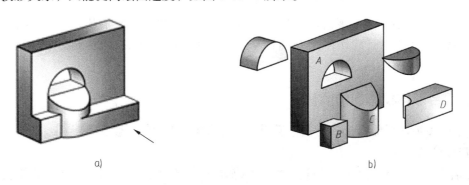

a)   b)

图 6-6   组合形体的形体分析和画图步骤

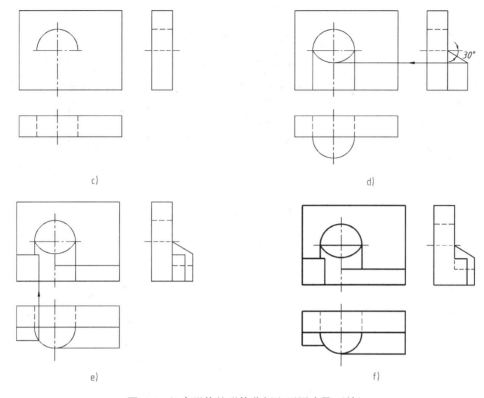

c)   d)

e)   f)

图 6-6 组合形体的形体分析和画图步骤（续）

5. 检查、加深图线

检查底稿，补漏改错，擦去作图线，确定无误后，按规定线型加深图线，如图 6-6f 所示。

注意对称形体要画出对称线，回转体要画出轴线，圆或大于半圆的圆弧要画出十字中心线。

第二节 组合形体投影图的识读

画图是运用投影方法将三维空间形体用二维平面图形表达出来，读图则是运用投影规律，根据二维平面图形想象出三维空间形体的形状。读图与画图一样，主要是运用形体分析法，但对于形状比较复杂的局部，有时也采用线面分析法来读图。为了能够正确而迅速地读懂投影图，必须掌握读图的基本要领和基本方法。

一、读图的基本要领

1. 熟悉基本形体的投影特征

前面对柱、锥、球等基本体的画法及其图示特点做了详细的叙述。下面再进一步分析它们的投影特征。从图 6-7 所示六种基本体的三面投影图中可以看出：三面投影图中若有两面投影的外轮廓形状是矩形，此基本体为柱（见图 6-7a、d）；若为三角形，此基本体为锥（见图 6-7b、e）；如果是梯形，则此基本体为棱台或圆台（见图 6-7c、f）。

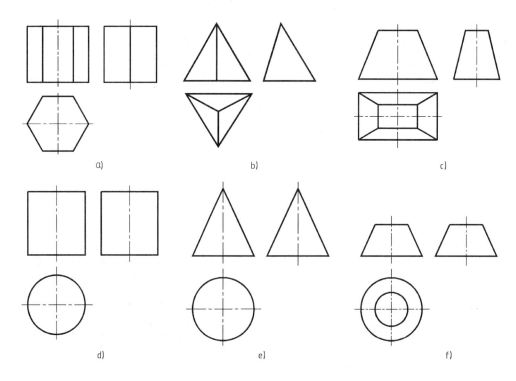

图 6-7　基本体的三面投影

　　判断上述基本体是棱柱（棱锥、棱台）或者是圆柱（圆锥、圆台），必须根据第三面投影的形状才能确定：若为多边形（见图 6-7a、b、c），该基本体是棱柱（棱锥、棱台）；如果是圆（见图 6-7d、e、f），则该基本体是圆柱（圆锥、圆台）。

2. 将几个投影联系起来识读

　　物体的形状一般是通过几个投影图来表达的，每个投影只能反映物体在一个投射方向上的形状。因此，仅由一个投影图，一般不能唯一地确定物体的形状。如图 6-8 所示的四组图形，它们的正面投影都相同，但实际上表示了四种不同形状的物体。

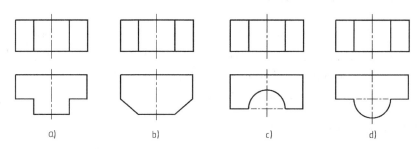

图 6-8　由一个投影可以确定各种不同形状的物体示例

　　一般情况下，物体的两个投影便能确定该物体的形状。但是，也有一些特殊情况，如图 6-9 所示的四组图形，它们的正面投影和水平投影都相同，而实际表示了四种不同形状的物体。

　　实际上，根据图 6-8 所示的正面投影、图 6-9 所示的正面投影和水平投影，还可以构思

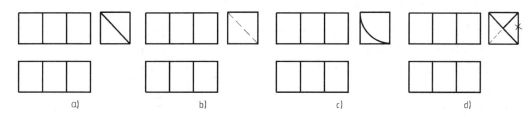

图 6-9　由两个投影可以确定各种不同形状的物体示例

出更多种不同形状的物体。由此可见，读图时必须将所给出的全部投影图联系起来识读，才能正确想象出物体的形状。切忌只看一个投影就轻易下结论。

3. 明确投影图中线框和图线的含义

1）投影图中的每个封闭线框，通常都是物体上一个表面（平面或曲面）或是孔的投影。图 6-10a 所示正面投影中有四个封闭线框，对照水平投影可知：线框 a'、b'、c' 分别是八棱柱前面三个棱面的投影；线框 d' 则是半圆柱面的投影。

2）若两个线框相邻，或大线框中套有小线框，则表示物体上不同位置的两个表面。既然是两个表面，就会有上下、左右或前后之分，或者是相交的两个表面。如图 6-10a 所示，由正面投影中左边 a' 线框与右边 b' 线框以及中间的 c' 线框，对照水平投影可知，中间的 C 面在前，左边的 A 面和右边的 B 面在后。在图 6-10a 的水平投影中，八边形线框和半圆线框分别是八棱柱顶面和半圆柱顶面的水平投影，对照正面投影可知，圆柱顶面在上，八棱柱顶面在下。

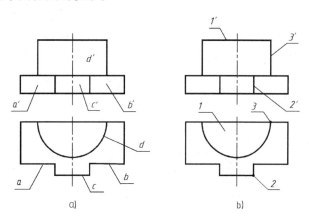

图 6-10　线框和图线的含义

3）投影图中的每条图线可能是表面有积聚性的投影，或者是两平面交线的投影，也可能是曲面转向轮廓线的投影。如图 6-10b 所示，正面投影中的 $1'$ 是圆柱顶面有积聚性的投影，$2'$ 是两平面交线的投影，$3'$ 是半圆柱面轮廓线的投影。

二、读图的基本方法

1. 运用形体分析法读图

读图与画图一样，主要也是运用形体分析法。在反映形状特征比较明显的正面投影中按线框将组合形体划分为几个部分，然后利用投影关系，找到各个线框在其他投影图中的投影，从而分析各部分的形状及它们之间的相对位置，最后综合起来想象整体形状。现以图 6-11a 所示房屋（模型）的三面投影，说明运用形体分析法识读组合形体的方法与步骤。

（1）分线框　从反映房屋形体明显的水平投影入手，将房屋模型划分为三个线框：中间的矩形线框 1 和左右两个 L 形线框 2、3。这三个线框可以设想为三个简单形体。

（2）对投影　利用投影"三等"关系，在正面和侧面投影中找出各部分对应的投影。在投影对应的过程中，就可逐个读懂各个简单形体的形状。

（3）综合起来想整体 按水平投影反映房屋三部分的左右、前后相对位置；正面投影显示各部分的左右和高低的相对位置；侧面投影则表达了房屋高低和前后的相对位置，从而想象出房屋模型的整体形状，如图 6-11b 所示。

2. 运用线面分析法读图

读图时，对于比较复杂的组合形体，在运用形体分析法的同时，对于不易读懂的部分，还常用线面分析法来帮助想象和读懂

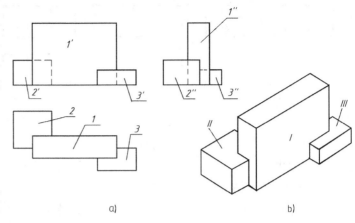

图 6-11 房屋（模型）三面投影的形体分析

这些局部形状。构成物体的各个表面，不论其形状如何，它们的投影如果不具有积聚性，一般都是一个封闭的线框。在画图或读图过程中，充分运用线和面的投影特性（实形性、积聚性、类似性），帮助分析各部分的形状和相对位置，从而想象出整体形状，这种分析方法称为线面分析法。下面以图 6-12a 所示挡土墙的三面投影为例，说明线面分析法在读图中的应用。

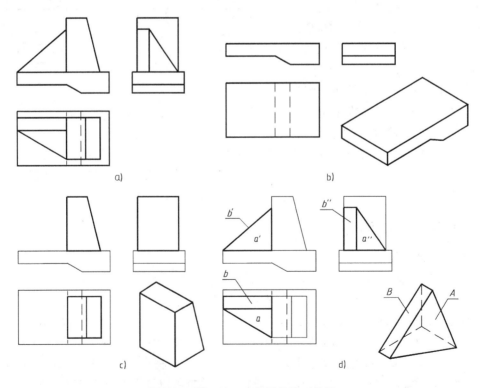

图 6-12 挡土墙三面投影的线面分析

1）从正面投影入手，可把挡土墙分为上、下两部分，对照水平和侧面投影可以想象

出，下部形体是棱柱（基础），其形状如图 6-12b 所示。

2）从图 6-12a 中的正面投影可以看出，上部挡土墙又分为左、右两部分，右侧的形体也是棱柱（墙身），它的三面投影、空间形状以及与基础的连接关系如图 6-12c 所示。左侧形体（翼墙）的三面投影如图 6-12d 所示，它的形状需要进行线面分析才能想象出来。

3）图 6-12d 所示正面投影中有一个三角形线框 a'，在水平、侧面投影中都有对应的三角形线框 a 和 a''，可以肯定它们是一个一般位置的三角形平面的三面投影。在水平投影中的矩形线框 b 对应正面投影中的斜线 b' 和侧面投影中的矩形线框 b''，可判断这是一个正垂面，由此可想象出左侧形体的空间形状如图 6-12d 所示。

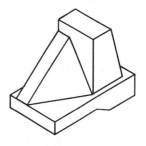

4）根据各部分之间的相对位置和分析结果，想象出挡土墙的整体形状，如图 6-13 所示。

工程形体的形状是千变万化的，读图时不能拘泥于某一种方法，需要灵活运用形体分析法和线面分析法，要多读多练，才能提高读图能力。

图 6-13　挡土墙立体图

【例 6-1】　根据图 6-14a 所示涵洞口的两面投影，补画侧面投影。

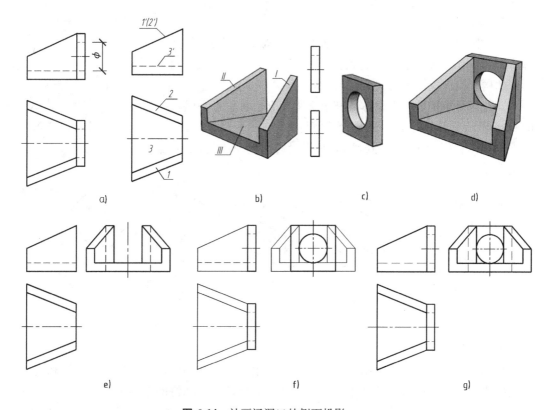

图 6-14　补画涵洞口的侧面投影

分析：先对涵洞口进行形体分析，将形体大致分为左右两部分，再对各线框做线面分析，想象出各部分的形状和位置：左侧部分由三个四棱柱组成，棱柱Ⅰ、Ⅱ（翼墙）前后对称分布在棱柱Ⅲ（基础）上（见图 6-14b）。右侧部分是长方体（端墙），其上挖切一洞口（见图6-14c），从而确定并想象出涵洞口的形状（见图6-14d）。

作图：先补画出左侧翼墙和基础的侧面投影（见图6-14e），再画出右侧端墙的侧面投影（见图6-14f）。最后将结果加深（见图6-14g）。因侧面投影中右侧端墙的前、后侧面被遮挡而不可见，所以画成虚线。

＊ 第三节　组合形体的构型设计

组合形体的构型设计是将基本形体按照一定的构型方法组合出一个新的几何形体，并用适当的图示方法表达出来的设计过程。它是建筑形体设计的基础，通过构型设计的学习和训练，开发空间思维，培养和提高想象力和创造力，初步建立工程设计意识。

一、构型原则

1. 以基本形体构型为主

采用平面体、回转体等基本形体构型，便于绘图和标注尺寸。基本形体的投影特点及相互之间的组合关系是构型设计的基础，必须熟练掌握基本形体的投影规律，灵活应用基本形体的组合方法进行构型设计。

2. 满足限定条件

构造任何形体都是有目的、有条件的。构型设计必须了解清楚题意和要求，在限定的条件下进行构思、设计。组合形体的构型设计仅限于几何条件。

例如，要求构造一平面体，其上必须包含七种位置平面。图6-15所示就是满足这一限定条件而构造的一平面体。图6-16所示是根据给定的正面投影和水平投影所构思出的四种不同形体。

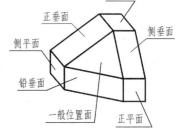

图6-15 用七种位置平面构造形体

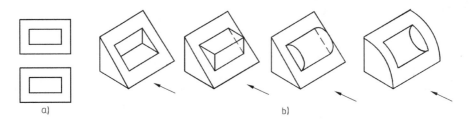

图6-16 由两面投影构形

3. 多样、新颖、独特

构成一个组合形体所使用的基本体类型、组合方式和相对位置应尽可能多样和变化，充分发挥想象力，突破常规的思维方式，力求构思出新颖、独特的造型方案。

例如，要求按给定的水平投影（见图6-17a）设计组合形体。由于水平投影含有六个封闭线框，故可构想该形体有六个上表面，它们可以是平面或是曲面，位置可高可低，还可倾斜；整个外框表示底面，它也可以是平面、曲面或斜面。这样就可以构想出许多方案。图6-17b所示方案均是由平面体叠加构成，由前向后逐层拔高，富有层次感，但显得单调；图

6-17c 所示方案也是叠加构成，但含有圆柱面、球面，各形体之间高低错落有致，形体变化多样；而图 6-17d 所示方案采用切割式的组合方式，既有平面截切，又有曲面截切，构思独特。

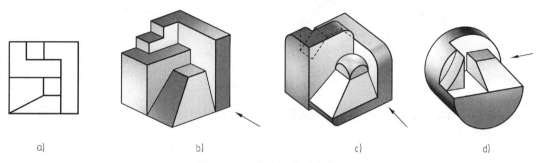

a)　　　　　　　　b)　　　　　　　　c)　　　　　　　　d)

图 6-17　三种多样构型方案

4. 体现美感

构造形体要遵循一定的美学规律，设计出的形体才能给人以美感。任何物体只要具备和谐的比例关系（如黄金矩形、$\sqrt{2}$ 矩形等），便初具视觉上的美感。对称形体具有平衡与稳定感（见图 6-18），构造非对称形体时，应注意形体大小及其位置分布等因素，以获得视觉上的平衡（见图 6-19）。运用对比的手法可以表现形体的差异，产生直线与曲线、凸与凹、大与小、高与低、实与虚、动与静的变化效果，避免造型单调。如图 6-20a 所示，在以平面体为主的构型中，局部设计成曲面，其造型效果就比图 6-20b 所示的单纯用平面体构型要富于变化。

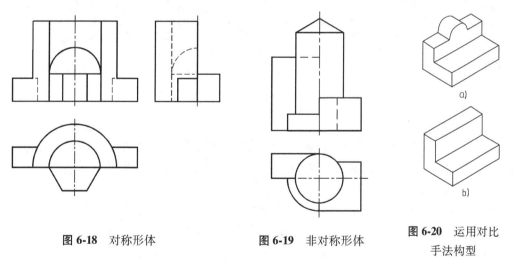

a)

b)

图 6-18　对称形体　　　　**图 6-19**　非对称形体　　　　**图 6-20**　运用对比
手法构型

5. 构成实体

形体与形体组合时应牢固连接、构成实体，不能出现点接触、线接触，如图 6-21a、c。形体放置要平稳，采用点、线立"足"不妥（图 6-21a 即为点立足，图 6-21b 为线立足）。

二、构型的基本方法

1. 叠加法

形体叠加是构型的一种主要形式。单一形体可以采用重复、变位、渐变、相似等组合方

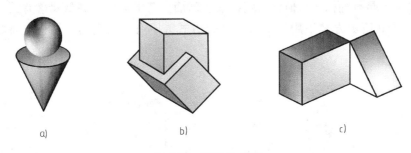

a)   b)   c)

图 6-21　不妥的构型

式构成新的形体，如图 6-22a 所示。不同形体可以通过变换位置构成叠合、相切、相交（相贯）等组合关系，如图 6-22b 所示。

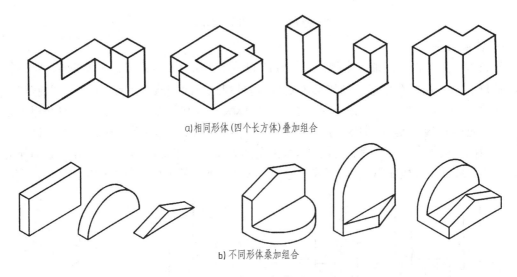

a) 相同形体 (四个长方体) 叠加组合

b) 不同形体桑加组合

图 6-22　叠加构型

2. 切割法

切割形体有多种方式：平面切割、曲面切割（包括贯通）、曲直综合切割、凸向切割和凹向切割等。采用不同的切割方式或变换切割位置，会产生形态各异的立体造型，给人以更加丰富的美的感受。

图 6-23a 表示用宽窄不同的平面对正立方体进行垂直和水平方向的切割，形成大小、厚薄、高低错落的对比变化；同样，经过曲面切割的平面体（见图 6-23b、d）或平面切割的曲面体（见图 6-23c）都能反映出曲、直的对比，增强了形体变化的美感。

切割形体时要注意切割部分和数量不宜过多，否则会显得支离破碎。

3. 变换法

形体变换是通过改变构形参量以形成一系列的相似形体。变换参量一般包括：尺寸、形状、数量、位置、顺序、排列、联结等。相似变换可以产生多种创造性的设想，拓宽造型构思，是一种非常重要的构型方法。

在图 6-24a 中，将长方体按比例切割出三个大小相同的小长方体，然后变换它们的位置，得到不同的组合形体（见图 6-24b）。

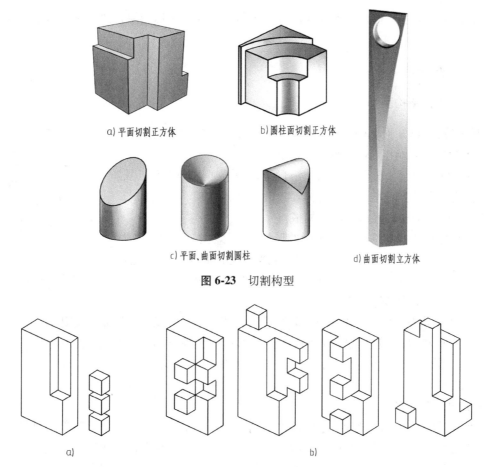

a) 平面切割正方体 　　b) 圆柱面切割正方体

c) 平面、曲面切割圆柱 　　d) 曲面切割立方体

图 6-23 切割构型

a) 　　b)

图 6-24 变换构型

图 6-25、图 6-26 所示的高层建筑挺拔、稳定，富有变化与美感。它们均采用相似变换，从下至上，形体逐渐减少。

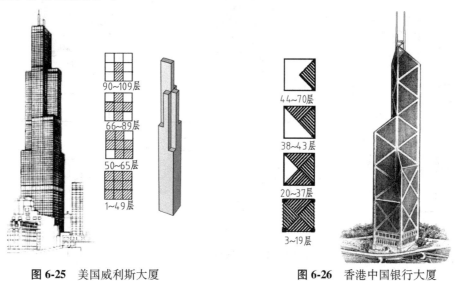

图 6-25 美国威利斯大厦 　　**图 6-26** 香港中国银行大厦

4. 综合法

同时运用叠加法、切割法和变换法进行构型设计的方法称为综合法。这是构型设计的常用方法。

三、构型训练

1. 由单面投影构型

【例6-2】 已知形体的正面投影（见图6-27），试设计形式多样的组合形体，并画出另外两面投影。

图 6-27 已知正面投影

形体分析：所给投影图形由两个矩形线框组成。该形体可以从两个角度进行构思：一是由一个整体经过几次切割构成，二是由若干个基本形体叠加，再经过切割而构成。

（1）整体切割 对应外框是矩形的形体是柱体（棱柱、圆柱或半圆柱），与上、下两个矩形线框对应的截平面可以是平面、圆柱面或是平面与圆柱面的组合面，截平面可以直切、斜切；下方的半圆弧线框显然是切去了一个半圆柱体。这样就可能构成不同形状的组合形体（见图6-28a、b、c）。

（2）叠加再切割 将相邻的两个矩形线框分别想象成是圆柱的组合形体（见图6-28d）、棱柱（三棱柱或四棱柱）的组合形体（见图6-28e、f），或棱柱与圆柱相切的组合形体。考虑到投影的重影性，设计出的形体可具有重复（见图6-28e）、对称特征（见图6-28f）。

2. 分向穿孔构形

这种构形训练是要求设计一个物体能分别沿着三个不同方向、不留间隙地通过平板上的三个已知孔形。一般先从形状简单、容易构型的大孔入手，想象出尽可能多的能穿过此孔的形体，然后用排除法剔除不符合其他两个孔条件的形体，再用切割法对留下来的形体按孔形进行切割，以达到穿孔要求。

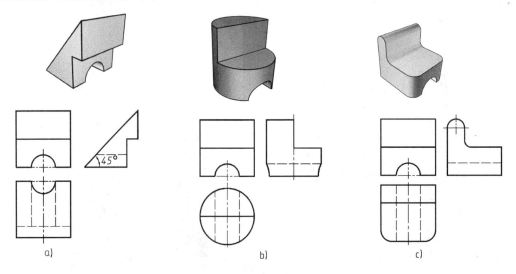

图 6-28 由单面投影构型

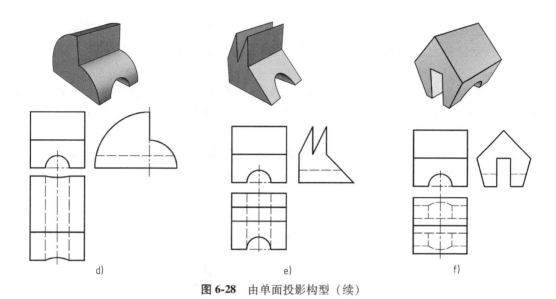

d)　　　　　　　　　　e)　　　　　　　　　　f)

图 6-28　由单面投影构型（续）

【例 6-3】　在平板上制有三个孔（方孔、圆孔、三角孔）（见图 6-29a），试设计一个形体，使它能沿三个不同方向、不留间隙地通过这三个孔。

分析：先从最大的方孔开始构思形体，能沿前后方向通过方孔的形体很多，如长方体、

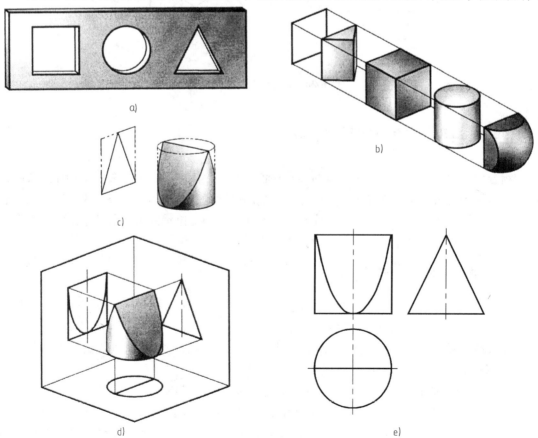

图 6-29　分向穿孔构形

圆柱、三棱柱等（见图 6-29b），但这些形体中能沿上下方向通过圆孔的只有圆柱，而要使圆柱沿左右方向通过三角孔，只需用两个侧垂面切去圆柱的前后两块即可，如图 6-29c 所示。

如果将平板上的三个孔作为形体三个投影的外轮廓，分别按投影位置配置（见图 6-29d），再补全三面投影中的漏线，即可确定该形体的形状和大小（见图 6-29e）。

3. 等体积变换

给定一个基本形体，如长方体或圆柱，要求经过平面或曲面的切割分解后，不丢弃任何部分，再重新构成一个组合形体，如图 6-30 所示。

图 6-30 所示为切割长方体后构成的一个房屋形体。

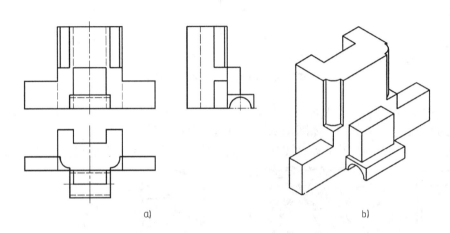

a)   b)

图 6-30 长方体等体积变换

第四节 组合形体的尺寸标注

组合形体的投影图只能表达物体的形状和各个基本形体之间的组合关系，物体的实际大小和基本形体之间的相对位置必须通过标注尺寸加以确定。投影图中完整的尺寸应包括：表示各个基本体形状大小的定形尺寸，确定各个形体之间相互位置的定位尺寸，反映整个形体总长、总宽、总高的总体尺寸。尺寸配置要清晰、整齐。

一、常见基本体的尺寸标注

图 6-31 为常见基本体的尺寸标注示例。基本体通常要标注长、宽、高三个方向的尺寸（见图 6-31a、b、c），回转体只需标注两个尺寸（直径和轴向尺寸），如图 6-31d、e、f 所示，而圆球在标注直径并加注符号 $S\phi$ 后，只需画一个投影图就可完整地表达它的形状和大小（见图 6-31g）。

图 6-32 所示是带切口形体的尺寸标注示例。除了标注基本形体的尺寸以外，应标注出截平面的定位尺寸。由于截平面与形体的相对位置确定后，截交线的位置也就完全确定，因此，截交线的尺寸无须另外标注，如图 6-32 中的打×的尺寸。同理，如果两个基本形体相交，也只需分别标注出两者的定形尺寸和它们之间的定位尺寸，不需标注相贯线的尺寸。

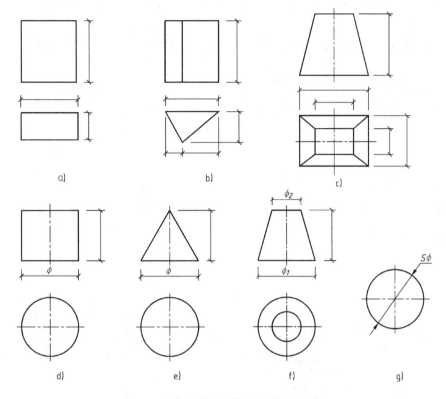

图 6-31 常见的基本体的尺寸标注示例

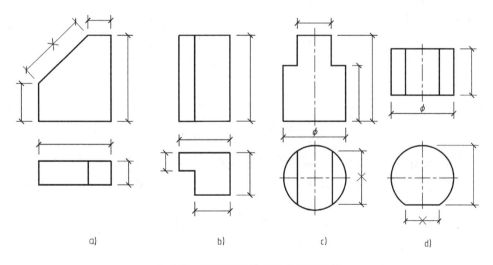

图 6-32 带切口形体的尺寸标注示例

二、组合形体的尺寸标注

组合形体是由若干基本体组合而成，标注尺寸时仍应运用形体分析的方法，逐个标注各基本体的定形尺寸、定位尺寸及组合体的总体尺寸。定形尺寸表示各个基本体形状的大小，定位尺寸确定各个基本体之间的相对位置，总体尺寸则表示组合体的总长、总宽和总高尺寸。

下面仍以图6-33所示涵洞口（模型）为例，介绍组合形体标注尺寸的过程。

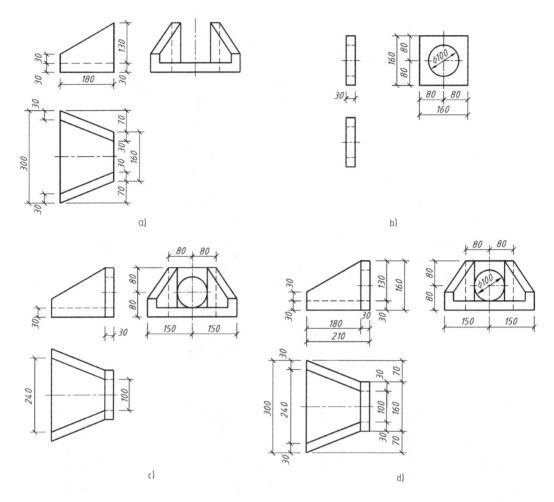

图6-33 涵洞口的尺寸标注

（1）标注翼墙和基础的尺寸　翼墙和基础都是梯形棱柱。翼墙的定形尺寸是：长180、宽100（30+70）、高30和130，基础的定形尺寸是：长180、宽300和160、高30（见图6-33a）。

（2）标注端墙的尺寸　四棱柱端墙的长、宽、高分别为30、160、160，其上所开洞口的定形尺寸直径为φ100（见图6-33b）。

（3）标注涵洞口的定位尺寸　标注定位尺寸时，先要选择一个或几个标注尺寸的起点。长度方向通常选择左侧面或右侧面为起点，宽度方向可选择前侧面或后侧面为起点，高度方向一般以底面或顶面为起点。若物体是对称形，还可选择对称中心线作为长度或宽度的起点。

图6-33c中，翼墙高度方向的定位尺寸30，由于翼墙长度方向的左右侧面与基础的左右侧面平齐，宽度方向的前后侧面与基础的前后侧面平齐，所以，翼墙在这两个方向上的定位

尺寸不需标注。同理，端墙也只需标注长度方向的定位尺寸 30（也是端墙的定形尺寸）。洞口圆心的定位尺寸：以端墙前、后侧面为起点，前、后方向的定位尺寸 80、80，以端墙底面、顶面为起点，上、下方向的定位尺寸也均是 80。

为了便于施工，涵洞口还标注出对称中心线的定位尺寸 150。再以对称中心线为起点，标注翼墙内壁的定位尺寸 240、100，如图 6-33c 所示。

（4）标注涵洞口的总体尺寸　涵洞口的总长为 210，总宽即基础的宽度 300，总高即端墙的高度 160，两者不必另加标注。

（5）检查全部尺寸　补漏并调整个别尺寸的位置，完成尺寸标注，如图 6-33d 所示。

三、合理布置尺寸的注意事项

在确定了应标注的尺寸之后，需要进一步考虑尺寸的配置，以达到清晰、整齐，便于阅读。标注尺寸除遵守"国标"的有关规定外，还要注意以下几点：

（1）尺寸标注应齐全　在建筑工程图中，为避免因尺寸不全造成施工时再计算或度量，标注尺寸时应尽可能将同方向的尺寸首尾相连，布置在一条直线上。必要时允许适当地重复标注尺寸。

（2）尺寸标注要明显　一般将尺寸布置在图形轮廓线之外，靠近被标注的轮廓线。某些细部尺寸允许标注在图形内。同一基本形体的定形、定位尺寸，尽量标注在该形体形状特征明显的投影图上。如图 6-33 中，基础的定形尺寸标注在水平投影上，翼墙的定形尺寸（180、30、130）、定位尺寸（30）都标注在正面投影上，洞口定形尺寸 $\phi100$、定位尺寸（80、80）都标注在反映圆的侧面投影上。

（3）尺寸排列要整齐　同一方向的定形、定位尺寸要组合起来，首尾相连，排成平行的几道尺寸"链"，小尺寸在内，大尺寸在外。尺寸线间距（一般取 7~10mm）要基本相等。两个投影图共同的尺寸，以标注在两个投影之间为宜。

（4）尺寸数字必须正确　尺寸数字不能有错误，每一行的细部尺寸总和应等于该方向的总尺寸。尺寸书写要工整，大小要一致。

尺寸标注是一项很重要的工作，它关系到工程质量和人民的生命安全，要以高度的责任心和严谨、细致的工作态度做好这项工作。尺寸标注还涉及专业知识，有关专业制图的尺寸标注，将在后面各章及相关课程中分别介绍。

图 6-34 所示是桥台的尺寸标注示例。

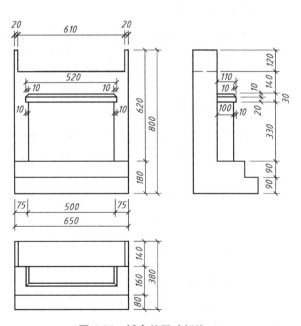

图 6-34　桥台的尺寸标注

第七章 工程形体的表达方法

第一节 工程形体的基本表示法

当物体的形状和结构比较复杂时，仅用三面投影图表达是难以满足要求的，为此，在制图标准中规定了多种表达方法，绘图时可根据工程形体的形状特征选用。对于建筑形体往往要同时采用几种方法，才能将其内外结构表达清楚。

一、多面正投影图

用正投影法绘制的物体的图形称为视图。对于形状简单的物体，一般用三个视图就可以表达清楚，而对于复杂的工程建筑，各个方向的外形变化较大时，往往采用三个以上的视图才能完整表达其形状结构。如图 7-1 所示的房屋形体，可由不同方向投射，从而得到有六个视图的多面正投影图。

用第一角画法⊖绘制房屋建筑的视图，从前方投射的 A 向视图为正立面图，应尽量反映出房屋的主要特征，从上方投射的 B 向视图为平面图，从左方投射的 C 向视图为左侧立面图，从右方投射的 D 向视图为右侧立面图，从后方投射的 F 向视图为背立面图。

二、镜像投影图

镜像投影是物体在镜面中的反射图形的正投影，该镜面应平行于相应的投影面，如图 7-2a 所示。用镜像投影法绘制的平面图应在图名后注写"镜像"二字，以便读图时识别，如图 7-2b 所示。

镜像投影图可用于表示某些工程的构造，在装饰工程中应用较多，如吊顶平面图，是将地面看作一面镜子，得到吊顶的镜像平面图。

三、剖面图

当物体的内部结构复杂或被遮挡的部分较多时，视图上会出现较多的虚线，使图面虚、实线交错而混淆不清。为解决这一问题，工程上常采用剖切的方法，即假想用剖切面剖开物体，将处在观察者和剖切面之间的部分移去，而将其余部分向投影面投射，所得的图形称为剖面图。如图 7-3a 所示杯形基础，用剖切面 P 剖切后，得到图 7-3b 所示的 1—1 剖面图。一

⊖ 关于第一角画法的说明见第五节第三角画法简介。

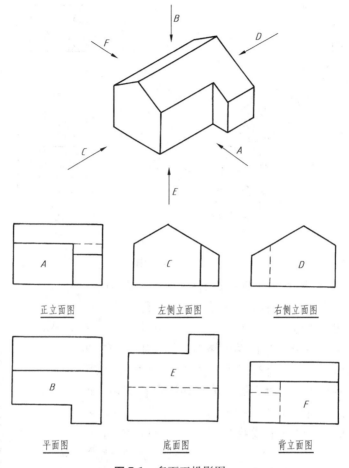

图 7-1 多面正投影图

一般情况下剖切面应平行某一投影面，并通过内部结构的主要轴线或对称中心线。必要时也可以用投影面垂直面作剖切面。

1. 剖面图的画法

1）图 7-3 所示用单一剖切面（正平面）剖开形体后，得到图 7-3b 所示的 1—1 剖面图。这种用一个剖切面完全剖开工程形体后画出的剖面图，习惯上称为全剖图。当工程形体的外形简单、内部复杂，或外形虽然复杂但在其他投影图中已表达清楚时，常采用全剖图。

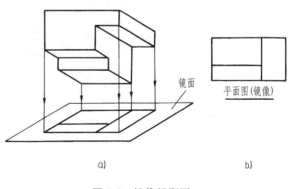

图 7-2 镜像投影图

对于对称形体，作剖面图时也可以对称线为界，一半画外形图，一半画剖面图，这样的剖面图习惯上称为半剖面图，它同时表达出形体的内、外结构和形状，如图 7-3b 所示的 2—2 剖面图。在半剖面图中，外形图部分不画虚线，而对称线上需画出对称符号作为半个外形图和半个剖面图的分界线。

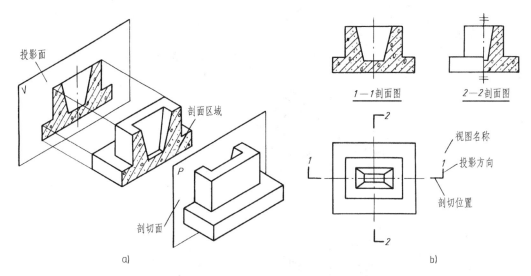

图7-3 剖面图

2）如果要表示形体不同位置的内部构造，可采用两个（或两个以上）互相平行的剖切平面剖切形体，得到的剖面图称为阶梯剖面图，如图7-4所示。

3）图7-5所示成一定角度的两个楼梯段，若用一个或两个互相平行的剖切面都不能将楼梯表示清楚，这时还可以用两个相交（交线垂直于某一投影面）的剖切面进行剖切，得到展开剖面图。该剖面图的图名后应加注"展开"二字。

4）分层剖面图。以波浪线将分层次剖切的各层隔开，这样的剖面图称为分层剖面图，如图7-6所示。分层剖切的剖面图多用于反映墙面、楼面等处的构造，画图时波浪线不应与任何图线重合，也不能超出轮廓线之外。

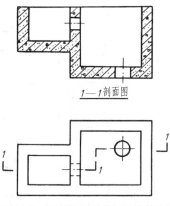

图7-4 两个平行的剖切面剖切

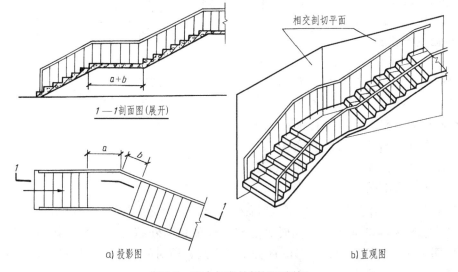

图7-5 两个相交的剖切面剖切

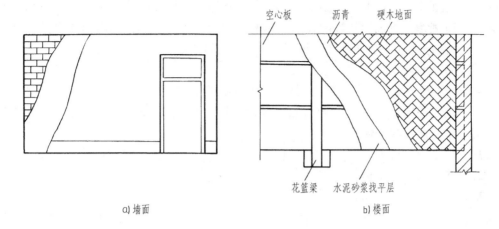

a) 墙面　　　　　　　　　　　　　　b) 楼面

图7-6　分层剖面图

2. 剖面图的标注

画剖面图时，应标注剖切符号和剖面图名称。

剖切符号包括剖切位置线和投射方向线，剖切位置线画粗实线，长度约6~10mm，投射方向线应垂直于剖切位置线，也画粗实线，长度约4~6mm。剖切符号的编号用阿拉伯数字或大写拉丁字母，按顺序由左至右、由下至上连续编排，并应写在投射方向线端部，如图7-3所示。需要转折的剖切位置线，在转折处如与其他图线发生混淆，应在转角的外侧加注与该符号相同的编号，如图7-4所示。

在剖面图的下方，书写与该图对应的剖切符号的编号作为剖面图名称。如图7-3中的1—1、2—2剖面图，图7-4中的1—1剖面图，并在图名下方画一等长的粗实线。

对于图7-6所示分层剖面图不必标注。

四、断面图

假想用剖切面将物体的某处切断，仅画出该剖切面切到部分的图形称为断面图。如图7-7所示。

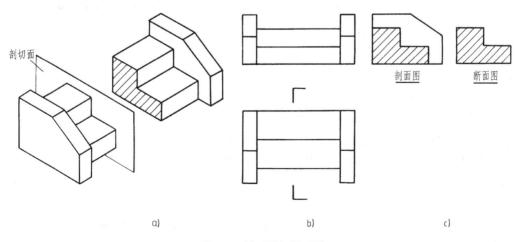

a)　　　　　　　　　　　b)　　　　　　　　　　　c)

图7-7　剖面图与断面图

断面图只画形体被剖开后断面的投影，而剖面图要画出形体被剖开后整个余下部分的投影，如图7-7c所示。剖面图是被剖开的形体的投影，是体的投影，而断面图只是一个截口的投影，是面的投影。剖面图中包含断面图。

1. 断面图的画法

断面图按摆放位置分为移出断面图和重合断面图两种。

（1）移出断面图　画在视图外的断面图称为移出断面图。如图7-8a所示，杆件的断面图可绘制在靠近杆件的一侧或端部处并按顺序依次排列。对于较长的构件，也可以将构件断开把断面图画在中间，如图7-8b所示。

（2）重合断面图　画在视图内的断面图称为重合断面图。图7-9a所示钢筋混凝土楼板和梁的平面图中用重合断面的方式画出板、梁的断面图，并将断面涂黑。有时为了表示墙面上凹凸的装饰构造，也可

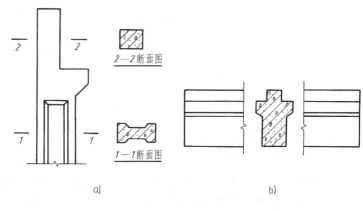

图 7-8　断面图画在视图外

以采用这种形式的断面图，如图7-9b所示，断面的轮廓线用粗实线画出，并在断面轮廓线内沿轮廓线的边缘画45°细斜线。

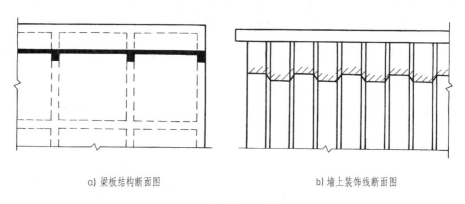

a) 梁板结构断面图　　　　　　b) 墙上装饰线断面图

图 7-9　断面图画在视图内

2. 断面图的标注

在建筑制图中，一般只对画在视图外的断面图进行标注，断面图的剖切符号只画剖切位置线，且画为粗实线，长度为6~10mm。断面编号采用阿拉伯数字按顺序连续编排，并注写在剖切位置线一侧，编号所在的一侧表示该断面的投射方向。在断面图的下方，书写与该图对应的剖切符号的编号作为图名，并在图名下方画一等长的粗实线，如图7-8a所示。重合断面图不必标注，如图7-9所示。

在剖面图或断面图中，剖切面剖切到的实体部分还应画出相应的材料图例。常用的建筑材料图例见表7-1。

表 7-1　常用建筑材料图例

名　称	图　例	说　明	名　称	图　例	说　明
自然土壤		包括各种自然土壤	混凝土		
夯实土壤			钢筋混凝土		断面图形小,不易画出图例线时,可涂黑
砂、灰土		靠近轮廓线绘较密的点	玻璃		
毛　石			金属		包括各种金属。图形小时,可涂黑
普通砖		包括砌体、砌块,断面较窄不易画图例线时,可涂红	防水材料		构造层次多或比例较大时,采用上面图例
空心砖		指非承重砖砌体	胶合板		应注明×层胶合板
木　材		上图为横断面,下图为纵断面	液体		注明具体液体名称

五、应用举例

【例 7-1】　图 7-10b 所示为桥梁上部结构的行车道板,三个投影图都分别被剖切,在作图时要注意,当一个投影图被剖切之后,进行第二个投影图剖切时,仍按完整的物体进行剖切,另外 2—2 剖面图和半立面图、半平面图和 1—1 剖面图的分界线画中心线而不画轮廓线。

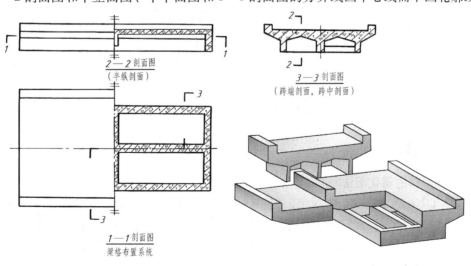

图 7-10　桥梁行车道板

立面图，采用半立面图和2—2剖面图合并而成，2—2剖面平行V面，显示了行车道板的半个纵向构造，为半纵剖面。

平面图，采用半平面图和1—1剖面图合并而成，1—1剖面平行H面，显示了行车道板的纵横梁布置情况。

侧面图采用两个平行的剖面3—3（平行W面），把行车道板横向剖切，为横剖面，这里分为跨端剖面和跨中剖面两种情况。

【例7-2】 图7-11为空腹鱼腹式起重机梁（吊车梁）的投影图，由于梁身断面变化复杂，故在断面变化各处画出其断面图表示。

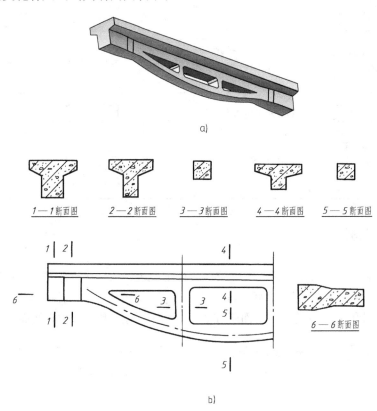

图7-11 空腹鱼腹式起重机梁（吊车梁）断面图

六、简化画法

1. 对称形体的简化画法

在GB/T 16675.1—2012中规定，当不致引起误解时，对具有对称性的形体，其视图只画1/2或1/4，并在对称线的两端画出对称符号（对称符号的详细画法见表7-2），如图7-12a所示。图形也可稍超出其对称线，此时可不画对称符号，如图7-12b所示。

2. 相同要素的省略画法

当构配件内有多个完全相同且按一定规律排列的结构要素时，可仅在两端或适当位置画出其完整形状，其余部分以中心线或中心线交点表示，如图7-13所示。

表 7-2　房屋建筑施工图中的常用符号

名称	画　　法		说　　明
一、定位轴线 一般标注	通用详图的轴线号	用于两轴线时	①定位轴线用细单点长画线绘制，编号圆用细实线绘制，直径为8mm，详图可增至10mm ②定位轴线用来确定房屋主要承重构件位置及标注尺寸的基线 ③平面图中横向轴线的编号，应用阿拉伯数字从左至右顺序编写；竖向轴线的编号，应用大写拉丁字母（I、O、Z除外），从下至上顺序编写
	①3,6… 用于三根或三根以上轴线时	①～⑨ 用于三根以上连续轴号的轴线时	
附加轴线	 1/4 表示4号轴线后附加的第一根轴线  2/C 表示C号轴线后附加的第二根轴线		两个轴线之间，需要附加轴线时，可用分数表示，分母表示前一轴线的编号，分子表示附加轴线的编号（用阿拉伯数字顺序编写）
标高符号	标高符号的画法	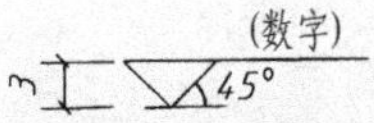 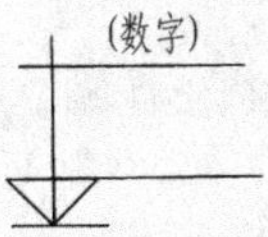 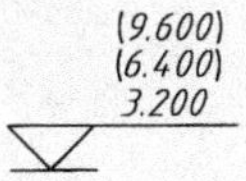 总平面图上的标高符号	①标高符号用细实线绘制 ②标高数字以米为单位，注写到小数点后第三位；在总平面图中，可注写到小数点后第二位 ③零点标高应写成±0.000，正数标高不注"+"，负数标高应注"-" ④标高符号的尖端，应指向被注的高度，尖端可向上，也可向下 ⑤同一图样上的标高符号应大小相等，整齐划一，对齐画出
	±0.000　3.200 -4.500　0.900 标高符号的尖端应指向被注的高度		
	（数字） 特殊情况时	(9.600) (6.400) 3.200 多层标注时	
对称符号		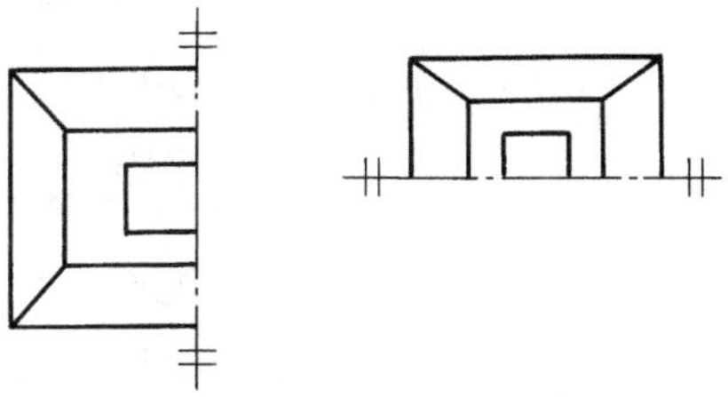	对称符号用细线绘制，平行线长度宜为6～10mm，平行线间距宜为2～3mm，平行线在对称线的两侧的长度应相等

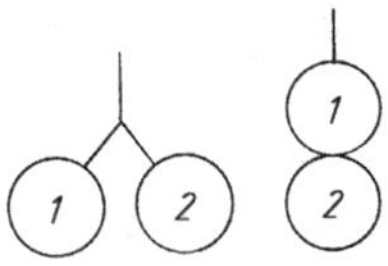

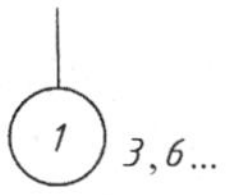

（续）

名　称	画　　法	说　　明
索引符号 — 直接索引		①索引符号应以细实线绘制,圆的直径为10mm ②上半圆用阿拉伯数字注明详图编号,下半圆用阿拉伯数字注明详细图所在的图样编号(若详图与被索引的图样同在一张图样内,则画一段细实线) ③引出线宜采用水平方向的直线,与水平方向成30°、45°、60°、90°的细实线,或经上述角度再折为水平方向的折线,引出线应对准索引符号的圆心 ④索引剖面详图时,应在被剖切的部位绘剖切位置线,引出线所在一侧为投影方向
索引符号 — 剖视索引		
详图符号		①详图符号表示详图的位置与编号,以直径为14mm的粗实线圆绘制 ②上半圆中注明详图编号,下半圆中注明被索引图的图样号(若详图与被索引的图样同在一张图样内时,只注详图编号)
指北针		用细实线绘制,圆的直径为24mm,指针尾部的宽度宜为3mm,针尖方向为北向
风玫瑰图		根据该地区多年平均统计的各个方位吹风次数的百分率,以端点到中心的距离按一定比例绘制,粗实线范围表示全年风向频率,细虚线范围表示夏季风向频率

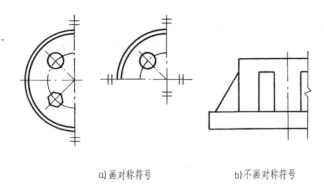

a) 画对称符号   b)不画对称符号

图 7-12 对称的简化画法

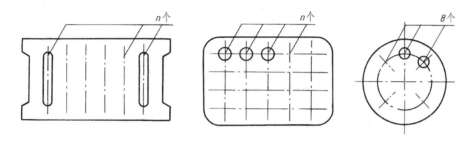

图 7-13 相同要素的省略画法

3. 折断省略画法

当需要表达形体某一部分时，可以只画出该部分的图形，其余部分折去不画，在折断处画上折断线，如图 7-14 所示。

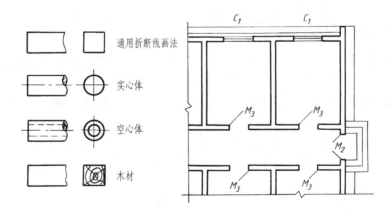

图 7-14 断开的画法

对于较长的构件，如沿长度方向的形状相同或按一定规律变化时，可断开缩短绘制，断开处应以折断线表示，且尺寸数值按实际长度标注，如图 7-15 所示。

七、规定画法

1）较大面积的断面符号可以简化，如图 7-16 所示的道路横断面图，只在其断面轮廓线

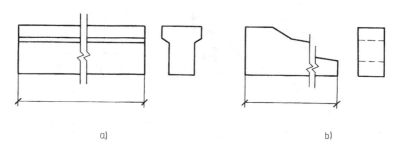

图 7-15　折断的画法

的边沿画等宽断面线。

2）构件上的支撑板、横隔板、桩、墩、轴、杆、柱、梁等，当剖切平面通过其轴线或对称中心线，或与薄板板面平行时，这些构件按不剖切处理，如图 7-17 所示的桩、支撑板和图 7-18 所示的闸墩。

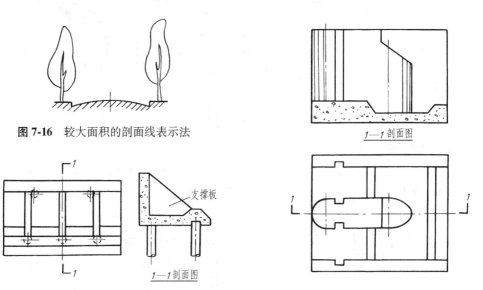

图 7-16　较大面积的剖面线表示法

图 7-17　桩、板按不剖切处理

图 7-18　闸墩按不剖切处理

3）若构件所用材料不同（如不同强度等级的混凝土等），可在同一断面上把分界线画出来。为了便于读图，对于不同的材料，最好把材料符号画出来，或用文字说明，如图 7-19 所示。

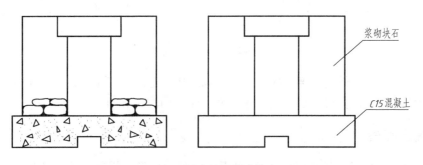

图 7-19　材料分界线

4）剖面线应用细实线画出，其间隔大小一般取 1~6mm，角度一般取 45°。但当图中已有图线为 45°线时，则剖面线应取 30°或 60°绘制，如图 7-20 所示。

5）两个或两个以上的相邻断面可画成不同倾斜方向或不同间隔的剖面线，如图 7-21 所示。当图形断面较小（宽度小于 2mm）时，可采用涂黑法表示断面，但相邻的断面间应留有空隙，如图 7-22 所示。

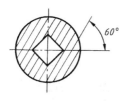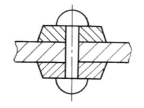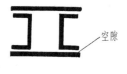

图 7-20　有 45°轮廓线时的剖面线画法　　**图 7-21**　相邻构件的剖面线画法　　**图 7-22**　涂黑替代剖面线

6）在道路工程制图标准中规定，对剖面图的被切断图形以外的可见部分，可根据需要决定取舍，这种图仍称为断面图，但不注写"断面"字样，注剖切字母，如图 7-23 所示，若不作取舍 1—1 剖面应画成图 7-23b 的形式，但在专业制图中常采用图 7-23c 的形式来表示，不把端横隔板画出来。

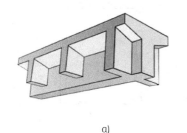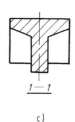

图 7-23　路桥专业图习惯画法之一

上述取舍画法还可应用到一般视图中，如图 7-24 所示，双曲拱桥桥台的正立面图是台前和台后两个图合并而成，虚线部分没有画全，仅把最靠近读者的撑墙和底板画出，其余部分的虚线不画。这样处理，避免虚线重叠不清。

7）在路桥专业图中，当存在土体遮挡视线时，宜将土体看作透明体，使被土体遮挡部分成为可见体，并以实线表示，如第十六章图 16-1 和第十七章图 17-41（见插页）中的河床。

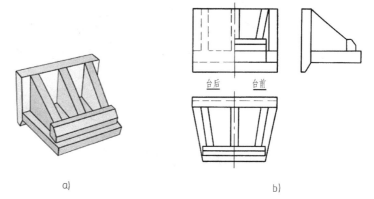

图 7-24　路桥专业图习惯画法之二

第二节　房屋建筑的基本表达形式

要将一幢房屋的全貌包括内外形状结构完整地表达清楚，根据正投影原理，按建筑图样的规定画法，通常要画出建筑平面图、建筑立面图和建筑剖面图，对于要进一步表达清楚的细节部分还要画出建筑详图。现以图 7-25 所示传达室为例介绍建筑平面图、立面图、剖面图和建筑详图的形成及图示方法。

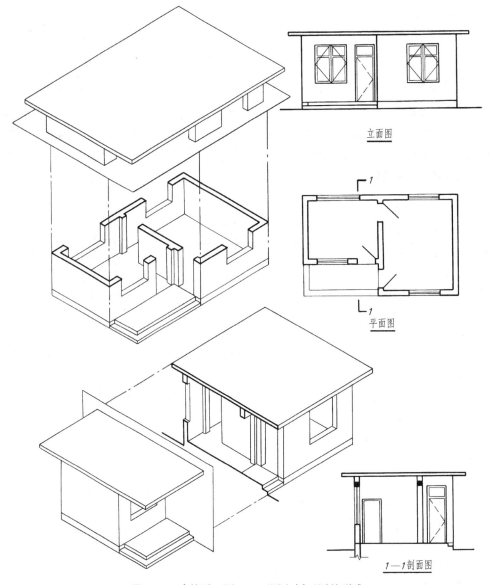

立面图

平面图

1—1剖面图

图 7-25　建筑平面图、立面图和剖面图的形成

一、平面图

为表示房屋建筑的平面形状、大小和布置，假想用一水平面经过门窗洞将房屋剖开，移去上

部，由上向下投射所得的剖面图，称为建筑平面图，简称平面图。如果是楼房，沿底层剖开所得剖面图称底层平面图，沿二层、三层⋯⋯剖开所得的剖面图称二层平面图、三层平面图⋯⋯

二、立面图

为了反映房屋的外形、高度，在与房屋立面平行的投影面上所作出房屋的正投影图，称为建筑立面图，简称立面图。图 7-25 中所画出的是从房屋的正面（反映房屋的主要出入口或比较显著反映房屋外貌特征的立面）由前向后投射的正立面图。如果房屋四个方向立面的形状不同，则要画出左、右侧立面图和背立面图。立面图的名称也可按房屋的朝向分别称为东立面图、南立面图、西立面图和北立面图，还可按房屋两端轴线的编号来命名，如①~③立面图、$A \sim C$ 立面图。

三、剖面图

为表明房屋内部垂直方向的主要结构，假想用侧平面或正平面将房屋垂直剖开，移去处于观察者和剖切面之间的部分，把余下的部分向投影面投射所得投影图，称为建筑剖面图，简称剖面图。根据房屋的复杂程度，剖面图可绘制一个或多个。图 7-25 中是按平面图中剖切符号所示的剖切位置和投射方向作出的 1—1 剖面图。

四、详图

由于房屋形体庞大，而平面图、立面图、剖面图选用的比例一般比较小，很多细部构造无法表达清楚，所以还要选用较大的比例画出建筑物局部构造及构件细部的图样，这种图样称为建筑详图，简称详图，如图 7-26 所示传达室台阶的①号详图。详图是平、立、剖面图的补充图样。

平面图、立面图和剖面图是房屋建筑图中最基本的图样，它们各自表达了不同的内容，在绘制和识读房屋建筑图时，必须将平面图、立面图、剖面图仔细对照，才能表达或看懂一幢房屋从内到外，从水平到垂直方向各部分的全貌。

第三节　房屋建筑施工图中的图例和符号

为简化作图，在建筑施工图中经常会用到一些符号和图例，了解它们的画法及作用是阅读和绘制建筑施工图的必备知识，如图 7-26 所示传达室的建筑施工图中，使用的定位轴线、索引符号、详图符号和标高符号等。

表 7-2 列出了房屋建筑施工图中的常用符号，读者可以对照图 7-26 仔细阅读。

第四节　绘制房屋建筑图的方法与步骤

绘制房屋建筑图，要求投影正确，尺寸标注齐全，线型分明，文字说明书写工整，图面布置紧凑、整洁等，绘图时一般按如下步骤进行。

首先，根据建筑物的复杂程度确定图样的种类和数量，并选择合适的比例（建筑平、立、剖面图通常用 1：50、1：100、1：200 等比例，详图通常用 1：5、1：10、1：20 等比例），合理布置图面（包括图样、各种标注和表格等）。

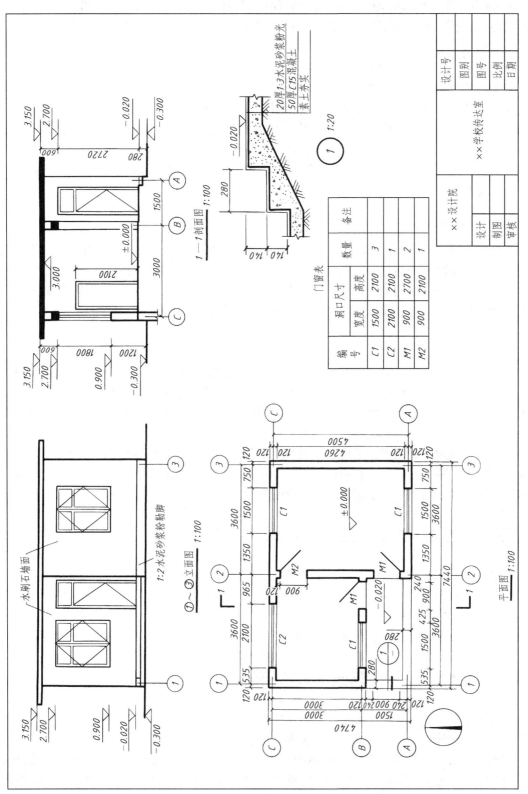

图 7-26 传达室的建筑施工图

平面图、立面图、剖面图可以分别画在不同的图纸上，但尺寸和各部分的对应关系必须保持一致，并且注写图名。对于小型建筑，如果平、立、剖面图画在同一张图纸内，则按"长对正、高平齐、宽相等"的投影关系来画图，更为方便。

其次，绘图的顺序一般是从平面图开始，再画立面图、剖面图和详图。绘图时先用 2H 或 H 铅笔画轻线底稿，绘图所需尺寸同一方向的尽量一次量出，以提高绘图速度。绘图过程中还应注意平面图、立面图、剖面图之间的对应关系。

最后，底稿完成经检查无误，按规定的线型用 B 或 HB 加深粗线，用 H 或 2H 加深细线。加深的次序是先从上到下画相同线型的水平方向直线，再从左向右画相同线型的垂直方向直线或斜线。先加深粗线再加深细线，然后标注尺寸和注写有关文字说明。

现以图 7-26 所示传达室为例，说明绘制建筑平面图、立面图、剖面图的具体方法和步骤。

1. 平面图画法（见图 7-27）

1）画定位轴线，如图 7-27a 所示。

2）画墙身线和门窗位置，如图 7-27b 所示。

3）画门窗图例、编号，画尺寸线、标高及其他各种符号，如图 7-27c 所示。

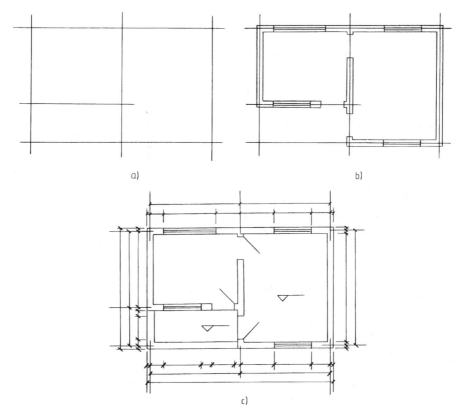

a)
b)
c)

图 7-27 平面图画法

4）经检查无误，擦去多余作图线，按规定加深图线、注写尺寸和文字。

平面图上的线型有三种：被剖切到的墙、柱轮廓线画粗实线（*b*），门画中粗线

（$0.5b$），其余均为细实线（$0.25b$）

2. 立面图画法（见图 7-28）

1）画定位轴线、地坪线、屋面轮廓线，如图 7-28a 所示。

2）画门窗位置和外墙轮廓线，如图 7-28b 所示。

3）画门窗、台阶、雨篷、雨水管等细部及标高等符号，如图 7-28c 所示。

4）检查无误后按规定线型加深并注写尺寸、标高和文字说明。

在立面图中为了使建筑物重点突出、层次分明，通常房屋的外墙轮廓线画粗实线（b）；门窗洞、窗台、檐口、雨篷、台阶和勒脚等凸凹部分轮廓线画中实线（$0.5b$）；门窗扇、雨水管画细实线（$0.25b$）。有时也将地坪线画成特粗线（$1.4b$）。

3. 剖面图画法（见图 7-29）

1）画定位轴线、地坪线及屋面轮廓线，如图 7-29a 所示。

2）画门窗位置，屋面板及楼板厚度等，如图 7-29b 所示。

3）画门窗、女儿墙、雨篷等细部及标高等符号，如图 7-29c 所示。

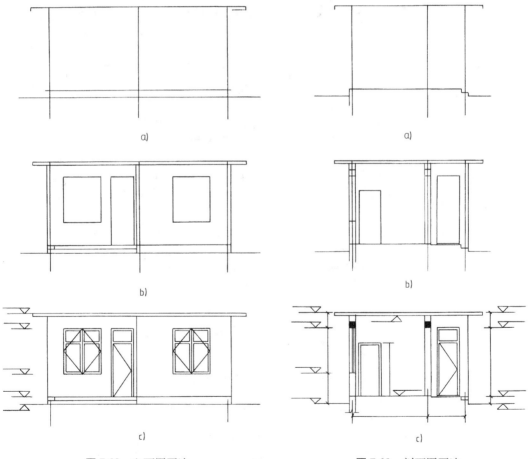

图 7-28 立面图画法   图 7-29 剖面图画法

4）经检查无误后按规定线型加深，注写尺寸、标高和有关文字说明。

在剖面图中剖切到的墙身画粗实线（b），可见部分的轮廓线如门窗洞、勒脚线、楼梯栏杆等画中粗线（0.5b），其余均为细实线（0.25b）。

完成后的平、立、剖面图如图 7-26 所示。

第五节 第三角画法简介

我国在绘制工程图样时规定采用正投影法绘制，并优先采用第一角画法，本书前面所述均是第一角画法。但国际上有些国家如美国、加拿大、日本等国则采用第三角画法，为了有效地进行国际间的技术交流和协作，应对第三角画法有所了解。

采用第三角画法时，将物体置于第三分角内（H 面之下、V 面之后、W 面之左），即投影面处于观察者与物体之间，将物体向六面体的六个平面（基本投影面）进行投射，然后按规定展开投影面，如图 7-30 所示。展开后各视图的配置如图 7-31a 所示。图 7-31b 为第一角画法的视图配置，可以对照分析两者之间的区别。采用第三角画法时，必须在图样中画出第三角投影的识别符号，如图 7-32 所示。

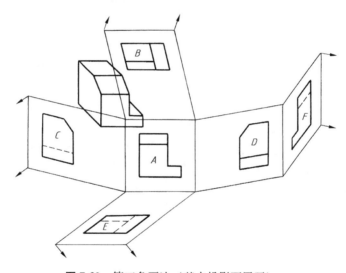

图 7-30 第三角画法（基本投影面展开）

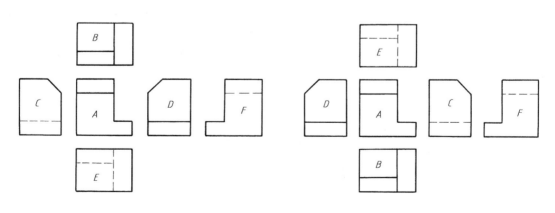

a) 第三角   b) 第一角

图 7-31 第三角画法与第一角画法对比（基本视图配置）

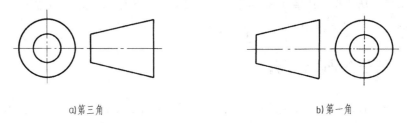

a) 第三角　　　　　　　　　　　　　　　　　　b) 第一角

图 7-32　第三角画法与第一角画法识别符号

第八章　正投影图中的阴影

在建筑物的正投影图中加绘阴影，可以使房屋凹凸、深浅一目了然，从而使图面生动逼真，富有立体感。加绘了阴影的正投影图，不仅能帮助人们想象出物体的空间形状，还能丰富图形的表现力，增强图形的美感。

第一节　阴影的基本知识和常用光线

一、阴影的概念

不透光的物体，在光线的照射下，受光的表面称为阳面，背光的表面称为阴面。如图8-1所示，阳面和阴面的分界线 ABCDEFA 称为阴线，承受影子的平面称为承影面，影子的轮廓线称为影线。从图8-1可以看出，六段阴线 AB、BC、CD、DE、EF、FA 的落影形成影子的轮廓线，所以，阴和影是互相对应的，影线就是阴线在承影面上的落影。

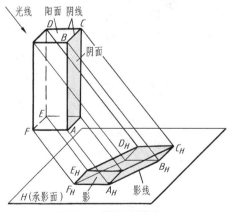

图 8-1　阴影的形成

二、阴影的作用

图8-2a、b 是同一建筑立面加绘阴影前、后的两个图，可以明显看出：加绘了阴影的立面图不但显得生动、自然，富有立体感，而且通过影子的大小可以了解到房屋凹凸部分的深、浅等。

三、常用光线

在正投影图中求作阴影时，通常采用一种固定指向的平行光线，称为常用光线。这种光

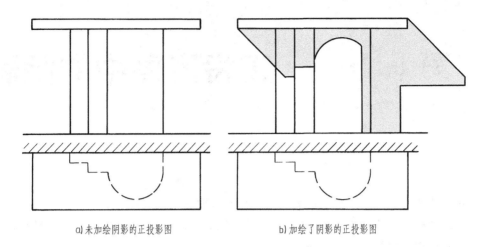

a) 未加绘阴影的正投影图   b) 加绘了阴影的正投影图

图8-2 建筑形体中加绘阴影的效果

线的照射方向与正立方体的左前上到右后下的对角线的方向一致，如图 8-3a 所示。常用光线 L 的三面投影为图 8-3b 中所示的 l'、l、l''，它们与相应投影轴的夹角均为 45°，用这一方向的平行光线作阴影，既作图方便，又能直接反映建筑物某些部位的深度。

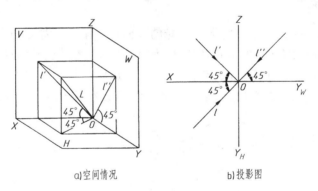

a) 空间情况   b) 投影图

图8-3 常用光线

第二节　点、直线、平面的落影

一、点的落影

　　当承影面为投影面时，点的落影就是通过该点的光线与投影面的交点，从图 8-4a 可知，由于 A 点距 V 面的距离较 H 面的距离近，光线先与 V 面相交，它就落影在 V 面上，用该点的字母加承影面的名称作下标 A_V 标记。假设 V 面是透明的，光线通过影 A_V 后继续延长，与另一投影面 H 相交，则得交点 (A_H)，称为虚影点（加括号，尽管此点实际上并不存在，但在阴影的求作过程中会用到），其投影如图 8-4b 所示。若 B 点距 H 面近，则落影 B_H 在 H 面上，其投影如图 8-4c 所示。

　　由于光线的投影与投影轴的夹角均为 45°，因此，空间点在某投影面上的落影与其同面

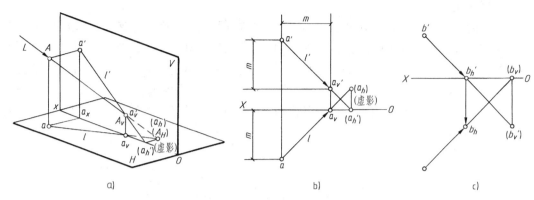

图 8-4 点在投影面上的落影

投影间的水平距离和垂直距离，正好等于空间点到该投影面的距离 m。利用这一特点可根据点与承影面的距离 m 直接在单面上求作点的落影，如图 8-5 所示。

当承影面不是投影面时，点的落影是通过该点的光线与承影面的交点。因此，求作点的落影的实质是求作直线与承影面的交点，请读者利用前面所学的线面相交自行分析图 8-6a、b、c。

二、直线的落影

直线的落影是通过直线上各点的光线所组成的光平面与承影面的交线。

图 8-5 单面上求作点的落影

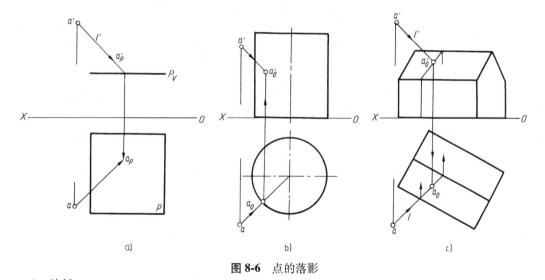

图 8-6 点的落影

1. 特性

（1）一般情况　直线在一个承影平面上的落影为一直线，如图 8-7a 所示的直线 AB。直线在一个承影曲面上的落影为曲线，如图 8-7b 所示。

（2）特殊情况　当直线平行于光线方向时，在承影面上的落影为一点。如图 8-7a 所示的直线 CD。

2. 基本作法

求直线的落影时，只需求出直线两端点 A、B 在同一投影面上的落影，然后连接成直线，即为该直线在投影面上的落影，如图 8-8 所示。当直线两端点 C、D 的影落在不同的投影面上时，应首先作出 C 点在 V 面上的落影 c'_v，D 点在 H 面上的落影 d_h，再在 CD 线段上任取一点 E，求出 E 点的落影。当 E 点的落影在 H 面上时，可将 e_h 与 d_h 相连，并延长与 X 轴相交的交点 x_0，即为直线落影的折影点，如图 8-9 所示。从图中可知，由于 $CD//H$ 面，因此 CD 在 H 面上的落影 x_0d_h 与 cd 平行。

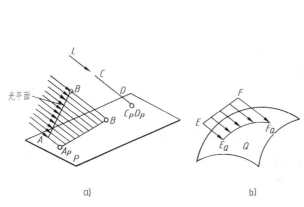

图 8-7 直线的落影

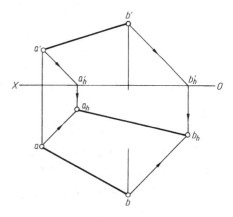

图 8-8 直线在同一投影面上的落影

图 8-10a 所示直线 AB 在两相交平面 P、Q（均为铅垂面）面上的落影是一条折线。A 点落影在 P 面上为 A_P，B 点落影在 Q 面上为 B_Q，由于它们分别落影在两个平面上，故不能直接连线。可在 AB 上任取一点 C，如果 C 点落影在 P 面上为 C_P，连接 A_P 与 C_P，并延长与 P、Q 两平面的交线相交得折影点 K_0，再连接 K_0 与 B_Q，A_PK_0、K_0B_Q 即为 AB 在 P、Q 两平面上的两段落影。在投影图中求作 AB 在 P、Q 平面上的落影，如图 8-10b 所示。

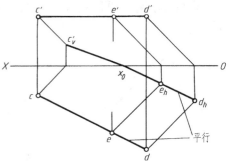

图 8-9 水平线的落影

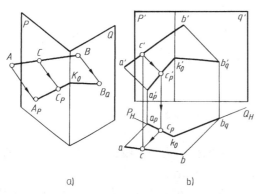

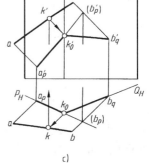

图 8-10 直线在两相交平面上的落影

图 8-10c 所示的求折影点 K_0 的方法还可用：

（1）返回光线法　由两平面交线的 H 面投影 k_0 作返回光线与 ab 相交于 k，再作出 k'，进而求出 k'_0。

（2）虚影点法　作出 B 点在 P 平面的扩大面上的落影 (b_p)、(b'_p)，连接 $a'_p(b'_p)$，与 P、Q 平面的交线相交得交点 k'_0。

【例8-1】　求作铅垂线在投影面上的落影，如图 8-11 所示。

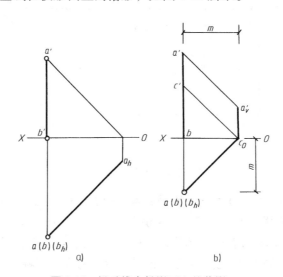

图 8-11　铅垂线在投影面上的落影

图中可以看出，由于 B 点在 H 面上，落影为其本身，图 8-11a 所示的 A 点距离 H 面近，影也落在 H 面上，落影 $a_h b_h$ 是与光线水平投影方向一致的 45°线；图 8-11b 中 A、B 两点的影分别落在 V、H 面上，影在 OX 轴处发生转折，其在 V 面上的一段影 $a'_v c_0$ 不仅与该直线平行，与 AC 等长，且落影与投影间的距离 (m)，等于直线到承影面的距离 (m)；在 H 面上的一段影 $c_0 b_h$ 是与光线水平投影方向一致的 45°线。

【例8-2】　求作铅垂线在坡顶房屋上的落影，如图 8-12 所示。

铅垂线 AB 落影的水平投影是与水平光线方向一致的 45°线（因为过铅垂线作光平面是铅垂面，其水平投影积聚且方向与光线水平投影方向一致，所以它与任何承影面所产生的交线的水平投影都重合在这条 45°线上；直线 AB 在墙面上的落影，不仅与直线本身平行，且其距离等于直线 AB 到墙面的距离 m；直线 AB 的端点 A 在坡屋面上的落影，由过点 A 的光线与坡屋面的交点 A_0（即直线与平面相交求交点）求得，连 A_0 与折影点 $1'_0$ 即为直线在坡屋面上的一段落影 $A_0 1$（投影为 $a'_0 1'_0$、$a_0 1_0$、$a''_0 1''_0$），铅垂直线 AB 落影的正面投影与坡屋面的侧面积聚投影对称。

以上两例遵循以下的直线落影规律：

规律 1　直线平行于承影面，则其落影与该直线平行且等长。图 8-11b 中 $a'_v c_0$ 段、图 8-12 中的 $1'_0 0'_0$ 段。

规律 2　一直线在两相交承影平面上的落影为一折线，其折影点必在两承影平面的交线上。图 8-11b 中的 c_0 点在 X 轴上，图 8-12 中的 $1'_0$ 在屋檐线上。

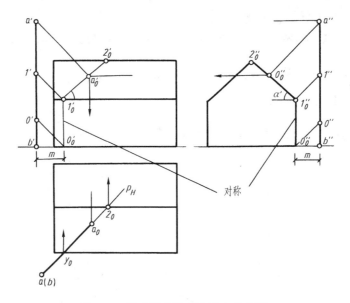

图 8-12 铅垂线在坡顶房屋上的落影

规律 3 某投影面垂直线在另一投影面或其平行面上的落影，不仅与原直线的同面投影平行，且落影与投影的距离等于该直线到承影面的距离（图中注明的 m）。

规律 4 某投影面垂直线在任何承影面上的落影，其落影在直线所垂直的投影面上的投影是与光线投影方向一致的 45°线，且落影的其余两投影互成对称图形。图 8-12 中直线落影的水平投影是 45°线，落影的 V 面投影与承影面在 W 面上的积聚投影成对称图形。

利用上述方法和落影规律，读者可自行分析如下二例的作图。

【例 8-3】 求作铅垂线在台阶上的落影，如图 8-13 所示。

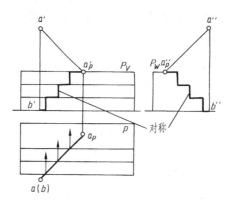

图 8-13 铅垂线在侧垂面上的落影

【例 8-4】 求作直线 BC 在墙面上的落影，如图 8-14 所示。

图中，侧垂线 BC 在凹凸不平的墙面上的落影与墙面在 H 面上的积聚投影不仅呈现对称性，而且落影的折影点到阴线的距离等于折影点所在棱线到阴线的距离，即图中注明的 m 和 m_1。

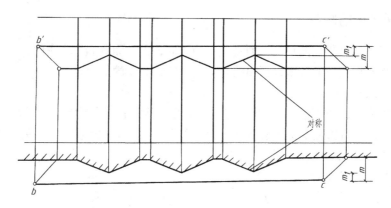

图8-14 直线在墙面上的落影

规律5 相交二直线在同一承影面上的落影必相交，且其落影的交点就是两直线交点的落影。

图8-15a中，顶点A是直线AB、AD的交点，交点A的落影a'_v是两直线落影$a'_v b'_v$、$a'_v d'_v$的交点。

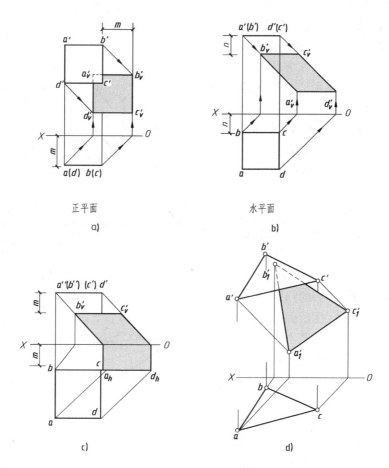

图8-15 平面图形的落影

三、平面图形的阴影

一般情况下，空间平面图形的一面受光，为阳面，另一面背光，为阴面。平面图形的轮廓线为阴线，求作平面图形的落影，可归结为作出它的轮廓线的落影。

1. 平面图形的落影

1）当平面平行于投影面时，其落影与本身平行，落影的投影反映实形，如图 8-15a 所示。

2）水平面在 V 投影面上的落影如图 8-15b 所示，图形的边线由两对特殊位置直线（侧垂线、正垂线）的落影组成。

3）图 8-15c 所示矩形平面的影，分别落在两个投影面上，由于 B、C 点距 V 面近，影落在 V 面上，A、D 两点距 H 面近，影落在 H 面上，b'_v 与 a_h、c'_v 与 d_h 不能直接连线，作图可按前述的平行特性或利用虚影等方法先作出它们落在同一个投影面上的影，从而定出影线在两投影面交线上的折影点，由此得到的落影是一个六边形图形。

4）当平面倾斜于投影面，落影为平面图形的类似形，其求作方法是先作出多边形各顶点的落影，再依次连接各点，如图 8-15d 所示。

5）如图 8-16a 所示，直线 AB 不仅会落影在 H 面上，还会落影在平面 MNL 上，此时，可先求出直线和平面在 H 面上的落影，再通过 $A_H B_H$ 与 $L_H N_H$ 相交的重影点 F_H 作返回光线求出直线 AB 在平面 MNL 上的落影点 F_1，从而确定直线 AB 在平面 MNL 及 H 面上的落影，在投影图中的作图方法如图 8-16b 所示。

2. 平面图形阴、阳面的判别

1）当平面图形为投影面垂直面时，可利用其积聚性的投影与光线同面投影的关系判别。如图 8-17a 中，P、Q 均为正垂面，P 平面的积聚投影与 X 轴的夹角小于 45°，光线照在 P 面的上方，其 H 投影为阳面的投影。相反，Q 平面的倾角大于 45°，光线照在 Q 面的下方，故 H 投影可见面为阴面的投影。

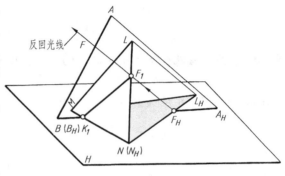

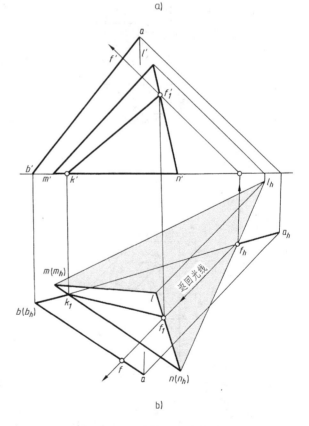

图 8-16 直线平面的落影

同理，铅垂面可利用它在 H 面的积聚投影直接判别，如图 8-17b 所示。

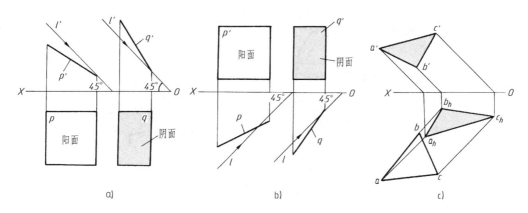

图 8-17　阴、阳面的判别

2）当平面多边形为一般位置时，则根据其投影与落影的端点的字母顺序转向是否一致来判别。由于光线照射到的一面是平面的阳面，承影面也总是阳面，所以平面图形的落影，只能与其阳面投影的字母转向一致（同为顺时针或同为逆时针方向）；与其阴面投影的字母转向相反。由此可知，若平面图形的两个投影各端点的顺序转向相同，则两投影同为阳面或同为阴面的投影；若顺序转向相反，则一个为阳面的投影，另一个为阴面的投影。判别时可先求出平面图形的落影，再根据其投影与其落影的字母转向是否相同来判明。如图 8-17c 中，平面 ABC 的落影 $a_h b_h c_h$ 与其投影 abc 的字母转向一致，故 abc 是阳面的投影，而投影 $a'b'c'$ 与 $a_h b_h c_h$ 的字母转向相反，则 $a'b'c'$ 是阴面的投影。

3. 圆的落影

1）当圆平面平行于承影面时，落影反映实形。作影时，首先作出圆心的落影，再作出同样大小的圆，如图 8-18 所示。

2）如图 8-19 所示，水平圆在 V 面上的落影是椭圆，椭圆的中心就是圆心的落影。作影时，通常利用圆的外切正方形各边的中点及对角线与圆周的交点（八个点）作图。

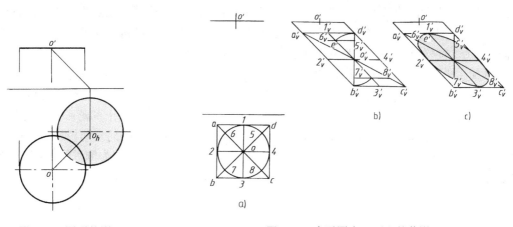

图 8-18　圆形的影　　　　　　　　图 8-19　水平圆在 V 面上的落影

半圆落影的简便作法如图 8-20 所示。

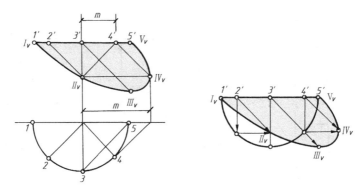

图 8-20　半圆的落影

第三节　形体的阴影

形体在承影面上的落影轮廓线即影线，它是该形体阴线的影。绘制形体的阴影，主要是确定形体的阴线及作出阴线的落影，一般的作图步骤是：

1）进行形体分析。

2）确定形体的阴线（阴、阳面交线的凸角棱部分）。

3）作出阴线的落影（根据阴线与承影面、投影面的相对位置，运用直线的落影规律进行作图）。

4）加绘阴面和落影。

若对于形体（如锥体）的阴线不易确定时，步骤的 1）、2）应交换，即应先作出形体的落影，再根据影子的轮廓线是阴线的影反过来求出阴线，最后加绘阴线和影线。

一、平面体

如图 8-1 所示，四棱柱在光线照射下，棱柱的顶面、前面和左侧面为阳面，其余各棱面为阴面，因此阴线为空间闭合折线 ABCDEFA。图 8-21 所示是四棱柱在投影面上的落影，由于图 8-21a 中六段阴线都距 H 面近，其影全落在 H 面上，每段阴线的落影根据直线的落影规律求作，落影形成一封闭的六边形图形。图 8-21b 中，一部分阴线离 V 面近，一部分阴线离 H 面近，所以它在 V、H 面上都有落影，其作图方法如前所述。

附着在墙面上的六棱柱阴影如图 8-22 所示，请读者自行分析其作图方法。

图 8-23 是上下组合的长方体阴影，上部长方体的落影，一部分在下部长方体的前侧面上，另一部分在 V 面上。作图时，可分别求出上下两长方体在投影面上的落影，即按图 8-21 所示方法求作。侧垂阴线 AB 的端点 A，其影 A_0 正好落在下部长方体的左前棱线上，过 a'_0 作直线与 $a'b'$ 平行，交下部长方体的右前棱线于 k'_0，点 K_0（k'_0、k_0）即为侧垂线 AB 落在下部长方体与落在 V 面上的影的折影点。

二、曲面体

光线照射直立的圆柱体，其左前半圆柱表面和顶面为阳面，右后半圆柱面和底面为阴

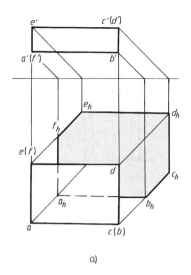
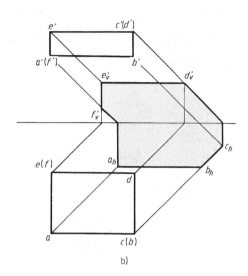

图 8-21 四棱柱的阴影

面，由此得出整个圆柱体阴线是由上、下两半圆 $\overset{\frown}{AC}$（左前）、$\overset{\frown}{DB}$（右后）和两条铅直的直素线 AB、CD 组成的闭合线，如图 8-24a 所示。每段阴线的落影作图参照图 8-11、图 8-18、图 8-19。

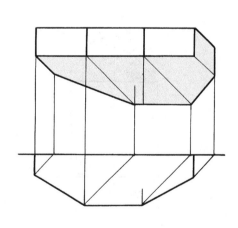

图 8-22 附着在墙面上的六棱柱阴影

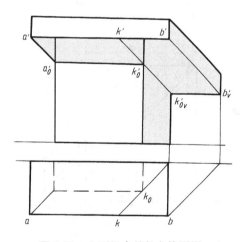

图 8-23 上下组合的长方体阴影

图 8-24b 所示的圆柱，其影全落 H 面上，作图时，先作出圆柱上下两底圆在 H 面上的影，图中为两个圆，然后作两圆的公切线。

图 8-24c 所示的圆柱底面与 H 面重合，其影落在 H 和 V 两个投影面上。作图时，先作出圆柱面的阴线，再作出上下两底圆的影，顶圆在 V 面上的落影为椭圆，阴线在 V 面上的落影垂直于 X 轴，并切于椭圆，轴线到 V 面的距离（d）等于轴线在 V 面上的落影到圆柱轴线 V 面投影的距离（d）。V 面上两阴线落影的距离两倍于两阴线 V 投影的距离（$2m$）。

在单面上作圆柱阴线的作图方法如图 8-24d 所示。

圆锥面上的阴线是光平面和锥面相切的素线，如图 8-25 所示，SA、SB 两条素线是圆锥表面的阴线，为了确定阴线在圆锥面上的位置，可先求出锥顶 S 在锥底圆所在平面上的落影

s_h，再作出过 s_h 与底圆的切线 s_hA 及 s_hB，即为素线 SA、SB 的落影。圆锥的底面是阴面，所以，底圆上也有部分圆阴线，整个圆锥的阴线 $SABS$ 由两直素线 SA、SB 及圆弧 $\overset{\frown}{AB}$ 三段阴线所组成，投影如图 8-25b 所示。

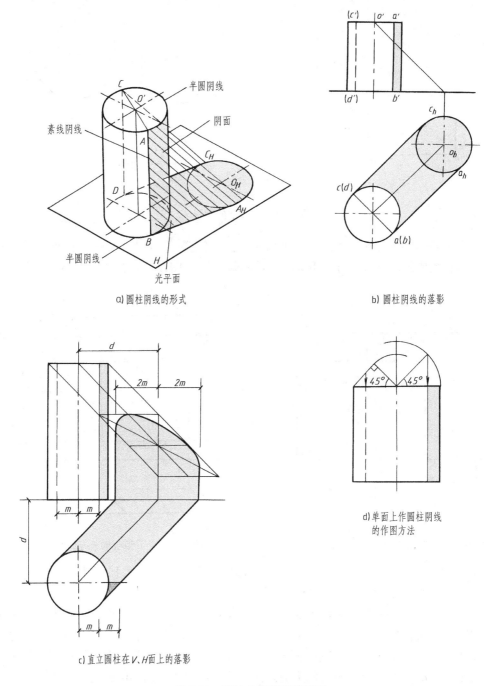

a) 圆柱阴线的形式

b) 圆柱阴线的落影

c) 直立圆柱在 V、H 面上的落影

d) 单面上作圆柱阴线的作图方法

图 8-24　圆柱的阴线及其落影

在正投影图中，单面求作圆锥阴线如图 8-26a 所示，其作图步骤如下：

1) 以圆锥底圆中点为圆心，圆锥底圆半径为半径作半圆。

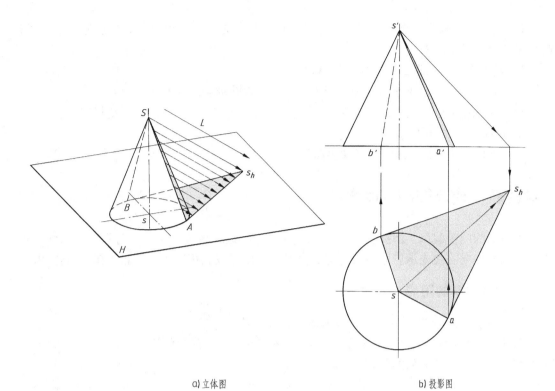

a) 立体图　　　　　　　　　　　　　b) 投影图

图 8-25　圆锥面上的阴线

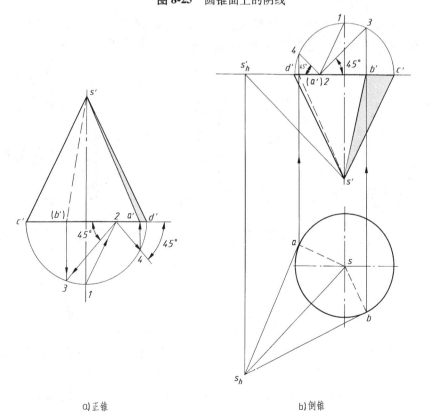

a) 正锥　　　　　　　　　　　　　b) 倒锥

图 8-26　圆锥阴线的单面作图法

2）过半圆与轴线交点 1 作直线平行于 $s'c'$（正圆锥为最左素线，倒圆锥为最右素线），交水平直径 $c'd'$ 于点 2。

3）过点 2 作 45°线交圆周于点 3、4。

4）过 3、4 点作铅垂线与底圆交于 b'、a'，即为圆锥阴线与底圆的交点。

5）圆锥的阴线必过锥顶，连 $s'a'$、$s'b'$，即为圆锥阴线的 V 面投影，左圆锥面上阴线的 V 面投影不可见，故画成虚线。

图 8-26b 所示为倒圆锥的阴线和阴面的作图方法。

第四节　建筑细部的阴影

房屋上的门窗洞口、雨篷、台阶等建筑细部的阴影的画法和步骤，与基本几何体类似。由于它们的主要阴线或承影面通常是特殊位置，所以可以利用直线的落影规律进行作图。

一、门窗洞的阴影

图 8-27 是三种不同形式的窗洞口阴影的作图方法。

图 8-27a 所示的方形窗洞，窗洞边框的影落在窗扇上，窗台的影落在墙面上，可分别按边框和窗台与窗洞和墙面的距离 m、m_1 作图。

图 8-27b 所示雨篷的影落在窗洞和墙面两个互相平行的承影面上，可分别按雨篷与窗洞和墙面的距离 m_1、m_2 作图。

图 8-27c 所示为半圆形窗洞，半圆形窗框的左上方圆弧在其平行的窗扇上的影，是相同半径（R）的圆弧，所以求出半圆弧的圆心 O'_0 的落影后作圆弧即可。

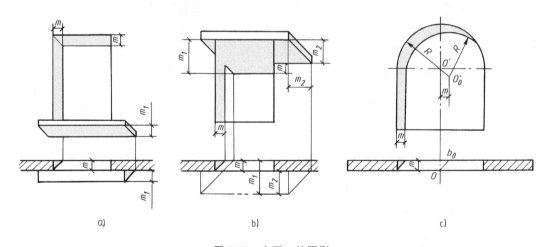

图 8-27　窗洞口的阴影

图 8-28 是带折板雨篷的门洞阴影，雨篷左侧的正垂阴线、右侧的铅垂阴线、正垂阴线及门洞阴线的求作与上图类似，而折板雨篷前侧正平的折线阴线平行于承影面，所以它们的影分别与折线本身平行且等长，但请注意：折线的 BC 段，一部分落在门扇上、一部分又落在墙面上，因此，作影时，分别作出折线的一个顶点 B 在门扇上的影 b'_0，另一顶点 C 在墙

面的影 c_0'，再过 b_0'、c_0' 在门扇及墙面上分别作线平行于 $b'c'$，即折线 BC 的影。图中，为何 $b_0'i_0'$ 与 $j_0'c_0'$ 之和不等于 $b'c'$，请读者根据图中作图线自己分析思考。

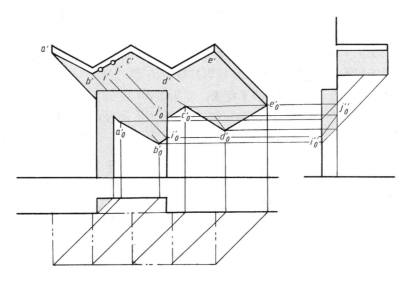

图 8-28 折板雨篷门洞阴影

二、台阶的阴影

图 8-29 所示的台阶有三级，包括三个水平踏面和正平踢面，它们都是承受影子的阳面，左、右两挡板的右侧面为阴面，各有一条正垂阴线和铅垂阴线，其影落在墙面、踏面和踢面、地面等正平面和水平面上，并在它们的交线处转折，本例应注意角点 B、E 的落影。作图如下：

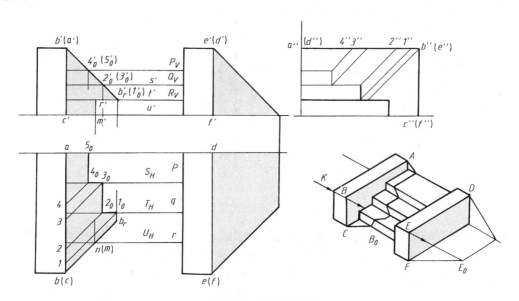

图 8-29 台阶的阴影

1）作出点 B 的落影；由侧面投影可知：点 B 的影 B_R 落在第一级踏面（R）上。由 b'

作45°线与 R_V 相交于 b'_r，即点 B 落影 B_R 的正面投影，再过 b'_r 作投影连线与过点 b 的45°线的交点 b_r，就是点 B 落影 B_R 的水平投影。

2）V 面投影上，将积聚点 b'（a'）与 b'_r 相连（重合为光线一致的45°直线），即正垂阴线 AB 落影的 V 面投影。

3）由 AB 落影的 V 面投影 $a'b'_r$ 与台阶棱线的交点 $4'_0$、$2'_0$、b'_r（分别是阴线 AB 的影 Ⅳ Ⅴ、Ⅱ Ⅲ、B_R Ⅰ 的 V 面投影——积聚成点）作投影连线至 H 面，求得 4_0、2_0、1_0 点，在相应的踏面上，分别过点 4_0、2_0、1_0 作 ba 的平行线，即阴线 AB 在三个踏面上的落影的 H 面投影。

4）同理，在 H 面上，将积聚点 b（c）与 b_r 相连（重合为光线一致的45°线），即铅垂阴线 BC 落影的 H 面投影；它与踢面 U_H 的交点 n 投影至 V 面，得线段 $n'm'$，即铅垂阴线 BC 在第一踢面上的影。

右侧挡板阴线的影的求法从略。

请读者自行分析用直线的落影规律作图。

图 8-30 所示的台阶，其上的正垂阴线和铅垂阴线的落影作图与前类似，而侧平阴线 BC 的落影求法如下：

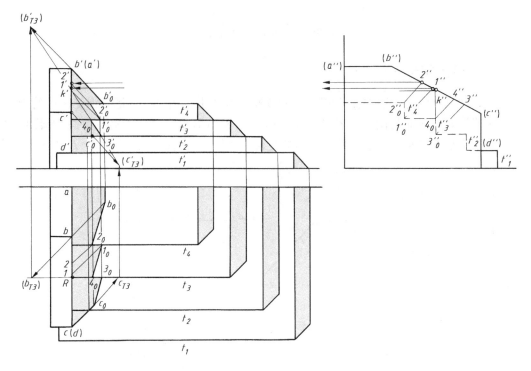

图 8-30　台阶的阴线的落影求法

（1）返回光线法　在 W 面上，过 $1''_0$ 作返回光线，交阴线 $b''c''$ 于 $1''$，由 $1''$ 作水平线，与 $b'c'$ 交得 $1'$，再由 $1'$ 作45°线就可求出 $1'_0$。同法可求出 $2'_0$ 等点，连线 $1'_0 2'_0$ 即阴线 BC 在踢面 T_4 上的落影。要注意的是：由于各踏步的踢面彼此平行，所以阴线 BC 在各踢面上的影应相互平行，同理，阴线 BC 在各踏面上的影也应相互平行；当 BC 的坡度与台阶的坡度一致时，BC 线在台阶各凹棱上的落影点 $1'_0$、$3'_0$ 在一条垂直线上，同理，BC 线在台阶各凸棱上的落影点 $2'_0$、$4'_0$ 也在一条垂直线上。由此可求出阴线 BC 在各踏步上的落影。

（2）虚影点法 分别求出 B、C 两点在同一承影面（如 T_3 扩大面）上的虚影 b'_{T_3}、c'_{T_3}，连接 b'_{T_3} 与 c'_{T_3} 后，即可得出阴线 BC 在 T_3 踢面上落影的有效一段，为 $3'_0 4'_0$。

（3）交点法（也称扩大面法） 扩大踢面 T_3，即在 W 面上延长 $3''_0 4''_0$，交 $b''c''$ 于 k''，k'' 是阴线 BC 与承影面 T_3 交点的侧面投影。由此作出 k'，连接 k' 与 c'_{T_3}，也可得出阴线 BC 在 T_3 面上的落影 $3'_0 4'_0$。

三、柱头的阴影

由基本形体组合而成的柱头的阴影求作与前类似，以下面两例进行说明。

【例 8-5】 作出图 8-31 所示的带方盖的半圆壁柱的落影。

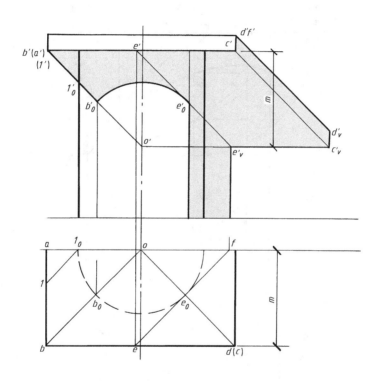

图 8-31 方盖半圆壁柱的阴影

半圆柱的阴线及阴线的落影，方盖的阴线及其在墙面上的落影，求作如前所述，不再赘述。这里只讨论方盖在圆柱面上的落影。

方盖在圆柱面上的落影是由正垂阴线 AB 与侧垂阴线 BC 的落影组成的。根据投影面垂直线落影的规律，正垂线在任何承影面上落影的 V 面投影都是与光线 V 面投影的方向一致的 $45°$线，所以 AB 在 V 面及圆柱面上的落影为过 $a'b'$ 的 $45°$线。侧垂线 BC 在铅垂圆柱面上的落影是包含 BC 的光平面（侧垂面）与圆柱面的交线（椭圆），其 V 面投影与圆柱面的 H 投影对称，呈现为圆弧形，其半径与圆柱的半径相等，且圆弧圆心 o' 与 $b'c'$ 间的距离，正好等于该阴线 BC 与圆柱轴线间的距离（m）。

【例 8-6】 如图 8-32 所示，求作带圆帽半圆壁柱的阴影。

图 8-32 所示的带圆帽半圆壁柱是同轴半圆柱的组合体，后壁平面在 V 面上，圆帽上的圆弧阴线 $ABCDME$、FK 及两半圆柱的直素线阴线在 V 面上的落影求法如图 8-24 所示。而圆弧阴线 $ABCDME$ 中的 $BCDM$ 段落在其下的半圆壁柱上的影的求作是利用圆柱面在 H 面投影积聚性直接作图，求作影的 V 面投影时，首先应求作一些特殊的影点。

1）最高影点 c_0'：圆帽阴线 $BCDM$ 在圆柱上的落影是以包含轴线的光平面为对称面，且位于对称面上的阴点 C 与其落影 C_0 的间距最短，所以，在 V 面投影中，影点 c_0' 与阴点 c' 的垂直距离也最短，因此，c_0' 就为影线上的最高点。

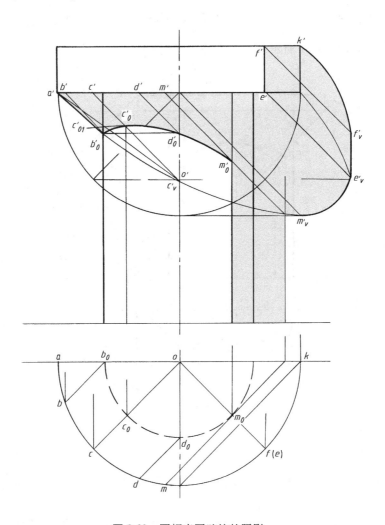

图 8-32 圆帽半圆壁柱的阴影

2）圆柱上最左、最前素线上的影点 b_0'、d_0'，由于它们对称于上述的光平面，所以落影高度相等。用返回光线可求得 B 点的落影 B_0，自 b_0' 作水平线与轴线相交，即得 d_0'。

3）落在圆柱阴线上的影点 m_0'。在 H 投影中，作光线的平行线与圆柱相切于 m_0，与圆帽相交于阴点 m，由 m 求得 m'，过 m' 作 45°线，与过 m_0 的铅垂线（即圆柱阴线的 V 面投影）相交于 m_0'。

光滑连接 b_0'、c_0'、d_0'、m_0' 各点，即得圆帽阴线在圆柱面上落影的 V 面投影。

四、阳台的阴影

图 8-33 所示为阳台在墙面、门窗扇面及自身上的阴影。其阴线除有垂直于墙面的直线以外，其余皆为平行于墙面的直线，它们的影比较简单。求阴影时，可根据图中两面投影，适当选择一些点，如图中 A、B，由它们的两面投影即可求出它们在门洞、墙面上落影的正面投影 a_0'、b_0'。再按平行关系完成各段阴线的落影。也可根据门洞、阳台等各阴线与承影面不同的凸出值（如图中 m、n 等），作出雨篷、阳台及门洞在各承影面上的落影。

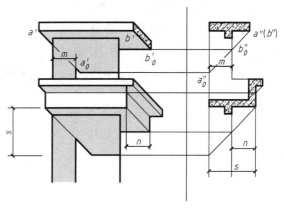

图 8-33 阳台的阴影

第五节 建筑形体的阴影

图 8-34 为坡顶房屋的投影，由于屋面倾角小于 $45°$，所以整个屋面全为阳面，屋面与屋檐的阴线为 $ABCDEFG$ 及 $JKLMNABC$，在地面上的落影如图所示。要作出檐口阴线 CD、DE、

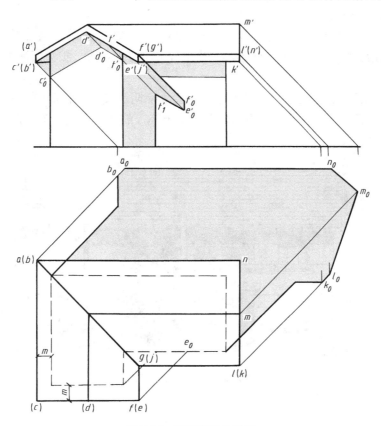

图 8-34 坡顶房屋的投影

EF、FG 等在山墙上的落影，首先应作出某一点在山墙上的落影，如点 C，由于向左、向前的出檐宽度 m 相等，故点 C 的落影 c'_0 正好在左前墙角线上，由 c'_0 作直线 $c'_0 d'_0 // c'd'$，与过 d' 的 45° 线交于 d'_0，再过 d'_0 作 $d'_0 t'_0 // d'e'$ 与墙角阴线交于 t'_0，$c'_0 d'_0 t'_0$ 即阴线 CDE 在山墙上的落影。再作点 E 在右方正面墙上的落影 E_0（e'_0、e_0），过 e'_0 作 d' e' 的平行线，与前屋右墙角阴线的落影交于 t'_1，影线 $t'_1 e'_0$ 即阴线 DE 在右方正面墙上的落影。FG 是正垂线，故 FG 在封檐板上和墙面上落影的 V 面投影均为 45°线。

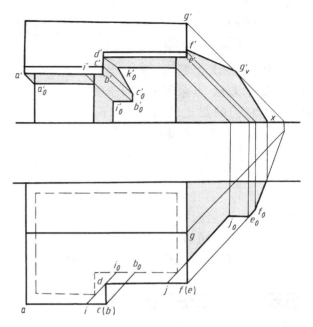

图 8-35 檐口不等高的双坡顶房屋的阴影

图 8-35 所示为檐口不等高的双坡顶房屋，其影分别为房屋落在地面、正立面上，檐口线落在墙面上，以及墙面的相互落影，作图如下：

1）求出房屋在地面和正立面上的落影。

2）求出檐口阴线在墙面上的落影，请注意斜线阴线 CD 的落影。过 d' 作线 $// g'_v X_0$ 即可得到斜线 CD 在封檐板上的落影，此落影求法也可采用虚影点法、扩大面法求解。其余不再详述。

图 8-36 所示是综合运用前述各种方法作房屋立面阴影实例。作图时，首先应了解该建筑立面上各凹凸部位（如台阶、屋檐、窗台、阳台等）的基本形状、具体尺寸和相互关系，然后根据凹凸逐一求出。

图 8-36 建筑立面的阴影

第九章　建筑透视图

透视图是一种能反映形体的长、宽、高三个方向形状，符合近大远小、近高远低的特点，具有立体感和真实感的单面投影。它是用中心投影法绘制的，通常在房屋建造之前，在建筑方案设计和初步设计时，根据正投影设计图绘制透视图，用以讨论、评判、比较。建筑透视图是建筑设计和规划设计中的一种重要表现手段。由于透视图符合人们的视觉形象，故在建筑工程、广告等方面得到了广泛的应用。

第一节　透视的基本知识

一、透视图的概念

透视投影是采用中心投影的原理将物体投射在单一投影面上所得到的具有立体感的图形，它如同照片一样显得生动、自然、逼真，符合人们观察物体时所呈现出近大远小、近高远低的视觉特点，如图 9-1 所示。在建筑设计中，常用这种投影来展示建筑物建成后的外貌特征，以供人们分析、研究、评价。

图 9-1　建筑透视图

透视投影简称透视图或透视，它是以人的眼睛作为投射中心，由人眼引向物体的视线与画面相交的点的集合形成透视图，如图 9-2 所示。从透视图中可以看出：与画面平行的铅垂线的透视仍为铅垂线，但符合近高远低的视觉形象；与画面相交的水平线分别消失于 F_1、

F_2，F_1、F_2 称为直线灭点。

二、透视术语及符号

以图 9-2 为例介绍透视图中常用的术语及符号：

基面（G）：放置建筑物的水平面，即地面。

画面（P）：绘制透视图的平面，通常为铅直面。

基线（画面上 g-g）：画面与基面的交线，在画面上以 g-g 表示，基面上用 p-p 表示。

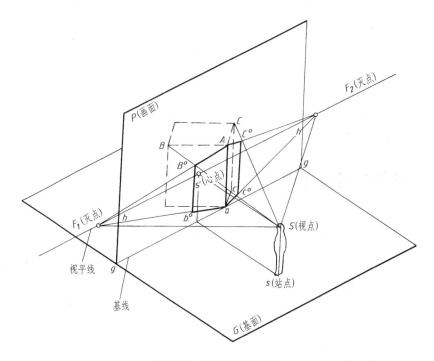

图 9-2　透视术语及符号

视点（S）：人眼所在的位置，即投射中心。

站点（s）：视点 S 在基面上的正投影。

心点（s'）：视点 S 在画面上的正投影，也称为主点。

视高（Ss）：视点 S 距基面的高度。

视距（Ss'）：视点 S 距画面的距离，Ss' 也称为主视线。

视平线（h-h）：过视点的水平面与画面的交线；h-h 必为水平线。

主向线：形体有长、宽、高三组主方向，主方向的棱线称为主向线，如图中长方体 AB、AC、Aa 线均为主向线。

三、点的透视

物体的透视是由确定该物体的点和线的透视组成的，首先研究点的透视。

如图 9-3a 所示，点的透视 $A°$ 是通过视点 S 向点 A 引视线 SA 与画面的交点。因此，求作点的透视，实质为求作直线（视线）与平面（画面）的交点，即视线迹点。

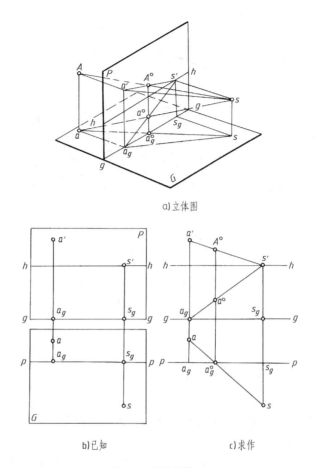

a)立体图

b)已知　　　　　　　　　c)求作

图 9-3　点的透视

1. 作图

图 9-3b 所示是作点的透视投影的已知条件，为作图清晰起见，把画面与基面分开画出，一般将基面画在画面的正上方或正下方，且不画边框。其作法如图 9-3c 所示。

1）作过 A 点的视线 SA 在画面、基面上的正投影，分别为 $s'a'$、sa。

2）求视线 SA 与画面的交点。由于画面的基面投影（水平投影）积聚为 $p\text{-}p$，所以，首先求出 sa 与 $p\text{-}p$ 的交点 a°_g，再过 a°_g 作铅垂线，与 $s'a'$ 的交点 A°，即为 A 点的透视，与 $s'a_g$ 的交点 a°，即为 A 点的基透视。

2. 特性

1）A 点的透视 A° 与其基透视 a° 位于同一条铅垂线上。点 A 在基面上的正投影 a，称为 A 点的基点；通过基点 a 的视线与画面的交点 a°，称为 A 点的基透视。由于 Aa 为铅垂线，所以，通过 Aa 所引的视平面为铅直的，它与铅直画面所产生的交线 $A^\circ a^\circ$ 为铅垂线。

2）通过点的基透视，可判别空间点与画面的前后位置。如图 9-4 所示，由于 a° 在基线上方，说明点 A 在画面后；点 b° 在基线上，故点 B 在画面上，透视为其本身；点 c° 在基线的下方，则点 C 在画面前。

3）点的基透视，是确定空间点透视高度的起点。画透视图时，通常是先作出基透视，再确定其透视高度。

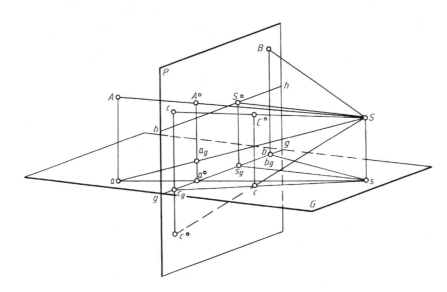

图 9-4 点的基透视与画面前后关系

四、直线的透视

直线的透视是通过直线的视平面与画面的交线。

1. 迹点、灭点概念（见图 9-5a）

1）迹点（N）：空间不与画面平行的直线与画面的交点为迹点，也称画面迹点，其透视为其本身，如图中 N 点。

2）灭点（F）：直线上无穷远点的透视为直线的灭点，也称直线的消失点，它是通过直线上无穷远点所引的视线与画面的交点。从几何学原理可知：两直线在无穷远处相交，则两直线平行。因而通过一直线上无穷远点所引的视线与该直线平行。所以，求作直线灭点的方

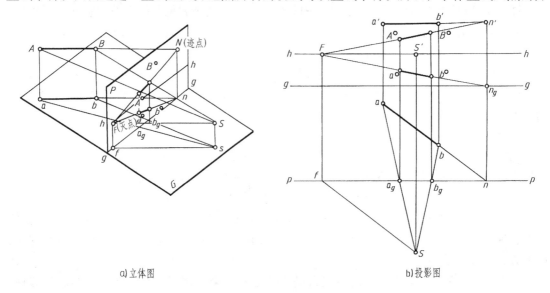

a) 立体图	b) 投影图

图 9-5 与画面相交的水平线的透视

法可简化为：过视点 S 作直线 AB 的平行线，它与画面的交点 F，即为直线 AB 的灭点。

2. 作图（见图 9-5b）

1）用点的透视求法作图：求出直线两端点 A、B 的透视 $A°$、$B°$，连接 $A°B°$ 即为所求，投影图从略。

2）用直线的迹点、灭点求作水平线的透视：用直线的迹点（N）、灭点（F）确定直线的透视方向，用视线 SA、SB 的基面投影 sa、sb 与基线 g-g 的交点 a_g、b_g 确定直线两端点的透视位置，这是求作直线透视常用的一种作图方法，作图步骤如下：

① 求迹点（N）、灭点（F）。如图 9-5b 所示，首先在基面投影上，延长 ab，与 p-p 相交于 n，过 s 作线平行 ab，与 p-p 相交于 f，n、f 分别是迹点（N）、灭点（F）的基面投影。再在画面上，延长 $a'b'$ 与过 n 的铅垂线相交，得 n'，是迹点 N 的画面投影；过 s' 作 $a'b'$ 的平行线（即视平线 h-h），与过 f 的铅垂线相交得 F，是灭点在画面上的位置。由于 AB 是水平线，其灭点 F 必在视平线上。

② 用直线的迹点（N）、灭点（F）确定直线的透视方向。由于迹点 N 的透视为其本身，而灭点 F 是直线 AB 上无穷远点的透视，因此，连线 NF 就是线段 AB 无限延长后的透视，称为 AB 的透视方向。投影图中，连 $n'F$、n_gF 分别是直线 AB 的透视方向和基透视方向。

③ 确定直线 AB 端点的透视位置。连线 sa、sb 分别是视线 SA、SB 的基面投影，通过它们与 p-p 的交点 a_g、b_g 分别作铅垂线，与 $n'F$ 交得 $A°$、$B°$，连线 $A°B°$ 是直线 AB 的透视；与 n_gF 交得 $a°$、$b°$，连线 $a°b°$ 是直线 AB 的基透视。

3. 直线的透视特性

1）一般情况：直线的透视仍为直线。特殊情况：①当直线通过视点，其透视为一点；②铅垂线的基透视为一点；③画面上直线的透视为其本身，若为画面上的铅垂线，则其透视为真高。

2）画面平行线与画面相交线的透视特性显然是不同的，几种典型位置直线的透视特性见表 9-1，作图示例如图 9-6、图 9-7、图 9-10 所示。

表 9-1　几种典型位置直线的透视特性

直线与画面的相对位置	一般特性	空间位置	例图中对应的直线	主要特征
画面平行线	无迹点、无灭点，透视与直线本身平行	铅垂线（⊥基面）	图 9-6Bb 等 图 9-7Mm 等	透视为铅垂线、（基透视为一点）
		侧垂线（//基线）	图 9-6ab、ED、CB 等	透视为水平线（//视平线）
		正平线（仅平行画面）	图 9-6EC、ML 等	透视与直线本身平行、反映直线倾角 α 角
画面相交线	有迹点、有灭点，透视消失于灭点	水平线（//基面）	图 9-7ab、ad、mk 等	灭点在视平线上
		正垂线（⊥画面）	图 9-6EM、AK 等	灭点在视平线上，并且是心点 s'
		一般线	图 9-10 斜脊 BE、CE 等	灭点不在视平线上

3）一组平行的画面相交线有共同的灭点。例如，图 9-6 所示的正垂线 EM、AK 等消失

于 s'，如图 9-7 所示的 ad、bc、mk 等消失于 F_1。

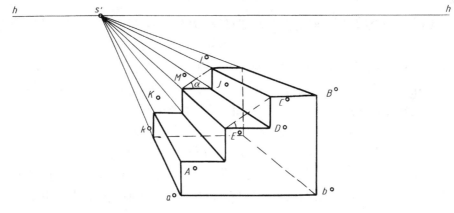

图9-6 台阶的透视

4）一组平行的画面平行线的透视仍平行，因此，平行于画面的平面的透视与其原形相似，且符合近大远小。例如，图 9-6 所示的台阶的前侧面和后侧面为类似形，EDC 与 MJL 为类似的三角形，且对应边平行。

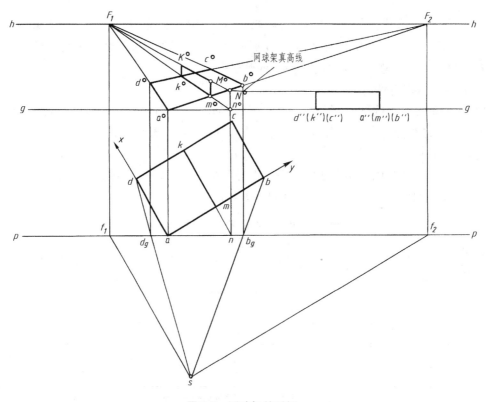

图9-7 网球场的透视

5）直线上的点的透视仍在直线的透视上，但要注意：画面平行线上的点分得直线的透视长度成等比，如图 9-6 所示的台阶的前侧面，原来等长的两画面平行线段 ED、CB，由于距离画面等远，所以透视等长；而与画面相交线上的点分得直线的透视长度不成等比，如图

9-7 所示的网球场，$am=mb$，$a°m°=m°b°$。

6）两直线交点的透视，为两直线透视的交点。例如，图 9-7 所示的 $c°$ 点，是 $b°F_1$、$d°F_2$ 的交点。

五、直线、平面透视画法举例

水平线和铅垂线是建筑形体上最常见的两种线，掌握了它们的画法，就不难画出建筑形体的透视图。

【例 9-1】　求作图 9-7 所示网球场的透视图。

从平面图上可以看出：网球场平面图为矩形，且边线与画面相交的交点 a 为迹点。图中画面、基面上下对齐（基线 g-g、视平线 h-h 表示画面投影，基线 p-p、站点 s 表示基面投影）。

下面简要说明其作图步骤：

1．求作网球场的平面图透视

平面图形的透视，由组成该平面图形的各条边线的透视确定，因此，绘制平面图形的透视，实际上是求作平面图形的各边线的透视。

（1）求作两主向水平线 ad、ab 的灭点 F_1、F_2　过视点 S 分别作直线 AD、AB 的平行线，它们与画面的交点 F_1、F_2，即为直线 AD、AB 的灭点，由于都是水平线，所以灭点 F_1、F_2 一定在视平线上。

具体作图是：首先在平面图上通过站点 s 分别作直线平行 ad、ab，与基线 p-p 相交于 f_1、f_2，f_1、f_2 是灭点 F_1、F_2 的基面投影，过 f_1、f_2 作铅直的投影连线，与视平线 h-h 相交得灭点 F_1、F_2。

（2）用迹点 $a°$、灭点 F_1、F_2 连线确定两主向线 ad、ab 的透视方向　如图 9-7 所示，迹点 a 在地面上，则画面投影在基线 g-g 上，同时它又在画面上，透视与本身重合，所以过 a 作铅直线与 g-g 的交点就是 $a°$，连线 $a°F_1$、$a°F_2$ 是 ad、ab 线的透视方向。

（3）确定线段端点 d、b 的透视位置 $d°$、$b°$　作各点视线的水平投影与基线相交得 d_g、b_g，由 d_g、b_g 作铅直的投影连线，分别与 ad、ab 的透视方向线 $a°F_1$、$a°F_2$ 相交得 $d°$、$b°$。

（4）x 方向线连 F_1，y 方向线连 F_2　由于 $bc//x$ 轴，所以 $b°$ 连 F_1、同理 $cd//y$ 轴，$d°$ 连 F_2。

（5）完成网球场平面图的透视　根据两直线透视 $b°F_1$、$d°F_2$ 的交点 $c°$，为点 c 的透视，$a°b°c°d°$ 即网球场平面图的透视。

2．用真高线确定网球架的透视高度

尽管网球架没有重合在画面上，但可将其延伸到画面，则反映真高。具体作图方法是：延长 km 与 p-p 相交于 n（迹点），$n°$ 处反映网球架真高 $n°N°$，通过该真高线上的点 $n°$、$N°$ 消失于 F_1，作出水平线 MK、mk 的透视方向，由 $n°F_1$ 与 $a°b°$、$d°c°$ 的交点 $m°$、$k°$ 作铅垂线，与 $N°F_1$ 的交点，即为 $M°$、$K°$，于是得网球架的透视 $M°K°k°m°$。

六、透视图的分类及其应用

画面与建筑物间的相对位置不同，透视图的种类不同。

　　根据画面与物体的长、宽、高三组主方向棱线的相对关系所产生的主向灭点数量的多少，透视图可分为以下三类：

1. 一点透视

　　当建筑物的长度、高度方向平行于画面，仅垂直于画面的宽度方向有一个主向灭点，即心点 s'，这种透视称为一点透视或平行透视，实例如图 9-6、图 9-8 所示。一点透视多用于表达室内、广场、会场、街景、庭院等，也适用于表现只有一个主立面形状比较复杂的建筑形体。

图 9-8　一点透视实例

2. 两点透视

　　当建筑物的长度、宽度方向和画面成一角度，而高度方向和画面平行时，则有长、宽两个主向灭点，这种透视称为两点透视或成角透视，实例如图 9-1、图 9-7 所示。由于它真实自然、符合实际，故被广泛采用。

3. 三点透视

　　当画面倾斜于基面，且与建筑物的长、宽、高三个方向都不平行时，则有三个主向灭点，这种透视称为三点透视或斜透视。它适用于高耸建筑物。此类透视用得不多，本书不作介绍。

第二节　形体透视图的基本作图方法

　　形体的透视，即形体表面轮廓线的透视，所以作平面体的透视，实为作直线的透视，利用各种不同位置直线的透视特性，以及直线迹点、灭点、真高线来作图。

　　透视图的基本作图方法是视线法，也是建筑设计师们普遍采用的一种作图方法，故也称为建筑师法，它是通过直线的迹点、灭点确定直线的透视方向，用视线的基面投影与基线

p-p 的交点来确定线段端点的透视位置。

透视图的作图，一般按前述的网球架的作图步骤进行，主要分两步：

1) 作出形体平面图的透视，即基透视，确定长、宽两方向的透视位置。

2) 作出形体的透视高度，是利用重合在画面上的真高线求作。

一、两点透视

两点透视是表达建筑形体中最常见的，它的两个主向灭点均在视平线上。

1. 作图

【例 9-2】 绘制图 9-9 所示组合长方体的两点透视。

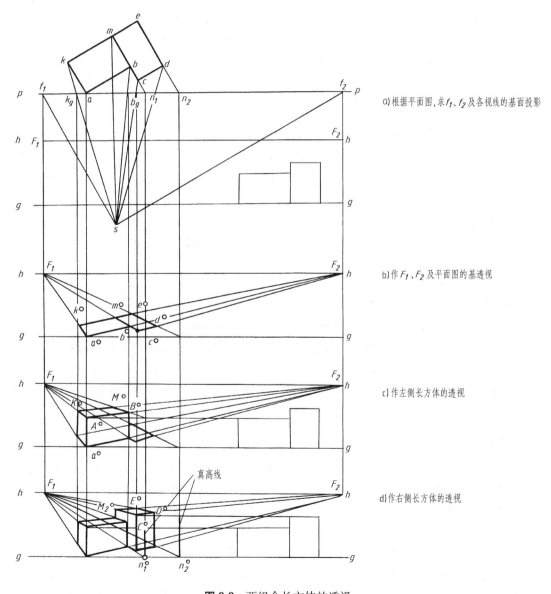

a)根据平面图,求f_1、f_2及各视线的基面投影

b)作F_1、F_2及平面图的基透视

c)作左侧长方体的透视

d)作右侧长方体的透视

图 9-9　两组合长方体的透视

如图 9-9a 所示，已知视点 S，画面通过组合体的一条棱线，且与组合体的正立面成一角度。为方便作图，将基面上的基线 p-p 画成水平位置，而组合体的水平投影与 p-p 成一角度（30°）；在画面投影上，将组合体的正面投影画在右面。

组合体由左、右两个长方体组成，具有三组方向棱线，一组铅垂线，两组水平线。铅垂线因平行于画面，它们的透视仍为铅垂方向，两组水平线，分别有不同的灭点 F_1、F_2，F_1、F_2 都在视平线上。

其作图步骤如下：

1）求作灭点 F_1、F_2，如图 9-9a 所示。过 s 分别作直线平行于组合体的两组水平线，分别交 p-p 于 f_1、f_2，过这两点作铅垂线，与 h-h 相交得到灭点 F_1、F_2。

2）作组合体平面图的基透视，如图 9-9b 所示。利用直线的迹点、灭点确定直线的透视方向，用视线与基线 p-p 的交点 k_g、b_g 等得各端点的透视，作出组合体的基透视。

3）作出左侧长方体的透视，如图 9-9c 所示。利用画面上的真高棱线 $A°a°$ 作图。

4）作出右侧长方体的透视，如图 9-9d 所示。右侧长方体的高度可在 mc 或 ed 的迹点 n_2、n_1 处量取真高，然后与灭点 F_1 连线，再过 $c°$、$d°$ 作铅垂线与它们相交，得 $C°$、$D°$。

5）加粗透视图轮廓线。

【例 9-3】 绘制图 9-10a 所示坡顶房屋轮廓线的两点透视。

图 9-10a 是坡顶房屋的正面和水平投影，由于要作它的两点透视，p-p 应成倾斜位置，所以不能将灭点、视线交点直接作投影连线定位，应将 p-p 上的灭点、视线交点等量取到画面上的基线 g-g 上，其他作图与上例同。

作图步骤：

1）在平面图中，过 s 作灭点 F_1、F_2 及各点视线的基面投影，与 p-p 相交于 f_1、f_2、a_g、d_g 等点，如图 9-10a 所示。

2）将 p-p 及其上各点的相对位置保持不变，移至成水平位置并重合在画面的 g-g 上，作出房屋平面图的基透视，如图 9-10b 所示。

3）作出房屋的墙体透视，b 处反映墙体真高，如图 9-10c 所示。

4）过 $n°$ 作出房屋平脊真高线 $N°n°$，连 $N°$ 与 F_1，作出平脊的透视方向，分别过 d_g、e_g 作铅垂线，与 $N°F_1$ 交得屋脊端点的透视 $D°$、$E°$ 和屋脊 $D°E°$，如图 9-10d 所示。

5）连 $B°$ 与 $E°$、$C°$ 与 $E°$、$A°$ 与 $D°$，作出各斜脊的透视，完成透视图轮廓线，如图 9-10e 所示。

【例 9-4】 如图 9-11 所示，绘制房屋轮廓线的透视。

图 9-11 所示房屋的墙体、柱子的透视图绘制方法与图 9-9 类似，此图主要需注意求作屋檐的透视，由于屋檐与画面相交于 M、N 两点，在该两点处的屋檐反映真高，所以屋檐线的透视应从这两点处求作。

2. 辅助画法

当用较小的图纸幅面绘制较大的两点透视时，一个主向灭点会在图板之外，使得在求作该灭点方向的直线透视时遇到麻烦，如图 9-12 所示，当 ad 方向的灭点不易在图板上定位时，可利用辅助灭点求作 $d°$。图 9-12a 是过点 d 作辅助线 dn 垂直于画面，利用心点 s' 为辅

助灭点求作 $d°$；图 9-12b 是延长 cd 至画面上，求出 F_2 方向的 cd 迹点，只利用一个主向灭点 F_2 求作 $d°$。

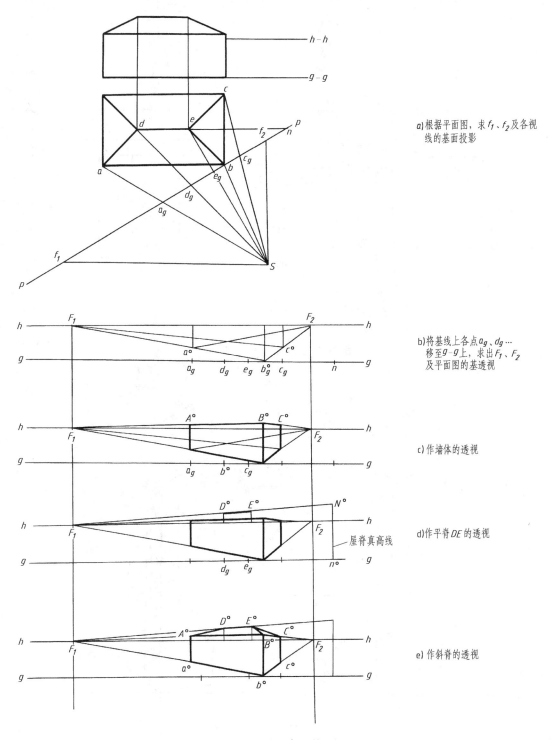

a) 根据平面图，求 f_1、f_2 及各视线的基面投影

b) 将基线上各点 a_g、d_g…移至 g-g 上，求出 F_1、F_2 及平面图的基透视

c) 作墙体的透视

d) 作平脊 DE 的透视

e) 作斜脊的透视

图 9-10　坡顶房屋的透视

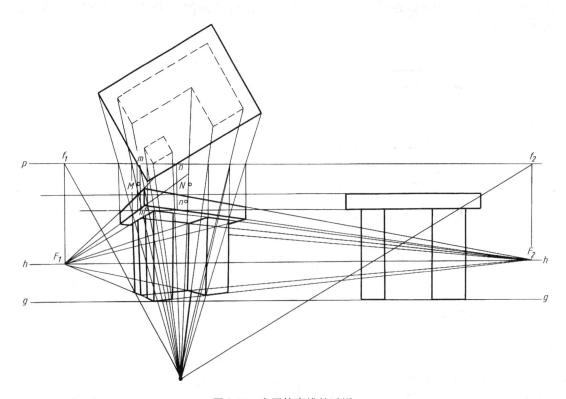

图 9-11 房屋轮廓线的透视

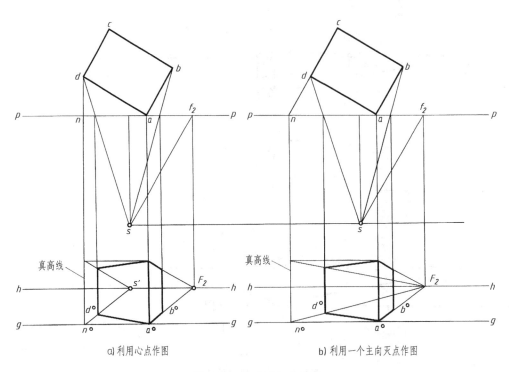

a) 利用心点作图　　　　　　　　　　　　b) 利用一个主向灭点作图

图 9-12 辅助灭点法作图

3. 透视参数的选择

视点、画面和建筑物间的相对位置关系，直接影响着透视图的表现效果。因此，视点、画面的位置不能随意假设，要合理地选择，以便画出理想的透视效果。

（1）画面　若形体在画面后，为缩小透视；若形体在画面前，为放大透视。缩小透视与放大透视的图形相似。若画面通过建筑形体的线或面，则透视反映真高或实形，为便于作图，通常使画面通过形体的一棱线，其透视就是本身，同时与这条棱线相交的直线的迹点也在该线上，图 9-13 所示。

如图 9-14 所示，建筑形体主要立面与画面的偏角 β 由小变大，则建筑立面的透视宽度就由宽变窄，当 β 角取较大值时，则建筑立面的透视宽度反而变得小于侧面的透视宽度，它不符合形体长、宽的真实比例，透视图出现失真，当 β 角较小时，则侧面太窄了，因此，β 值不能任取，一般取 30° 左右，具体值的大小应以建筑物的两个主要立面的透视宽度之比与实际宽度之比大致相符为宜。

（2）视点　视点由站点和视高确定，而站点又与视角、视距、视中线有关，这些参数的选择很重要，若选择不当，将造成透视图的失真。

1）视角 θ（见图 9-15）。人的视域范围是个椭圆锥，视锥的顶角为视角 θ，根据测定，清晰可辨的视角范围为 60°，最佳的视角范围为 28°~37°。当视角大于 60° 时，灭点近，图形陡，图形会产生失真。室内透视的视角可适当放宽。

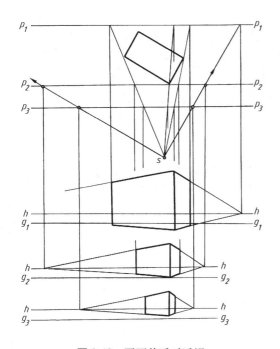

图 9-13　画面前后对透视

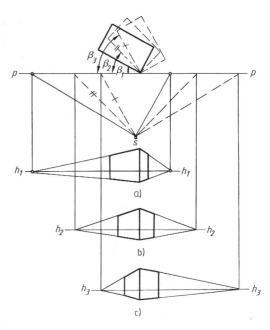

图 9-14　偏角 β 对透视图的影响

2）视距 Ss'（见图 9-15）。在其他参数一定的情况下，视距与视角成反比。对于单体建筑物，视距 Ss' 一般为透视宽度 B 的 1.5~2 倍。

3）视中线 SS_g。视中线是过视点作画面的垂线，即主视线。在其他参数不变的情况下，视中线位置不同，透视效果显然不同。如图 9-16 所示，在站点 S_1 处作透视图的侧面宽度为

0，无立体感；在站点 S_2 处作透视图的侧面宽度与正面宽度不符合实际宽度之比，失真；在 S 处比较适中，透视变形最小，符合视觉印象。一般情况，视中线在视角或透视宽度中间的 1/3 位置处，即心点 s' 的基面投影 s_g 不要超出画面透视宽度的中间位置的 1/3 处。

4）视高。视高即视点的高度，一般取人眼的高度，即 1.5～1.8m，根据需要可提高或降低。如图 9-17 所示，提高视平线，可成为鸟瞰图；降低视平线，可使图形显得高大、雄伟。注意：视点通过形体的顶面或底面时，平面的透视会积聚成直线，此时应适当提高或降低视高。

关于透视参数的取值，影响因素是多方面的，应根据具体情况的不同而灵活运用。作透视图时，应避免图形失真，避免形体的平面透视积聚或棱线被遮挡，还应避免图形完全对称，显得呆板的情况。

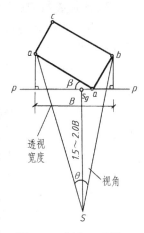

图 9-15 视角、透视宽度概念

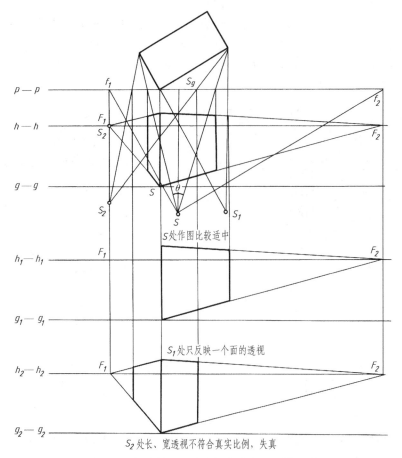

图 9-16 视中线 SS_g 应在视角中间 1/3 范围内

二、一点透视

一点透视的特点是建筑形体正立面不变形，作图相对简便。一点透视的主向灭点是心

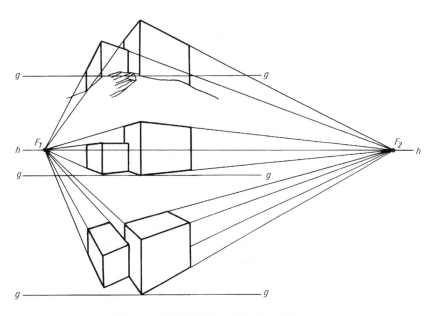

图 9-17　视平线高度对透视效果的影响

点 s'。

【例9-5】　作图 9-18a 所示房屋的一点透视。

从平面图上可以看出，房屋的正立面有窗，右侧立面有门，将站点 s 设在形体的右侧，则门、窗所在的面都能表现出来。由于左前侧面在画面上，透视反映该立面的真实大小。

其作图步骤为：

1）作各点视线的基面投影，与 $p\text{-}p$ 相交于 1、2、3 等点，求出心点 s'，如图 9-18a 所示。

2）作房屋平面图透视，如图 9-18b 所示。

3）利用画面上的墙面真高作墙体的透视，如图 9-18c 所示。

4）利用画面上的窗、门真高作门、窗的透视，如图 9-18d 所示。

5）完成透视轮廓线。

图 9-19 所示是室内大厅的一点透视。为便于作图，将平面图画在透视图的上方，正立面图画在透视图的右边。从平面图中可以看出，室内长度方向、高度方向线与画面平行，透视仍与本身平行；而宽度方向线与画面垂直，其透视消失于心点 s'。在画面上的柱子、窗，透视反映真高，在画面前的门洞、柱子的透视比其实际尺寸大，画面后的室内部分，透视比其实际尺寸小。不在画面上的轮廓线的透视高度都是利用与画面重合的真高线确定的。

三、圆的透视画法

1）当圆周所在平面平行于画面时，其透视仍为圆。其作图只要求得圆心的透视和半径的透视长度，即可求出圆的透视。

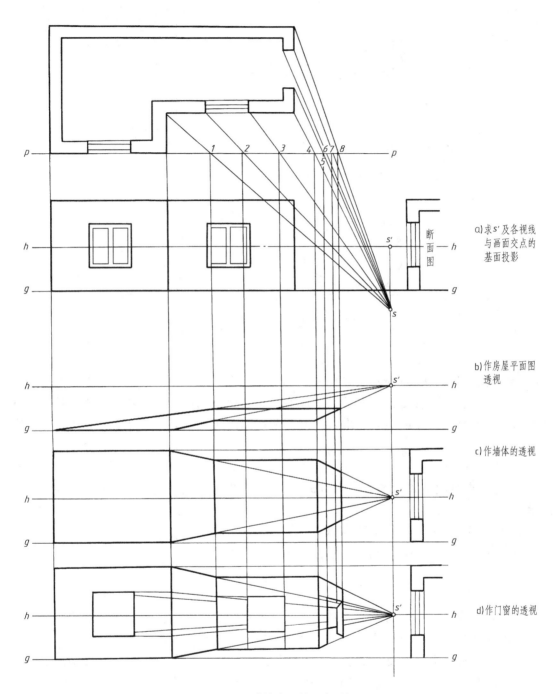

图 9-18　建筑房屋的一点透视

　　图 9-20 所示为端面平行画面的圆管透视。由于圆管的前端面位于画面上，其透视为其本身，而后端面平行于画面，其透视仍为圆形，但变小。作图时，先作出后端圆的圆心透视 $O_1{}^\circ$，再求出内、外两圆半径的透视 $O_1{}^\circ A_1{}^\circ$ 和 $O_1{}^\circ B_1{}^\circ$，又分别以 $O_1{}^\circ A_1{}^\circ$ 和 $O_1{}^\circ B_1{}^\circ$ 为半径作圆，所作的圆就是后端面上内、外圆的透视，最后作消失于 s' 的公切线，即得圆管的外壁轮廓线。

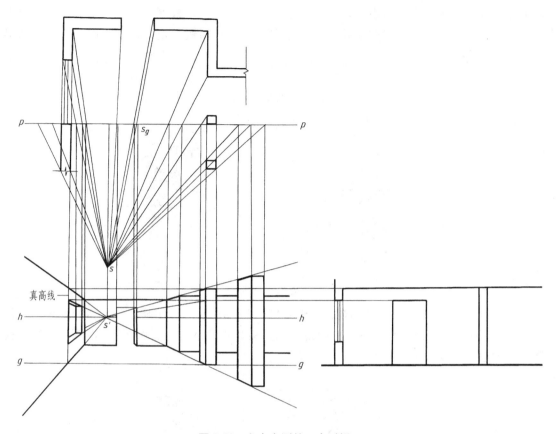

图 9-19　室内大厅的一点透视

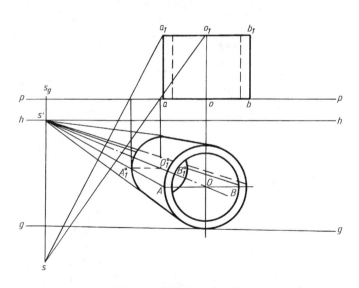

图 9-20　圆管的一点透视

2）当圆周所在平面不平行于画面，圆周的透视一般为椭圆，其作图通常利用圆的外切正方形的四边与圆的切点及对角线与圆周的四个交点，用类似于轴测投影中求椭圆的八点法求作。如图 9-21 所示，先作出圆的外切正方形的透视 $A°B°C°D°$，过其对角线的交点 $O°$，作正方形对边中点连线的透视，得 1°、2°、3°、4°四点，再根据几何作图在 AB 边上定出 9°、10°两点，并作线连 s′，与对角线交 5°、6°、7°、8°四点，光滑地连接这八个点，即得所求圆的透视椭圆。

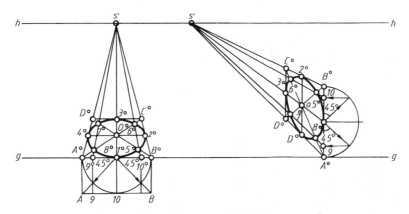

图 9-21 八点法作圆的透视椭圆

3）圆柱的透视。作圆柱的透视，一般是用图 9-21 所示的方法画出两底圆的透视，再作出上、下底圆的公切线，即得圆柱的透视。如图 9-22 所示，注意：图 9-22b 的圆柱的轴线偏离心点太远，图形有失真现象。

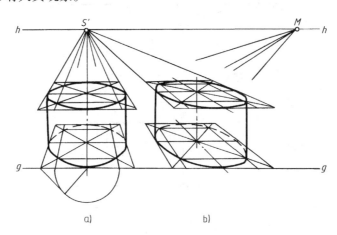

a)   b)

图 9-22 直立圆柱的透视

图 9-23 所示为利用圆的透视画法作圆拱门的透视。圆拱门轮廓线的透视按一般方法画

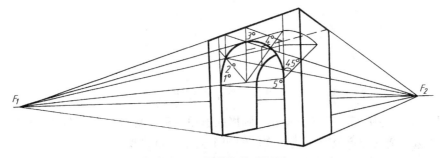

图 9-23 圆拱门的透视图

出，前、后表面上的两个半圆弧的透视用图 9-21 的方法作图。作半圆弧外切的半个正方形的透视，可得到透视圆弧上 1°、3°、5°三个切点，再作出半圆弧与对角线交点的透视 2°、4°，将这五个点光滑连接起来，就是前半个圆的透视。后半个圆弧的透视，可用相同方法作出。图中是利用消失特性作半圆弧上对应点的透视，使作图简化。

图 9-24 所示是作拱桥的一点透视。

拱桥平面图主要反映桥面宽度，由于图幅有限，本图将拱桥平面图与立面图重叠；站点 s 和心点 s′ 也重合，并且桥的前立面就在画面上，透视不变形，并反映真实大小；背立面在 D-D 位置，其透视与前立面的透视为相似形，过 D-D 及其线上所有控制点分别与站点连线，各自与 p-p 相交，通过它们作铅垂线，与过心点 s′ 和立面透视图上相对应的各点连线相交，即背立面上各对应点的透视；连接这些可见线上的点，完成拱桥透视图。

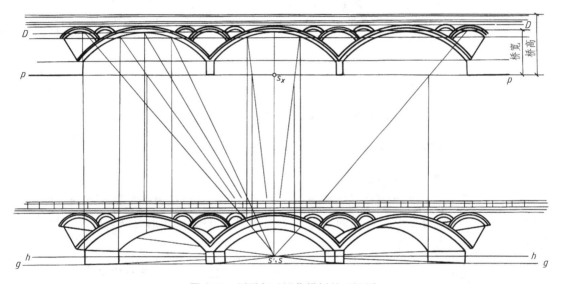

图 9-24 用平行透视作拱桥的透视图

第三节 透视图中的简捷作图法

绘制建筑物的透视时，通常是先用上述各种方法画出它的主要轮廓的透视，然后将主要轮廓透视进行分割，画出各细节部分。至于如何分割，可根据几何图形的透视特性及一些辅助方法作图。

一、建筑立面上水平线、铅垂线的定位

由直线的透视特性可知：只有平行于画面的直线，直线上各段长度之比仍等于该线段的透视长度之比，因此，要把与画面平行的线段分为定比，如图 9-25a 中的铅垂线 A°a°，可在透视图中直接用定比性作图。而画面相交线则不同，直线上各线段长度之比，其透视不等于实际分段之比，如图 9-25b 所示的水平线 ak 的定比作图可利用平行线的透视特性及辅助灭点 M 来求作。如图 9-25a 所示，在基面上作平行于画面的辅助水平线 a°5°，将水平线按立面图比例分割，则这些分割连线相互平行，且水平。透视图消失于辅助灭点 M，M 点由 5°、

$K°$连线延长与视平线相交而得，再连 $1°M°$、$2°M°$……，分别与 $a°k°$ 相交于点 $b°$、$c°$……，则将水平线按比例进行了透视定位。

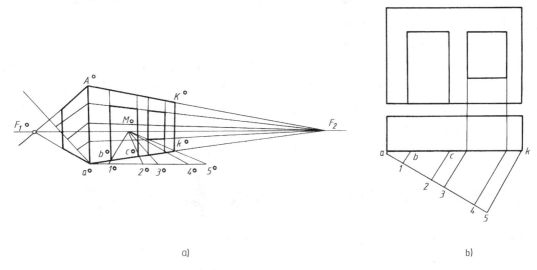

a)   b)

图 9-25 建筑物上水平线、铅垂线的定位

二、矩形的分割

1. 利用矩形的两条对角线进行分割

如图 9-26 所示，矩形两对角线的交点是该矩形的中心，根据这个关系可在透视图中将矩形等分或再等分。过矩形对角线的交点 $K°$ 作相应边线的平行线的透视，则将矩形等分，或再等分。

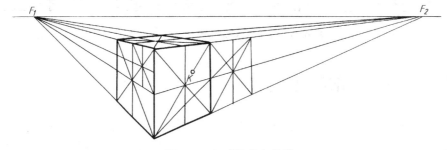

图 9-26 矩形等分与倍增

2. 利用矩形的一条对角线和一组平行线，将水平分割转换为垂直分割

图 9-27 所示右侧面是一个矩形，要将它竖直分成三等分，可首先以适当长度为单位，在铅垂线 $A°B°$ 上，自 $A°$ 截取三个等分点 $1°$、$2°$、$3°$，分别过三点作三条水平线，其透视都消失于灭点 F，它们与对角线 $3°D°$ 交于 $4°$、$5°$，过 $4°$、$5°$ 两点作铅垂线，则把矩形分成了竖直三等分。此种方法也可将矩形任意等分或按比例分割成若干个小矩形，如图 9-27 左侧面，将矩形按 $1:2:1$ 分割。

三、矩形的延续

按照一个已知的矩形透视，作一系列等大连续的矩形的透视，可利用这些矩形的对角线

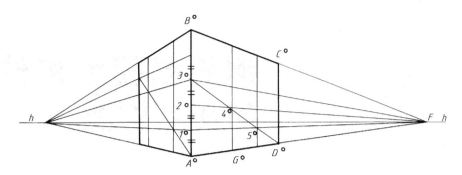

图 9-27　矩形按比例分割

相互平行的关系来解决作图问题。

1）用对角线灭点作图。图 9-28 给出了铅垂矩形的透视 $A°B°C°D°$ 与水平矩形 $A°B°K°I°$ 的透视，要连续地作出几个相等的矩形，可利用它们的对角线平行，且都是画面相交线而消失于同一个灭点进行作图。灭点 F 在过 F_2 的铅垂线与 $A°C°$ 延长线的交点上，连 $B°$ 与 F，过 $B°F$ 与 $D°C°$ 边的交点 $J°$ 作铅垂线，得第二个矩形，以此下去可作一系列等大连续的矩形。水平面 $A°B°K°I°$，其对角线的灭点 M 在视平线上，作图示例如图 9-28 所示。

2）也可利用图 9-26 的原理反过来作连续矩形，或作宽窄相间的连续矩形，请读者自行分析作图。

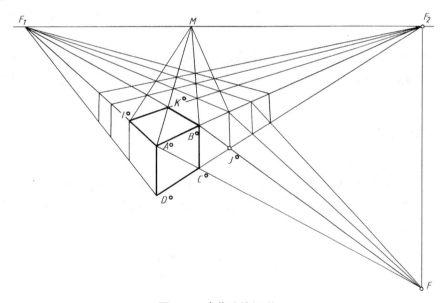

图 9-28　求作连续矩形

第十章 钢筋混凝土构件图与钢结构图

钢筋混凝土构件图是钢筋断料、加工、绑扎、焊接和检验的重要依据；钢结构图是型钢铆接、焊接、螺栓紧固和检验的重要依据。本章将介绍钢筋混凝土构件图和钢结构图的图示内容与读图要点。

第一节 钢筋混凝土构件图

用水泥、砂石和水按一定的比例配置而成的材料，称为混凝土。混凝土抗压强度高，但抗拉性能差。为了提高混凝土的抗拉强度，在混凝土中配置一定数量的钢筋，使其与混凝土形成一整体，共同承受外力。工程上把由钢筋和混凝土组合而成的构件称作钢筋混凝土构件。

为了把钢筋混凝土构件的结构表达清楚，需要画出钢筋结构图，简称钢筋图或配筋图。钢筋图的图示内容为：钢筋的布置情况、钢筋的编号、尺寸、规格、根数、技术说明等。

一、钢筋基本知识

1. 混凝土强度等级

混凝土按其抗压强度分为 C15、C20、C25、C30、C35、C40、C45、C50、C55、C60、C65、C70、C75、C80 共 14 个等级，数值越大，抗压强度越高，见表 10-1。从表中可看出混凝土抗压强度比抗拉强度高得多。

表 10-1　混凝土强度标准值

强　　度	混凝土强度等级													
	C15	C20	C25	C30	C35	C40	C45	C50	C55	C60	C65	C70	C75	C80
f_{ck}/MPa	10.0	13.4	16.7	20.1	23.4	26.8	29.6	32.4	35.5	38.5	41.5	44.5	47.4	50.2
f_{tk}/MPa	1.27	1.54	1.78	2.01	2.20	2.39	2.51	2.64	2.74	2.85	2.93	2.99	3.05	3.11

注：f_{ck} 为混凝土轴心抗压强度标准值，f_{tk} 为混凝土轴心抗拉强度标准值。

2. 钢筋的种类

普通钢筋按强度不同，分别用不同的符号表示。表 10-2 为不同种类钢筋的符号、公称直径及屈服强度标准值。

表 10-2　钢筋种类和符号

钢筋牌号	符　号	公称直径 d/mm	屈服强度标准值 f_{gk}/MPa	对应原钢筋级别
HPB300	Φ	6~22	235	I
HRB335	Φ̱	6~50	335	II
HRB400	Φ̱	6~50	400	II
HRB500	Φ̱R	6~50	500	III

3. 钢筋的分类与作用

如图 10-1 所示，按钢筋在构件中的不同作用可分为：

（1）受力筋（主筋）　用来承受主要拉力，在梁、柱、板等各种构件中均有配置，其形状可分为直钢筋和弯折钢筋两种。

（2）箍筋（钢箍）　主要用来固定钢筋的位置，并承受一定的斜拉力。箍筋多用于梁和柱。

（3）架立筋　一般用来固定梁内箍筋的位置，与受力筋、箍筋一起构成钢筋骨架。

（4）分布筋　一般用于板式结构中，与板中受力筋垂直布置，固定受力筋的位置，使载荷均匀分布给受力筋，并防止混凝土收缩和温度变化出现的裂缝。

（5）构造筋　因构造要求和施工安装需要配置的钢筋。

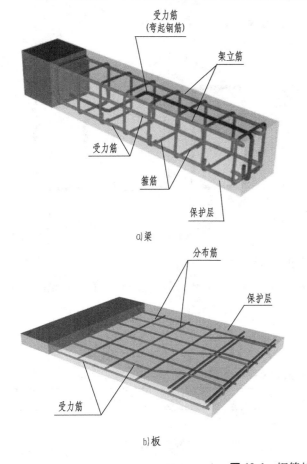

a）梁

b）板

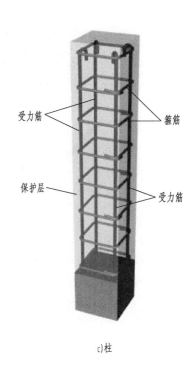

c）柱

图 10-1　钢筋的分类

4. 钢筋的保护层

为了防止钢筋锈蚀，提高耐火性及加强钢筋与混凝土的粘结力，钢筋的外边缘到构件表面应有一定厚度的保护层（见图 10-1）。梁和柱的保护层最小厚度为 25mm，板和墙的保护层厚度为 10~15mm。在结构图中不必标注保护层厚度。

5. 钢筋的弯钩和弯折

为使钢筋与混凝土之间具有良好的粘结力，对于光圆外形的受力钢筋，应在其两端做成弯钩。弯钩的形式有半圆弯钩和直弯钩，在桥梁工程中还用到斜弯钩。各种弯钩的形式与画法如图 10-2a 所示。

有些受力筋需要在梁内弯折，弯折钢筋的形式与画法如图 10-2b 所示。

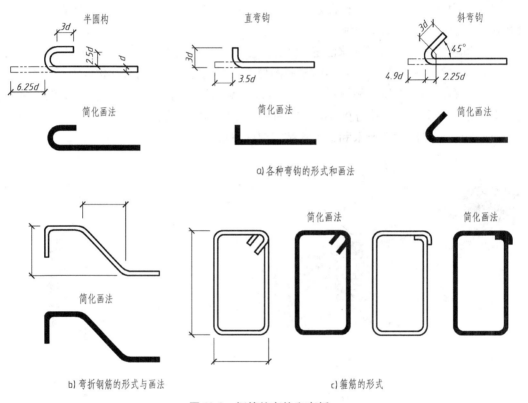

图 10-2　钢筋的弯钩和弯折

有弯钩的钢筋，其长度要计算弯钩的增长值，弯折钢筋要计算长度折减值。增长值和折减值可查阅标准手册或专业书籍。

6. 钢筋的表示方法

一般钢筋的表示方法见表 10-3。

表 10-3　一般钢筋表示方法

序号	名　称	图　例	说　明
1	钢筋横断面	●	
2	无弯钩的钢筋端部	──── ──╱──	下图表示长、短钢筋投影重叠时,短钢筋的端部用45°斜画线表示

（续）

序号	名　称	图　例	说　明
3	带半圆形弯钩的钢筋端部		
4	带直钩的钢筋端部		
5	带丝扣的钢筋端部		
6	无弯钩的钢筋搭接		
7	带半圆弯钩的钢筋搭接		
8	带直钩的钢筋搭接		

二、钢筋混凝土构件图的图示内容

1. 图示特点

为了清晰地表达钢筋混凝土构件内部钢筋的布置情况，在绘制钢筋图时，假想混凝土为透明体，用细实线画出构件的外形轮廓，用粗实线画出钢筋（钢箍用中实线），在断面图中，钢筋被剖切后，用小黑点表示。

钢筋图一般包括平面图、立面图、断面图和钢筋成型图。如果构件形状复杂，且有预埋件时，还要另画构件外形图，称为模板图。

钢筋图的数量根据需要来决定，如画混凝土梁的钢筋图，一般只画立面图和断面图即可。

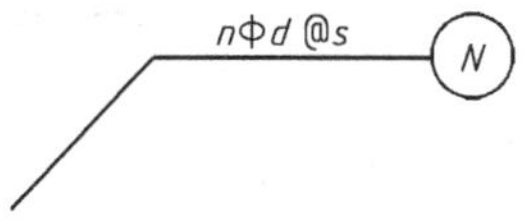

$n\Phi d @s$　N

图 10-3　钢筋标注意义

n—钢筋根数

Φ—钢筋牌号的符号

d—钢筋直径（mm）

@—相邻钢筋中心距符号

s—相邻钢筋中心距（mm）

N—钢筋编号（其中 N 的细线圆直径为 6~8mm）

2. 钢筋的编号和尺寸标注

为了区分各种类型和不同直径的钢筋，钢筋图中需对每种钢筋加以编号并在引出线上注明其规格和间距。钢筋标注意义和钢筋标注示意如图 10-3 和图 10-4 所示。在路桥工程图中通常采用图 10-4b、c 的标注形式。

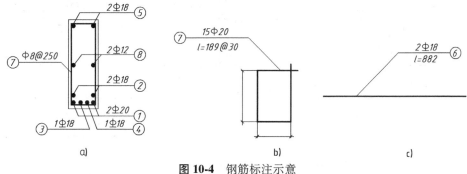

a)　　　　　　　　b)　　　　　　　　c)

图 10-4　钢筋标注示意

在预应力筋的横断面图中，可将编号标注在与预应力筋断面对应的方格内，如图 10-5 所示。

3. 钢筋成型图

为了表明钢筋的形状，便于备料和施工，必须画出每种钢筋的加工成型图（见图 10-6），并标明钢筋的符号、直径、根数、弯曲尺寸及断料长度等。为了节省图幅，也可将钢筋成型图画成

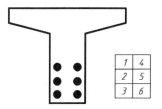

图 10-5　预应力钢筋的标注

示意略图放在钢筋数量表中，这样钢筋成型图就不单独绘制了。

4. 钢筋数量表（见表10-4）

为了便于配料和施工，在配筋图中一般还附有钢筋数量表，内容包括钢筋的编号、直径、每根钢筋长度、根数、总长度及质量等。

三、钢筋结构图识读

图10-6所示为钢筋混凝土梁的结构图，下面结合图中所示的梁说明钢筋混凝土构件图的读图要点。

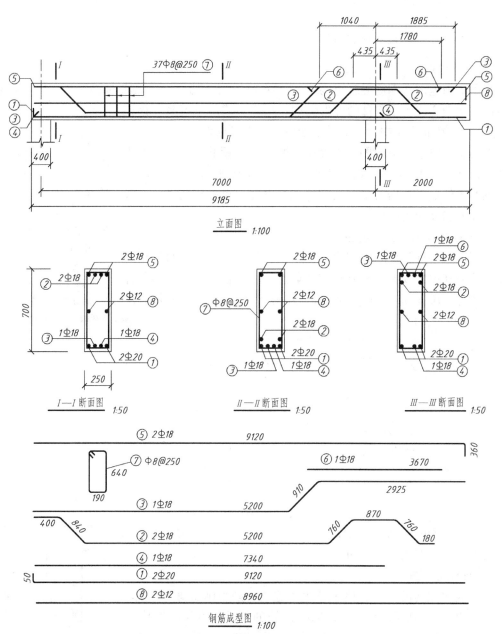

图10-6 钢筋混凝土梁结构图

表 10-4 钢筋数量表

编号	钢号和直径/mm	长度/mm	根数	总长度/m	每米质量/(kg/m)	总长度质量/kg
①	Φ20	9170	2	18.34	2.47	45.30
②	Φ18	9010	2	18.02	2.00	36.04
③	Φ18	9185	1	9.185	2.00	18.37
④	Φ18	7340	1	7.34	2.00	14.68
⑤	Φ18	9480	2	18.96	2.00	37.92
⑥	Φ18	3670	1	3.67	2.00	7.34
⑦	Φ8	930	37	34.41	0.39	13.42
⑧	Φ12	8960	2	17.92	0.89	15.95
总质量/kg						189.02
绑扎用钢丝 0.5%						0.95

1. 总体了解

图中用立面图和Ⅰ—Ⅰ~Ⅲ—Ⅲ断面图表明了钢筋配置情况，用钢筋成型图表明了各编号不同钢筋的形状，以便钢筋的备料和施工。

由立面图可知，梁的跨度为 7000mm，总长度为 9185mm。由断面图可知梁宽 250mm，梁高 700mm。

2. 配筋情况

将立面图、Ⅰ—Ⅰ~Ⅲ—Ⅲ断面图、钢筋成型图结合起来识读，便可了解清楚钢筋的配置情况。

（1）受力筋 该梁配有七根 HRB335 钢筋作为受力筋：梁下边缘配有两根①号、一根④号直钢筋，主要承受拉力；两根在左支座和右支座处均弯折的②号钢筋，用以承受支座处的剪力；一根在右支座处弯折的③号钢筋，以及⑥号直钢筋，用以提高右支座处的抗弯能力。

立面图中，两根②号钢筋的投影重合。

（2）架立筋 梁上边缘的两根⑤号 HRB335 钢筋为架立筋。在立面图中，两根钢筋的投影重合。

（3）构造筋 由于梁较高，所以在梁的中部增加了两根⑧号 HRB335 钢筋为构造筋，该两钢筋在立面图中投影重合。

（4）箍筋 箍筋采用Φ8@250 均匀布置在梁中。立面图中箍筋采用了简化画法，只画3~4 道钢箍，但注明了根数、直径和间距（37Φ8@250）。

3. 钢筋数量表

如表 10-4 所示，梁的钢筋数量表中应注明钢筋的编号、钢号和直径、根数、长度、总长度、每米质量及总长度质量。

第二节 钢结构图

用型钢和钢板制成基本构件，根据使用要求，通过焊接或螺栓连接等方法，按照一定规律组成的承载构件叫钢结构。钢结构在各种工程建设中的应用极为广泛，如钢桥、钢闸门、钢厂房、各种大型管道容器、高层建筑等。

钢结构图可分为：

（1）总图　表达整个钢结构。

（2）节点图　表达节点的详细构造。

（3）构件图及零件图　表达某一构件或零件的详细结构。

一、型钢的连接

轧钢厂按国家标准所轧制的各种规格（型号）的钢材，都称为型钢。型钢可采用螺栓或电焊铆钉连接，也可采用电焊焊接。

1. 螺栓连接与电焊铆钉连接

螺栓连接可作为永久性连接，也可作为安装构件时临时固定用。电焊铆钉连接是永久性连接。螺栓、孔、电焊铆钉的表示方法见表10-5。

表10-5　螺栓、孔、电焊铆钉的表示方法

序　号	名　称	图　例		说　明
1	永久螺栓	$\frac{M}{\phi}$		1. 细"+"线表示定位线 2. M 表示螺纹特征代号 3. ϕ 表示螺栓孔直径 4. d 表示电焊铆钉直径 5. 采用引出线标注螺栓时，横线上标注螺栓规格，横线下标注螺栓孔直径
2	高强螺栓	$\frac{M}{\phi}$		
3	安装螺栓	$\frac{M}{\phi}$		
4	长圆形螺栓孔	ϕ		
5	电焊铆钉	d		

2. 电焊连接（焊接）

焊接是钢结构中主要的连接方法，有关焊接代号和标注方法如下。

（1）单面焊缝　当箭头指向焊缝所在的一面时，应将图形符号和尺寸标注在横线上方（见图10-7a）；当箭头指向焊缝所在另一面时，应将图形符号和尺寸标注在横线下方（见图10-7b）。

（2）双面焊缝　应在横线的上、下方都标注符号和尺寸。上方表示箭头一面的符号和尺寸，下方表示另一面的符号和尺寸（见图10-8a）；当两面的焊缝尺寸相同时，只需在横线上方标注焊缝的符号和尺寸（见图10-8b、c、d）。

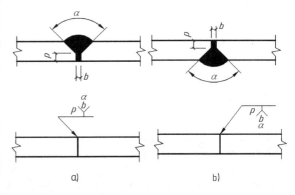

图10-7　单面焊缝的标注

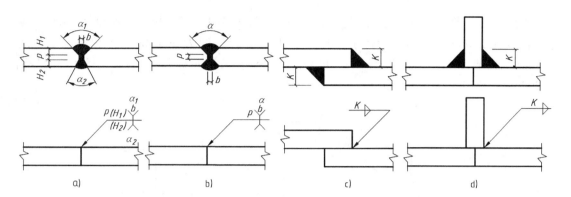

图 10-8 双面焊缝的标注

（3）三个和三个以上的焊缝　不得作为双面焊缝标注。其焊缝符号和尺寸应分别标注（见图 10-9）。

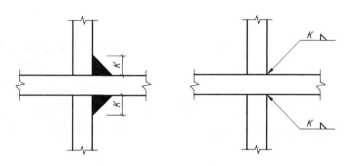

图 10-9 三个和三个以上焊缝的标注

（4）相同焊缝的标注　在同一图形上，当焊缝的形式、断面尺寸和辅助要求均相同时，可只选一处标注焊缝的符号和尺寸，并加注"相同焊缝符号"，相同焊缝符号为 3/4 圆弧，绘制在引出线的转折处（见图 10-10a）。在同一图形上，当有数种相同的焊缝时，可将焊缝分类编号标注。在同一类焊缝中可选择一处标注焊缝符号和尺寸。分类编号采用大写的拉丁字母 A、B、C……（见图 10-10b）。

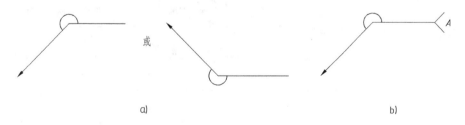

图 10-10 相同焊缝的标注

二、钢结构图

1. 总图

表示整个钢结构的图称为总图。总图通常采用单线示意图表示。图 10-11 所示是钢屋架的总图，由一个立面图组成。从图中可知，该钢屋架属于梯形桁架（常用钢桁架有平行弦形、梯形、三角形、多边形等），上弦带有缓坡，坡度为1∶12。桁架的跨度为24000mm，端部高度为2000mm，中部高度为3000mm，上弦节间长度为3000mm，下弦节间长度为6000mm。桁架腹杆体系采用人字式，其斜杆长度分别为3750mm和4100mm，竖杆长度分别为2000mm、2500mm和3000mm。

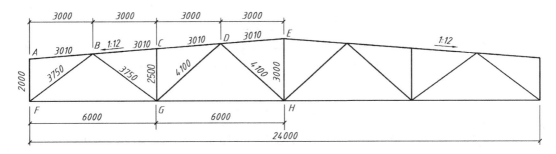

图10-11 梯形钢屋架总图

2. 施工图

图10-12所示为钢屋架施工图，它由立面图、断面图和节点详图组成。表10-6为钢屋架的材料表。结合施工图和材料表，可知钢屋架各杆件的尺寸和连接方式。如上弦杆①是断面尺寸为140mm×14mm的正反两根角钢，在节点A、E处均为钢板焊接。为了加强两角钢在全长上的整体性，中间加焊了16个缀合填板，从材料表中查出该缀合填板的断面尺寸为60mm×12mm，长度为160mm。同理可知其他杆件和缀合填板的断面尺寸及连接方式。

表示节点详细构造的图称为节点详图。图10-12中的节点详图为钢屋架G节点的详图。图中用立面图、Ⅱ—Ⅱ剖面图和3个断面图表达了G节点的连接情况。从图中，可知下弦杆、斜杆和竖杆都焊接在长（320+280）mm=600mm，高280mm的钢板上。

对于非标准构件，应单独画出杆件图或零件图，以表达其结构形状，并注明详细尺寸和连接方法。

表10-6　钢屋架材料表

零件号	断面尺寸	长度/mm	数　量		质　量/kg	
			正	反	每个	共计
①	∟140×14	12140	2	2	358	1432.0
②	∟100×8	11940	2	2	146	584.0
③	∟140×90×10	3250	2	2	57	228
④	∟63×6	3340	4		18.5	74.0
⑤	∟75×6	3700	4		25.5	102.0
⑥	∟75×6	3740	4		25.5	102.0

（续）

零件号	断面尺寸	长度/mm	数 量		质 量/kg	
			正	反	每个	共计
⑦	∟63×6	1720	4		9.8	39.2
⑧	∟63×6	2290	4		13.1	52.4
⑨	∟63×6	2780	2		15.8	31.6
⑩	∟140×14	500	2		12.7	25.4
⑪	∟100×8	520	2		6.3	12.6
⑫	−100×12	240	2		2.3	4.6
⑬	−420×14	490	2		22.6	45.2
⑭	−363×12	710	2		24.3	48.6
⑮	−200×12	210	2		4.0	8.0
⑯	−280×12	160	2		4.3	8.6
⑰	−243×12	420	2		9.6	19.2
⑱	−233×12	300	1		6.6	6.6
⑲	−250×12	480	1		11.3	11.3
⑳	−60×12	160	20		0.9	18.0
㉑	−60×12	95	23		0.5	11.5
㉒	−60×12	95	4		0.5	2.0
㉓	−60×12	120	8		0.7	5.6
㉔	−60×12	420	4		2.4	9.6
㉕	−60×12	100	4		0.6	2.4
㉖	−280×20	280	2		12.3	24.6
㉗	−80×20	80	2		1.0	2.0

屋架总质量为 2911kg

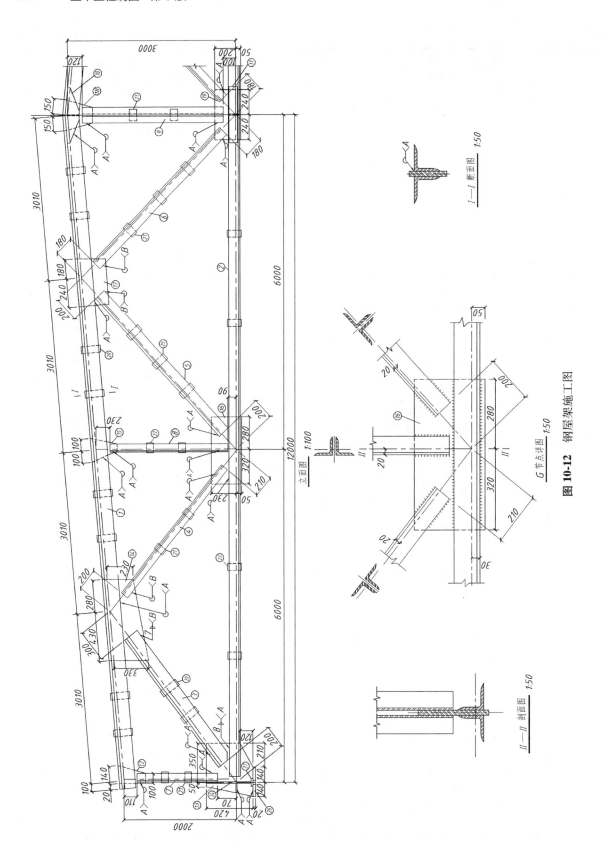

图10-12 钢屋架施工图

第十一章　建筑施工图

在一套房屋建筑图中，建筑施工图是基本的，主要用以表明房屋的规划位置、外部形状、内部布局及内外装饰等内容。建筑施工图包括总平面图、建筑平面图、立面图、剖面图、建筑详图。本章以一别墅为例，介绍建筑施工图的图示内容与读图方法。

第一节　建筑总平面图

一、建筑总平面图的图示方法与作用

将拟建房屋四周一定范围内新建、拟建、原有和准备拆除的建筑物、构筑物及其周围的地形地物，以水平投影的方式所画出的图样，称为总平面布置图（或总平面图）。

总平面图主要用于表达拟建房屋的平面形状、位置、朝向以及周围环境、道路、绿化区布置等。总平面图是新建房屋的施工定位、给水排水及电气管道管线平面布置的重要依据。

二、建筑总平面图的图示内容与实例

以图 11-1 所示某住宅小区总平面图为例，说明总平面图的图示内容和读图要点。

1. 小区环境

该小区新建住宅 21 幢，有连排别墅 2 栋，独立别墅 16 栋，高层公寓 2 栋，还有一栋为幼儿园。

小区主入口在西南角，设有门卫和物业管理办公室。与主入口相对的是一片绿化带和喷水池，北面是体育运动区，有一标准游泳池和网球场等健身设施。小区道路两侧及各建筑前后都布置了大小乔木和灌木，北面的小山丘上还有面积为 $30000\mathrm{m}^2$ 的植物公园。总平面图右下角的"经济技术指标"，表明了设计中的合理用地和生活环境状况等内容。

2. 比例

因总平面图包括的地方范围较大，所以都采用 1：2000、1：1000、1：500 等小比例绘制。本例为 1：500。

3. 尺寸单位

总平面图中坐标、标高和距离等尺寸单位一律用 m，一般取到小数点后 2 位。

4. 新建房屋的位置

建筑物和构筑物的定位方式有三种：

（1）以测量坐标定位　用细实线画出交叉十字坐标网格，用"X，Y"表示测量坐标。

编号	项 目	数量	单位
1	规划居住用地	24820	m²
2	建筑面积	60670	m²
	住宅面积	52008	m²
	商业面积	2003	m²
3	规划住宅总户数	437	户
4	户均人口	3.5	人/户
5	规划总人口	1518	人
6	容积率	2.19	%
7	覆盖率	22	%
8	植物公园	30000	m²
9	幼儿园	457	m²
10	泊车位	123	个

经济技术指标

总平面图 1:500

图 11-1 总平面图

（2）以施工坐标定位　用细实线画网格通线，用代号"A，B"表示施工坐标。

（3）以与既有建筑的相对位置来定位　标注出与既有建筑的距离，以便确定新建筑的位置。

本例采用的是第一种方式。

5. 标高

在总平面图中应标注新建房屋底层地面和室外整平地坪的绝对标高。

6. 朝向和风向

新建房屋的朝向可从右上角带有指北针的风向频率玫瑰来确定，也表示本地区常年的主导风向。

7. 图例

由于总平面图采用小比例绘制，有些内容不能按真实形状表示，用文字也不易表达清楚，所以应按国家标准规定的图例（总平面图常用图例见表 11-1）画出。若用到国家标准中没有规定的图例，则必须在图中另加说明。

表 11-1　总平面图常用图例

名称	图例	说明	名称	图例	说明
新建建筑物	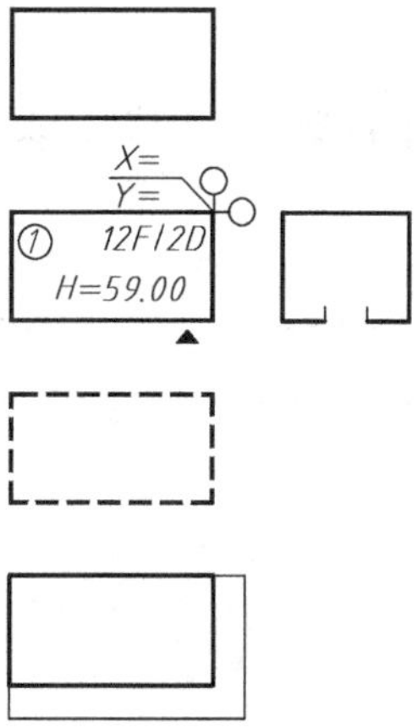 $X=$ $Y=$ ① 12F/2D $H=59.00$	新建建筑物以粗实线表示与室外地坪相接处±0.00 外墙定位轮廓线 建筑物一般以±0.00 高度处的外墙定位轴线交叉点坐标定位。轴线用细实线表示，并标明轴线号 根据不同设计阶段标注建筑编号，地上、地下层数，建筑高度，建筑出入口位置（两种表示方法均可，但同一图纸采用一种表示方法） 地下建筑物以粗虚线表示其轮廓 建筑上部（±0.00 以上）外挑建筑用细实线表示 建筑物上部连廊用细虚线表示并标注位置	敞棚或敞廊	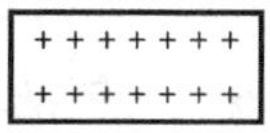 + + + + + + + + + + + + + +	
			围墙及大门	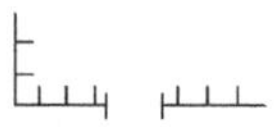	
			坐标	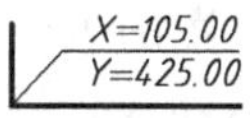 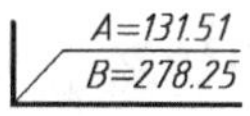 $X=105.00$ $Y=425.00$ $A=131.51$ $B=278.25$	上图表示地形测量坐标系 下图表示建筑坐标系 坐标数字平行建筑标注
			雨水口与消火栓井		上图表示雨水口 下图表示消火栓井
			落叶阔叶乔木	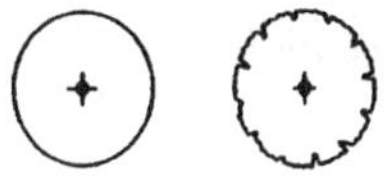	
			落叶针叶乔木	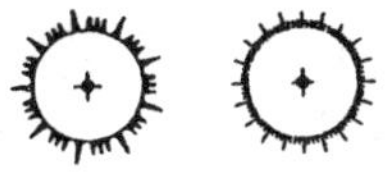	
既有建筑物		用细实线表示	填挖边坡	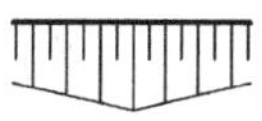	
计划扩建的预留地或建筑物		用中粗虚线表示	室内标高	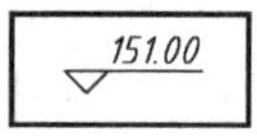 151.00	数字平行建筑物书写
拆除的建筑物		用细实线表示	室外标高	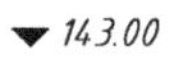 ▼ 143.00	室外标高也可采用等高线
辅砌场地					

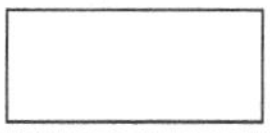

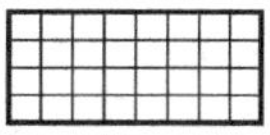

（续）

名称	图　例	说明	名称	图　例	说明
新建的道路		"R=9.00"表示道路的转弯半径 "150.00"为道路中心线交叉点设计标高 "0.6"表示 6%的纵向坡度；表示坡向 "101.00"表示变坡点间距离	计划扩建的道路		
			人行道		
			植草砖		
原有的道路			花卉		

第二节　建筑平面图

一、建筑平面图的用途

建筑平面图主要表达房屋的平面形状、房间布局、墙体厚度、定位轴线、门窗的大小和位置及其编号、台阶和雨水管的位置、室内外地面标高及必要的尺寸等。建筑平面图简称"平面图"。

平面图是建筑施工图的主要图样之一，是施工过程中房屋定位放线、砌墙、设备安装、室内装修、编制概预算和备料的重要依据。

二、建筑平面图的图示内容与实例

现以三层别墅的一层平面图（见图 11-2）为例，说明建筑平面图的图示内容和读图要点。

1. 比例及图名

平面图采用的比例有 1∶50、1∶100、1∶200，在实际工程中，常用 1∶100 的比例绘制。

通常，每层房屋画一个平面图，并在图的正下方标注相应的图名，如"一层平面图"、"二层平面图"等。图名下方加画一条粗实线，比例标注在图名右方，其字高比图名字高小一号或二号。如果房屋中间若干层的平面布局、构造情况完全一致，则可用一个平面图来表达，称为标准层平面图。

图 11-2 一层平面图采用的比例为 1∶100。

2. 平面布局

一层平面图表示房屋底层的平面布局，即各房间的分隔与组合，房间的名称，出入口、楼梯的布置，门窗的位置，室外台阶、雨水管的布置，厨房、卫生间的固定设施等。此外，还标注了不同房间的标高，如客厅、门厅、餐厅、工人房的标高为±0.000m，厨房的标高为-0.020m，工人房、卫生间的标高为-0.040m，楼梯角卫生间的标高为-0.620m，车库的标高为-0.500m，室外地坪标高为-0.600m 等。

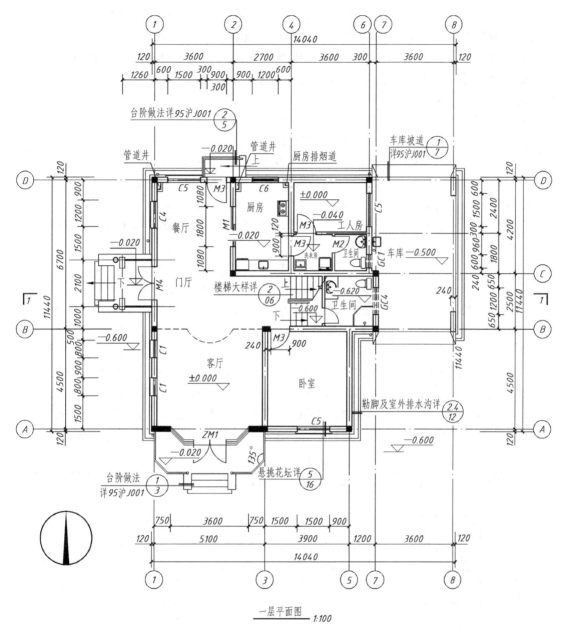

一层平面图　1:100

图 11-2　一层平面图

从一层平面图可知，该幢别墅有三个出入口：南面有门 ZM1，西面和北面有门 M4 和 M3，东面是车库。

3. 线型

凡是剖切到的墙、柱的断面轮廓线用粗实线，门扇的开启示意线用中粗线，其余可见轮廓线则用细实线表示。

4. 定位轴线

定位轴线是确定房屋各承重构件（如承重墙、柱、梁）位置及标注尺寸的基线。从左向右按横向用阿拉伯数字编号，从下向上按竖向用大写拉丁字母编号（I、O、Z 不能用作轴线编号）。定位轴线之间的距离，横向称为"开间"，如客厅的开间尺寸为5100mm，餐厅的开间尺寸为3600mm，门厅的开间尺寸为（3600+2700）mm，卧室的开间尺寸为3900mm。竖向称为"进深"，如客厅和卧室的进深尺寸均为4500mm，厨房的进深尺寸为4200mm。

定位轴线用细点画线绘制，轴线端部的小圆用细实线绘制，直径为8~10mm，圆心在定位轴线的延长线上或延长线的折线上。

5. 尺寸标注

平面图中的尺寸分为外部尺寸和内部尺寸两部分。

（1）外部尺寸 为便于读图和施工，外部尺寸一般注写三道：

第一道：标注外轮廓的总尺寸，即外墙的一端到另一端的总长和总宽尺寸，如一层总长为14040mm，总宽为11440mm。

第二道：标注轴线之间的距离，如①~②轴线之间的距离为3600mm，Ⓐ~Ⓑ轴线之间的距离为4500mm。

第三道：表示细部的位置及大小，如门、窗洞口的宽度尺寸，墙柱等的位置和大小。

室外台阶（或坡道）、花池、散水等细部尺寸，可单独标注。

（2）内部尺寸 表示房间的净空大小、室内门窗洞的大小与位置、固定设施的大小与位置、墙体的厚度、室内地面标高（相对于±0.000m地面的高度）。

6. 图例

平面图中的门窗和楼梯等应按照规定的图例绘制，常见的建筑图例见表11-2。门窗的代号分别用M和C表示，代号的后面注写编号，如M1、M2、C1、C2等。同一编号表示同一种类型的门窗，即大小、形式和材料都相同。如果门窗的类型较多，则可单列门窗表，表达门窗的编号、尺寸和数量等内容。门窗的具体做法可查阅其构造详图（见图11-6）。

表 11-2 建筑图例

名称	图例	说明	名称	图例	说明
楼梯	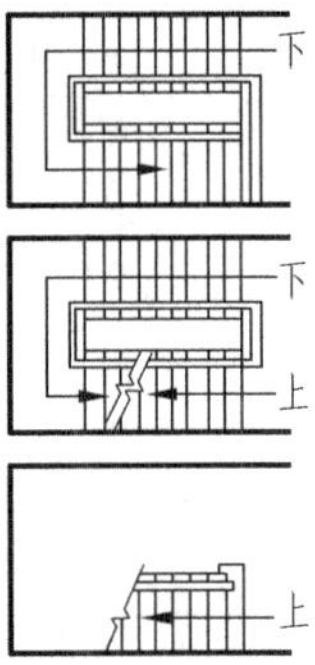	1. 上图为顶层楼梯平面，中图为中间层楼梯平面，下图为底层楼梯平面 2. 需设置靠墙扶手或中间扶手时，应在图中表示	坑槽	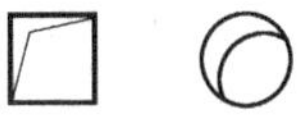	
			烟囱		实线为烟囱下部直径，虚线为基础，必要时可注写烟囱高度和上、下口直径
检查孔		左图为可见检查孔 右图为不可见检查孔	风道	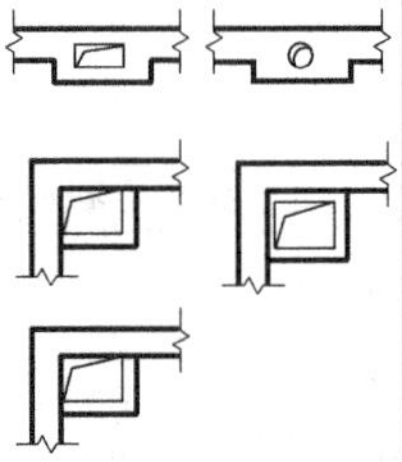	1. 阴影部分也可充填灰度或涂色代替 2. 风道与墙体为相同材料，其连接处墙身线应连通 3. 风道根据需要增加不同材料的内衬
水塔、储罐		左图为水塔或立式储罐 右图为卧式储罐			

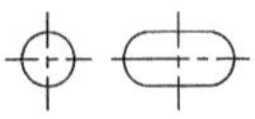

（续）

名称	图例	说明	名称	图例	说明
单面开启单扇门（包括平开或单面弹簧）	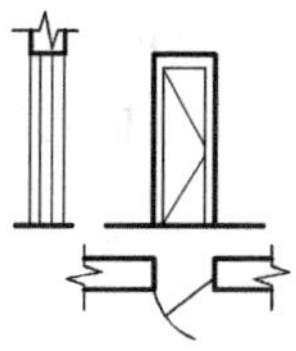	1. 门的名称代号用M表示 2. 在剖面图中,左为外,右为内;在平面图中,下为外,上为内 3. 在立面图中,开启方向线交角的一侧为安装合页的一侧。实线为外开,虚线为内开 4. 平面图上门线应90°或45°开启,开启弧线宜画出 5. 立面形式应按实际情况绘制 6. 附加纱扇应以文字说明,在平、立、剖面图中均不表示	固定窗	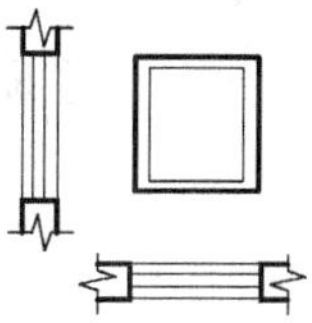	1. 窗的名称代号用C表示 2. 在立面图中的斜线表示窗的开启方向,实线为外开,虚线为内开,开启方向交角的一侧为安装合页的一侧,一般设计图中可不表示 3. 在剖面图中,左为外,右为内;在平面图中,下为外,上为内 4. 平、剖面图中的虚线,仅说明开关方式,在设计图中不需要表示 5. 窗的立面形式应按实际情况绘制 6. 附加纱窗应以文字说明,在平、立、剖面图中均不表示
单面开启双扇门（包括平开或单面弹簧）			上悬窗	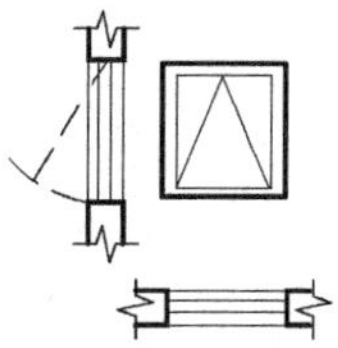	
折叠门			中悬窗	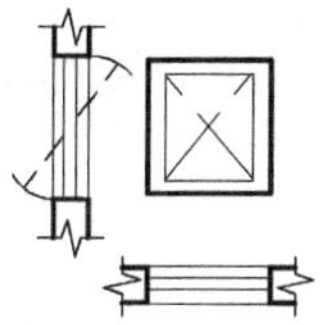	
墙中单扇推拉门		1. 门的名称代号用M表示 2. 立面形式按实际情况绘制	单层外开平开窗	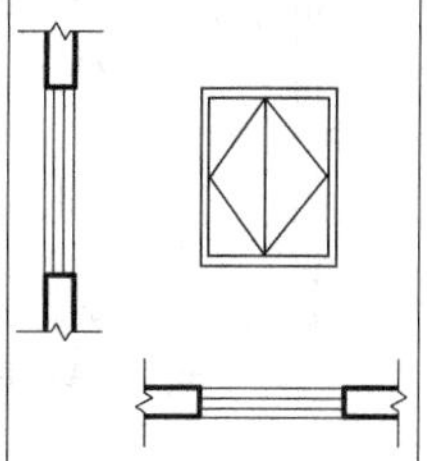	
双面开启单扇门（包括双面平开和双面弹簧）		同单扇门说明			
双面开启双扇门（包括双面平开和双面弹簧）			双层内外开平开窗	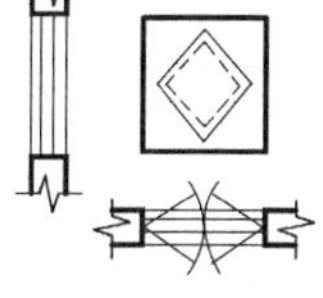	

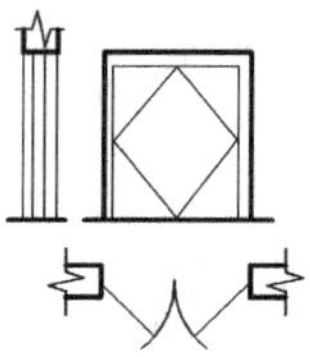

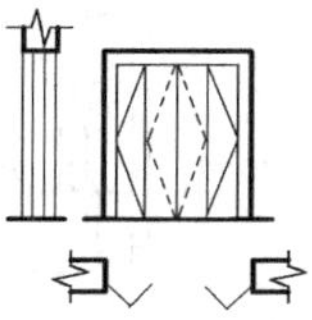

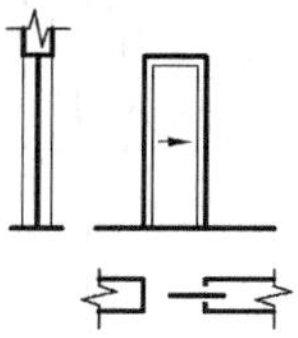

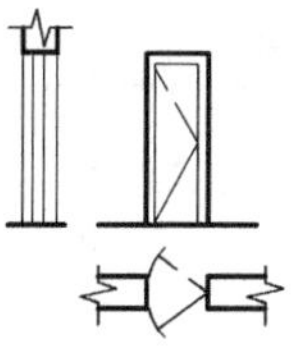

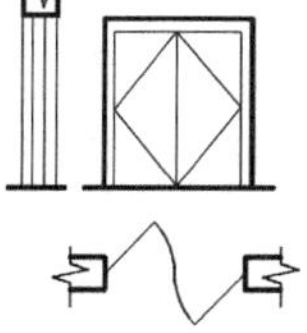

7. 其他符号

（1）指北针　底层平面图必须画出指北针,以表明房屋的朝向。

（2）剖切符号　在需要绘制剖面图的部位画出剖切符号（见图11-2中剖面1—1）。

（3）索引符号　在需要另画详图的局部或构件处，画出索引符号，如南面的"悬挑花坛详 $\frac{5}{16}$"，此符号表明，该处的做法详图可在图"16"中查阅。

图 11-3 为二层平面图。该层平面图除画出房屋二层范围的投影内容外，还应画出一层平面图无法表达的雨篷、阳台、窗楣等内容。对一层平面图上已经表达清楚的台阶、散水等内容就不必画出。

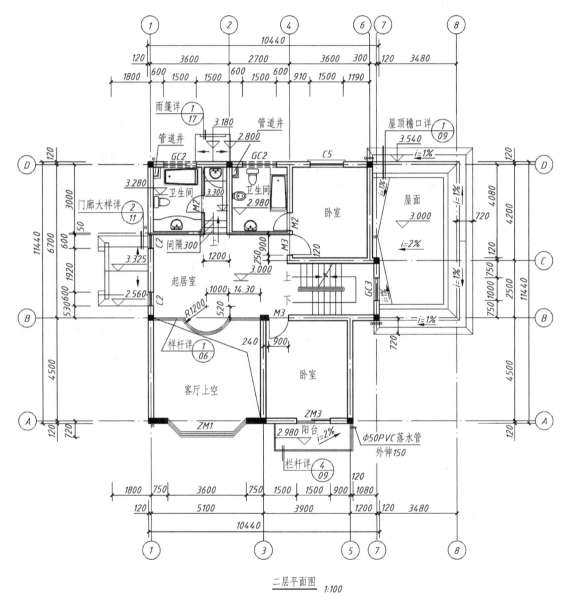

二层平面图 1:100

图 11-3　二层平面图

图 11-4 所示为三层平面图。三层以上的平面图只需画出本层的投影内容及下一层的窗楣、雨篷等在下一层平面图中无法表达的内容。

图 11-5 所示为顶层平面图，表示了屋面的形状、交线及屋脊线的标高等内容。

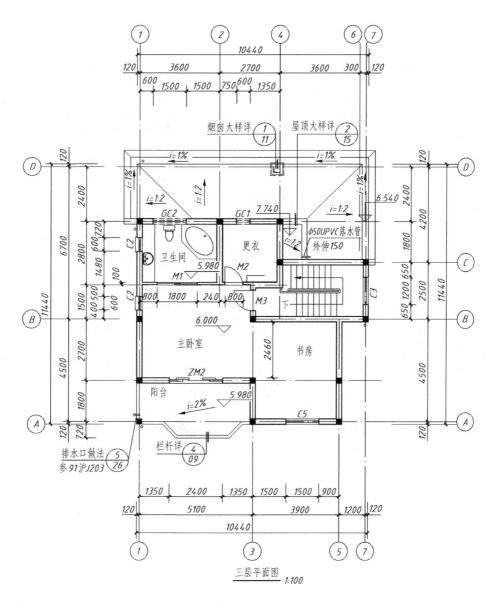

烟囱大样详 $\dfrac{1}{11}$　屋顶大样详 $\dfrac{2}{15}$

GC2　GC1　7.740

更衣

卫生间　5.980

ϕ50UPVC落水管
外伸150

M2

M1

C2

6.540

6.000

2460

主卧室

书房

ZM2

阳台　5.980

C5

i=2%

排水口做法
参91沪J203 $\dfrac{5}{26}$

栏杆详 $\dfrac{4}{09}$

三层平面图
1:100

图 11-4　三层平面图

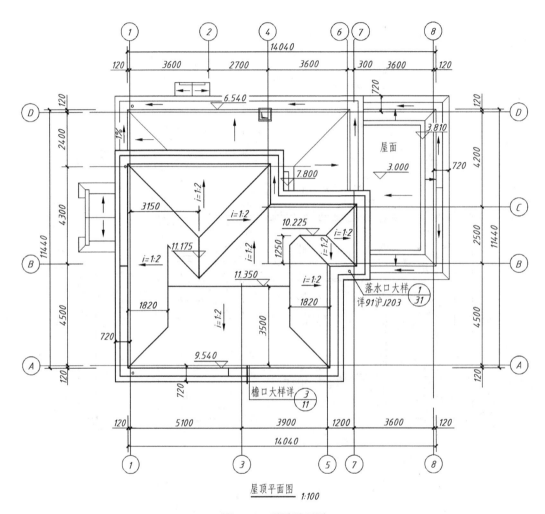

屋顶平面图 1:100

图 11-5 顶层平面图

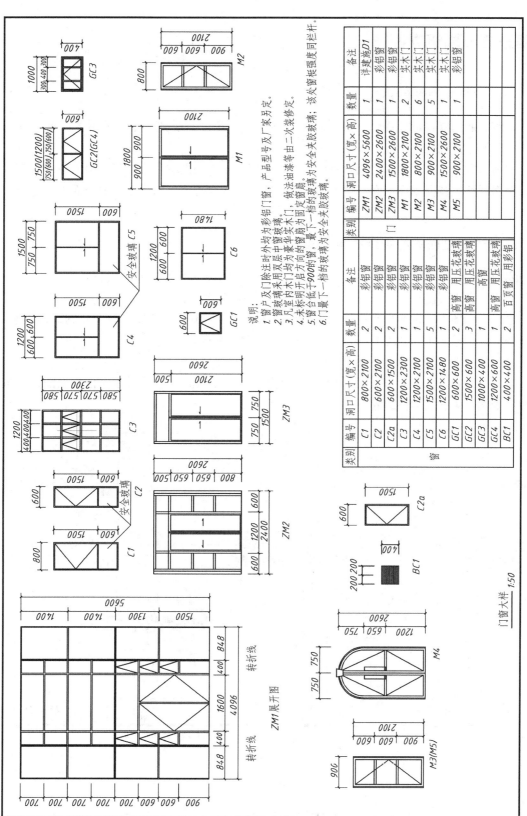

图 11-6 门窗大样图

第三节 建筑立面图

一、建筑立面图的用途

建筑立面图（简称立面图）主要用以表达房屋的高度、层数，屋顶的形式，墙面的做法，门窗的形式以及大小位置等。

立面图可分为正立面图、侧立面图和背立面图。正立面图主要用于表达出入口或比较明显反映房屋外貌特征的那一面。建筑的美观与否，在很大程度上取决于主要立面上的造型与装饰。

二、建筑立面图的图示内容与实例

以图 11-7、图 11-8 所示别墅的立面图为例，说明建筑立面图的图示内容和读图要点。

1. 比例及图名

建筑立面图的比例与平面图的比例一致，也采用 1：50、1：100、1：200 的比例绘制。本例的立面图采用 1：100 的比例，以便与平面图对照阅读。

立面图的图名常用以下三种方式命名：

1）按建筑墙面的特征命名：把建筑主要出入口所在墙面的立面图称为正立面图，其余几个立面图称为背立面图，左、右立面图。

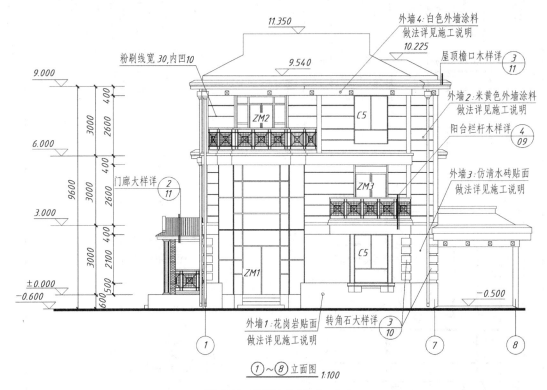

图 11-7 建筑立面图（一）

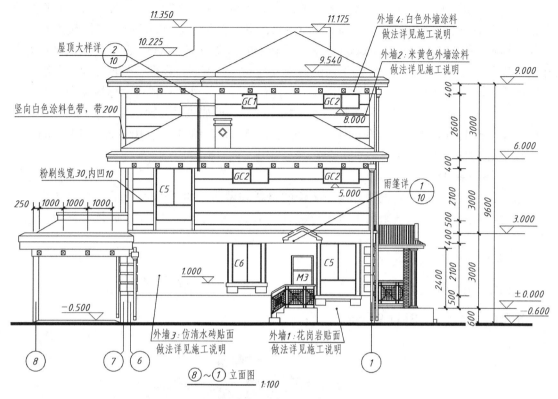

图 11-8 建筑立面图（二）

2）按建筑墙面的朝向来命名，如南立面图、北立面图、东立面图、西立面图。

3）按建筑两端定位轴线编号来命名，如①~⑧立面图、Ⓐ~Ⓓ立面图等。

图名注写在立面图的正下方。

2. 外形外貌

在图 11-7 中，该别墅①~⑧立面图为正立面图，将其与平面图对照阅读可知，从门 ZM1 进去是一层客厅，客厅占有两层空间。客厅上方是阳台和门 ZM2，从该门进去是主卧室。在轴线⑦处，从一层到三层分别为：C5 是一层卧室的窗；ZM3 是二层卧室的门（外有阳台）；C5 是三层书房的窗。另外还可看到西面的侧门廊和雨篷，以及东面的车库。

在图 11-8 中，将⑧~①立面图与平面图对照阅读，从一层到二层分别为：从北面入口门廊 M3 进入是餐厅，C5 是餐厅的窗，C6 是厨房的窗；两个 GC2 分别是二层两个卫生间的高窗，C5 是二层卧室的窗；斜坡屋面上有一个排气烟囱供两个卫生间使用。其次，还能看到南面第三层的更衣室和卫生间的高窗 GC1、GC2。

3. 线型

立面图的最外轮廓线用粗实线绘制，突出墙面的雨篷、阳台、柱子、窗台、窗楣、台阶等投影线用中粗线绘制，地坪线用加粗线（粗度相当于标准粗度的 1.4 倍）画出。其余如门、窗、墙面分格线、落水管、材料符号引出线、说明引出线等用细实线画出。

4. 尺寸标注

（1）竖直方向　立面图竖直方向尺寸一般标注房屋的室内外地坪、门窗洞的上下口、台阶顶面、雨篷、檐口、屋面、墙面等处的标高。标高通常都注写在图形外，并做到符号排列整齐，大小一致。如室外地坪标高为-0.600m，室内客厅地面±0.000m，二层楼面和三层楼面的标高分别为3.000m和6.000m，最高屋脊线的标高为11.350m。此外，应在竖直方向标注三道尺寸，里面一道尺寸标注房屋的室内外高差、门窗洞口高度、竖直方向窗间墙和窗下墙高度、檐口高度等尺寸，中间一道尺寸标注层高尺寸，外边一道尺寸标注总高尺寸。

（2）水平方向　立面图水平方向一般不标注尺寸，但如果需要则可标注。如⑧~①立面图中车库屋檐上四个可见检查孔的水平位置尺寸250mm、1000mm、1000mm、1000mm。另外应标出定位轴线及编号。

5. 外墙面装饰做法

通常在立面图上以文字说明外墙面装饰的材料和做法。如图11-8所示，南面外墙2采用米黄色外墙涂料，外墙3采用仿清水砖贴面，外墙1采用花岗岩贴面，外墙4采用白色外墙涂料。

6. 索引符号

立面图上还应画出需另画详图的索引符号，如图11-7中的$\frac{3}{10}$ $\frac{3}{11}$等。

别墅的立体造型如图11-9所示。

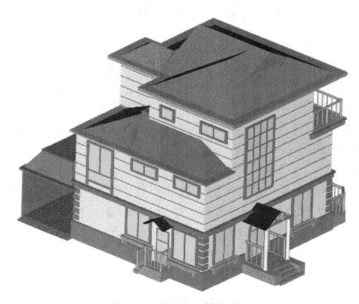

图11-9　别墅的立体造型

第四节　建筑剖面图

一、建筑剖面图的用途

建筑剖面图用以表达房屋内部的结构形式、分层情况、各层构造作法和各部位的联系等。

剖面图的图名应与底层平面图上所注剖切符号的编号一致，如 1—1 剖面图、2—2 剖面图等。剖面图的数量根据建筑物的复杂程度而定，一般只作横向（剖切平面平行于侧面）剖面图，但结构复杂的房屋还应作纵向（剖切平面平行于正面）剖面图或其他重要位置的剖面图。剖切平面的位置应选择在能反应房屋内部构造比较复杂或典型的部位，并应通过门窗洞的位置。被剖切到的断面，其材料图例与粉刷面层线、楼与地面层线的表示原则和方法与平面图的处理相同。

二、建筑剖面图的图示内容与实例

现以图 11-10 所示的 1—1 剖面图为例说明剖面图的图示内容和读图要点。

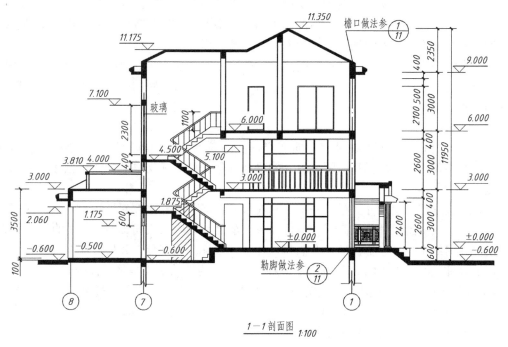

图 11-10　建筑剖面图

1. 剖切位置

识读剖面图应与平面图结合对照，以明确剖切位置和投射方向。将图 11-10 所示的剖面图名及轴线编号与一层平面图（见图 11-2）上的剖切位置和轴线编号对照，可知 1—1 剖面图是一个剖切位置在 Ⓑ~Ⓒ 轴线之间，剖切后向前投射所得的纵剖面图。它表明了门厅和客厅两层高度的空间、楼梯、一至三层楼面和坡屋顶、东面的车库和西面的门廊。从图中房屋地面到屋顶的结构形式可知，垂直方向的承重构件是砖墙和钢筋混凝土柱（图中未表示），水平方向的承重构件是钢筋混凝土梁和板，属于混合形式的结构。

2. 比例

剖面图的比例常与同一建筑物的平面图、立面图的比例一致，采用 1：50、1：100 和 1：200 的比例绘制。由于比例较小，剖面图中的门、窗等构件也采用国家标准规定的图例来表示，见表 11-2。

为了清楚地表达建筑物各部分的材料及构造层次，国家标准还规定，当剖面图比例大于

1:50时，应在剖切到的构件断面画出其材料图例。当剖面图比例小于1:50时，不画具体材料图例，而用简化的材料图例表示构件断面的材料。如图中的钢筋混凝土梁可在断面涂黑，以便与砖墙和其他材料区别。

3. 线型

按国家标准规定，凡是剖切到的构件其剖切线用粗实线绘制，而未剖切到的可见部分则用中实线绘制。

图11-10中，剖切到的构件有：室内外地面、墙、楼梯、房顶、梁、柱、门廊、台阶和雨篷、车库墙和屋顶。

室内外地面（包括台阶）用粗实线表示，一般不画室内外地面以下的部分，因基础部分将由结构施工图中的基础图表示，所以地面以下的基础墙画折断线。

二层和三层楼面的楼板、坡屋顶的层面板、楼梯均搁置在砖墙或屋（楼）面梁上，其断面均示意性地涂黑，其详细结构可参见各自的节点详图。

在墙身的门窗洞顶面，屋面板底面涂黑的矩形断面，表示钢筋混凝土门窗过梁或圈梁。

未剖切到的可见构件有：一层至三层各房间的门，二层走廊的栏杆，楼梯扶手，门廊的栏杆和立柱。

4. 尺寸标注

（1）竖直方向　剖面图在竖直方向上应标注建筑物的室内外地坪、各层楼面、门窗洞的上下口及墙顶等部位的标高。图形内部的梁及其他构件的标高也应标注，且楼地面的标高应尽量标在图形内。

另外，应标注三道尺寸。最外一道为总高尺寸，即从室外地坪起到墙顶止，标注建筑物的总高度；中间一道尺寸为层高尺寸，标注各层层高，即两层之间楼地面的垂直距离；最里边一道尺寸为细部尺寸，标注墙段及洞口尺寸。但有详图的部分，其尺寸在详图中标注。

（2）水平方向　常标注剖切到的墙、柱及剖面图两端的轴线编号和轴线间距。

（3）其他标注　由于剖面图比例较小，某些部位如墙角、窗台、过梁等节点，如不能详细表达，可在该部位画上详图索引标志，另用详图来表示其细部构造尺寸。此外，楼地面、墙体的内外装修可用文字分层标注。

第五节　建筑详图

对房屋某些复杂细小的部位或构配件用较大的比例（如1:20、1:10、1:5），将其形状大小、材料和做法，按正投影图的画法所详细表达的图样，称为建筑详图（也称节点详图或详图）。某一部位详图的数量，应视其复杂程度而定。

下面以别墅有关部位的详图为例，说明建筑详图的内容和图示的特点。

一、外墙详图

外墙详图主要表达房屋的屋面、楼层、地面和檐口构造、楼板与墙的连接、勒脚、散水等处的构造形式。

1. 结构识读

根据图11-11所示外墙详图的轴线①可知，该详图是由1—1剖面图中的详图索引

和 $\frac{2}{11}$（见图 11-10）索引出的两个外墙节点详图。由于它们位于同一轴线，故将各节点详图画在一起，中间用折断线断开，统称为外墙节点详图。该图表明了屋面、檐口、勒脚、室外排水沟等处的构造形式及与外墙身的连接关系。

1）檐口节点 $\frac{1}{10}$ 表明了屋面的承重墙、坡屋面、排水沟和阁楼的构造。在本详图中，屋面承重层是钢筋混凝土屋面板，檐口采用排水沟包檐。

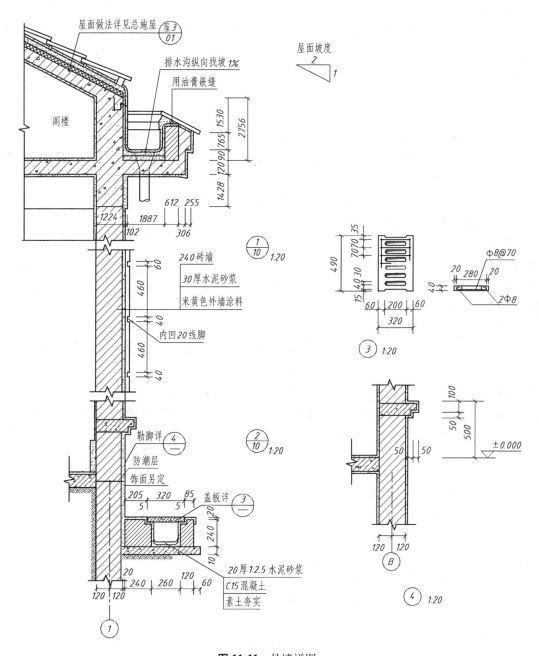

图 11-11 外墙详图

2）勒脚节点 $\frac{2}{10}$ 表明了外墙面的勒脚和室内外地面和排水沟的做法。勒脚用详图 $\frac{4}{}$ 表明了各部分尺寸。排水沟用详图 $\frac{3}{}$ 表明了盖板的详细结构和大小。

2. 比例

详图采用了 1∶20 的较大比例，所以檐口、勒脚、排水沟、屋面板等钢筋混凝土构件均应画出断面形状和材料图例，并注出全部尺寸。

3. 尺寸标注

详图中应标注各部位的标高及墙身细部的全部尺寸。对墙面等部位可用分层构造说明的方法表示。如墙面的构造是：砖墙厚 240mm，水泥砂浆厚 30mm，用米黄色外墙涂料粉刷外墙面。

二、楼梯详图

楼梯详图主要表示楼梯的类型、结构形式、各部位尺寸及装修做法。

楼梯详图一般包括平面图和剖面图，必要时画出楼梯踏步和栏板详图，这些详图尽可能画在同一张图纸上。

下面以别墅楼梯为例，说明楼梯详图的图示内容与读图方法。

1. 楼梯平面图（见图 11-12）

楼梯平面图是通过该层窗洞或往上走的第一梯段（休息平台下）的任一位置处剖切得到的水平剖面图。三层以上的房屋，当除顶底层外各层的楼梯完全相同时，可只画出底层、中间层和顶层三个平面图。楼梯平面图上要注出轴线编号，表明楼梯在房屋中所在位置，并标注轴线间的尺寸，以及楼地面、平台的标高。

（1）底层平面图　从图中可知，从客厅标高±0.000m 下到卫生间标高-0.620m 有四级台阶。另一侧楼梯是向上到二楼，这个楼段被剖切到，按剖切后的实际投影，剖切平面与楼梯段的交线应为水平线。为避免与踏步混淆，按国家标准的规定，在剖切处画一条 45°的倾斜折断线表示。

（2）中间层平面图　该层平面图既要画出下行的完整梯段，又要画出被剖切到的上行梯段，该梯段与楼梯平台下方梯段的投影重合，以 45°折断线分界。

（3）顶层平面图　剖面位置在顶层楼梯的栏杆扶手以上，未剖切到任何梯段，故完整地画出上、下行梯段和平台。

在各层平面图中均用箭头表示上、下行方向。

2. 楼梯剖面图

假想用铅垂面，通过各层的一个梯段和窗洞（如图 11-12 一层平面图中的 A—A 剖切位置），将楼梯剖开，向另一未剖到的梯段方向投射所得的剖面图，即为楼梯剖面图（如图 11-13 的 A—A 剖面图）。楼梯剖面图应完整清晰地表示楼梯各梯段、平台、栏杆的构造及其相互关系，以及梯段和踏步数量，楼梯的结构形式等。在图 11-13 的 A—A 剖面图中，每层有两个梯段（也称双跑楼梯）。

楼梯剖面图上应标出地面、平台和各层楼面的标高，以及梯段的高度尺寸：踏步高度×踏步数。如第一梯段的高度尺寸为（187.5×10）mm = 1875mm。

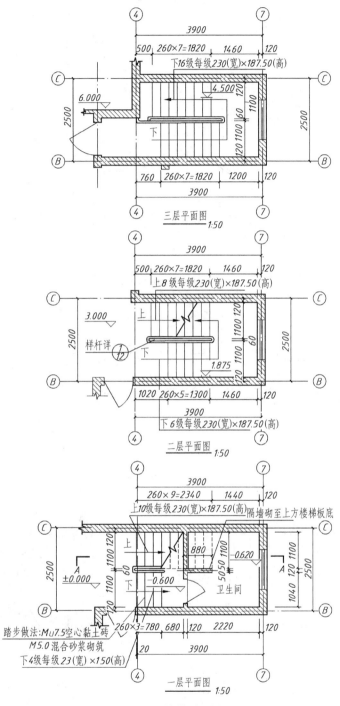

图 11-12 楼梯平面图

由于各梯段楼梯踏步的最后一步与平台或楼面平齐，所以在楼梯平面图中，梯段踏面的投影比梯段级数少一个。

别墅楼梯的立体如图 11-14 所示（为使楼梯踏步清晰，去掉了楼梯扶手、栏杆）。

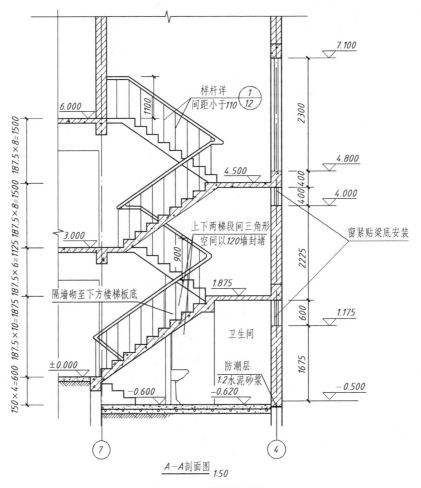

样杆详
间距小于110 ①/12

上下两梯段间三角形
空间以120墙封堵

隔墙砌至下方楼梯板底

窗紧贴梁底安装

卫生间

防潮层
1:2水泥砂浆

7 4

A—A剖面图 1:50

图11-13 楼梯剖面图

3. 其他节点详图

（1）歇山屋顶装饰线详图 图11-15所示的歇山屋顶装饰线详图是由图11-4所示的三层平面图中的索引符号 ②/15 引出的，该图用 a—a 和 b—b 断面图表明了屋顶的细部构造轮廓。屋顶底面标高为10.450m，两屋面交线的标高为11.350m，中部有百叶窗。

（2）悬挑花坛详图 图11-16所示的悬挑花坛详图是由图11-2所示一层平面图中的索引符号 ⑤/16 引出的。该图用平面图、立面图和 a—a 断面图表示了悬挑花坛的细部尺寸及构造。花坛地面的纵向找坡为1%，横向找坡为3%，花坛总宽1900mm，悬臂长360mm。

图11-14 别墅楼梯立体示意图

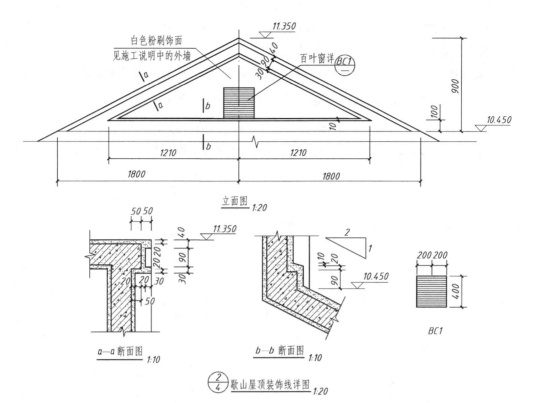

图 11-15　歇山屋顶详图

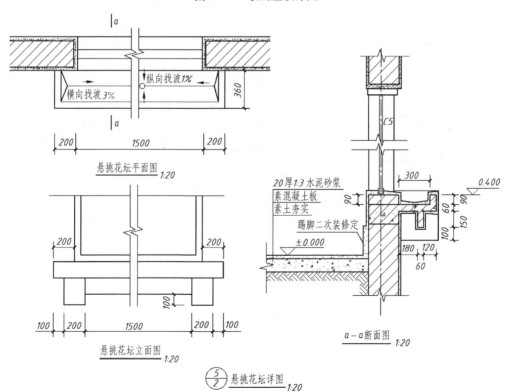

图 11-16　悬挑花坛详图

同时其表明了窗 C5 的细部构造，窗户底的标高为 0.400mm，窗洞的宽度为 1500mm。为防止积水，窗台外侧的砂浆粉刷层做成了一定斜度。

（3）雨篷详图　图 11-17 所示的雨篷详图是由图 11-3 所示二层平面图中的索引符号 $\frac{1}{17}$ 引出的。从图中可知，雨篷屋面交线的标高为 3.18m，屋面的坡度为 1：2。雨篷总宽 1600mm，总高 600mm，悬臂长度 1200mm。从 c—c 断面图看出屋面厚度为 50mm，从 a—a 断面图可看出断面形状，也表明了雨篷屋面的排水方式，雨水沿坡屋面直接流入地面排水沟。

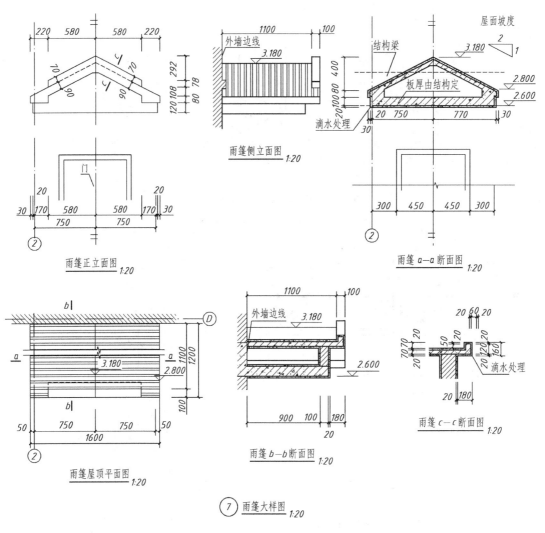

图 11-17　雨篷详图

第十二章 结构施工图

一套房屋工程图，除了前述建筑施工图以外，还要根据建筑设计的要求，通过计算确定各承重构件的形状、大小、材料和构造，并将结构设计的结果绘制成图样，以指导施工，这种图样称为结构施工图，简称"结施"。

第一节 概述

一、房屋结构的基本知识

房屋由屋盖、楼板、梁、柱、墙、基础等构件组成。从图12-1可看出，房屋各部分自身的重量、室内设备和家具的重量、人的重量等，都是由楼板、梁、柱或墙传到基础，再由基础传给地基，这些构件都称为承重构件。承重构件所用的材料有钢筋混凝土、钢、木、砖石等。房屋按照主要承重构件所用的材料可分为：钢筋混凝土结构、钢结构、木结构、砖石结构及两种以上材料的混合结构。民用住宅建筑一般都是采用钢筋混凝土梁板与承重砖墙混合结构。

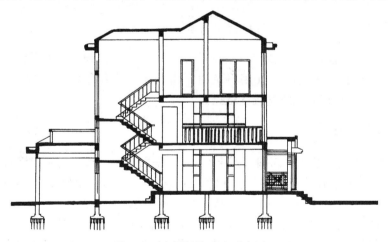

图 12-1 房屋结构受力示意图

二、结构施工图的分类和内容

1. 结构设计说明

结构设计说明包括选用结构材料的类型、规格、强度等级，地质条件、抗震要求，施工方法和注意事项，选用标准图集等。对于小型工程，可将说明直接注写在相关图样上。

2. 结构平面图

结构平面图包括基础平面图、楼层结构平面布置图、屋面结构平面图等。

3. 构件详图

构件详图包括梁、板、柱结构详图，基础详图，楼梯结构详图，屋架和支撑结构详图等。

结构施工图是施工放线、开挖基坑、构件制作、结构安装、计算工程量、编制工程预算和施工进度的依据。

第二节　基础平面图与基础详图

基础是房屋地面以下的承重构件，承受上部建筑的荷载并传给地基。地基可以是天然土壤，也可以是经过加固的土壤。基础的形式与上部建筑的结构形式、荷载大小及地基的承载力有关，一般分为条形基础和独立基础两大类，如图 12-2 所示。

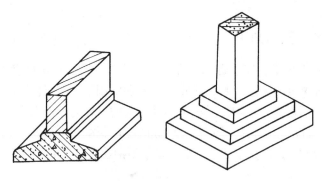

图 12-2　条形基础与独立基础

基础图是表示房屋建筑地面以下基础部分的平面布置和详细构造的图样，包括基础平面图和基础详图，它们是施工放线（用石灰粉定出房屋的定位轴线，墙身线，基础底面长、宽线），开挖基坑、砌筑或浇筑基础的依据。

一、基础平面图

图 12-3 所示为条形基础平面图（局部）。基础平面图中一般只需画出墙身线（剖切平面剖切到的墙体轮廓线，用粗实线表示）和基础底面线（剖切平面以下未剖切到但可见的轮廓线，用中实线表示），其他细部如大放脚等均可省略不画。

基础平面图上应画出轴线，并写出编号，标注轴线间尺寸和总长、总宽尺寸，它们必须与建筑平面图保持一致。基础底面的宽度尺寸可以在基础平面图上直接注出，也可以图 12-3 所示的方式用代号标明，如剖切符号 J1—J1、J2—J2 等，以便在相应的基础断面图（即基础详图）中查找各道不同的基础底面宽度尺寸。

二、基础详图

基础详图主要表明基础各部分的构造和详细尺寸，通常用垂直剖面图表示。图 12-4 所

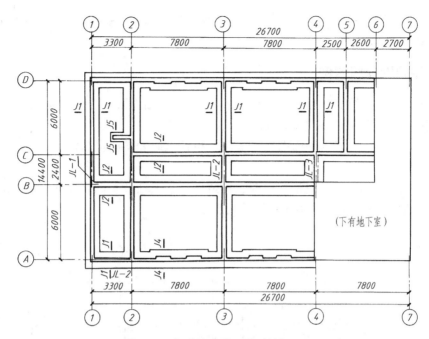

图 12-3 条形基础平面图（局部）

示为图 12-3 中 *J2—J2* 的基础断面图，即Ⓑ、Ⓒ轴线上内墙的基础详图。基础详图包括基础的垫层、基础、基础墙（包括大放脚）、防潮层等的材料和详细尺寸，以及室内外地坪和基础底部标高。

基础详图采用的比例较大（如 1：20、1：10 等），墙身部分应画出墙体的材料图例，基础部分由于画出钢筋的配置，所以不再画出钢筋混凝土材料图例。详图的数量由基础构造形式变化决定，凡不同的构造部分都应单独画出详图，相同部分可在基础平面图上标出相同的编号而只需画出一个详图。

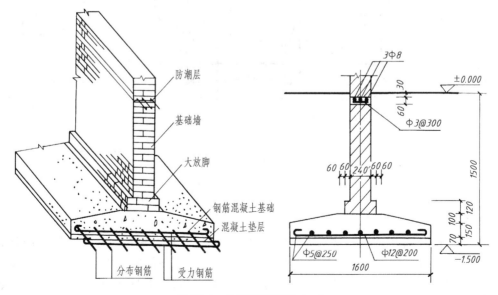

图 12-4 条形基础详图（一）

条形基础的详图一般用剖面图表达。对于比较复杂的独立基础，有时还要增加一个平面图才能完整表达清楚。

三、基础图读图实例

现以第十一章中的别墅为例，说明基础平面图和基础详图的图示内容和读图要点。

1. 基础结构平面布置图（见图 12-5）

（1）定位轴线　与建筑平面图完全一致，包括纵向和横向全部定位轴线编号，注出轴线间尺寸和总长、总宽尺寸。

（2）基础的平面布置　包括基础墙、构造柱、承重柱及基础底面的轮廓形状、大小及其与定位轴线的关系，钢筋混凝土垫层的钢筋布置等。

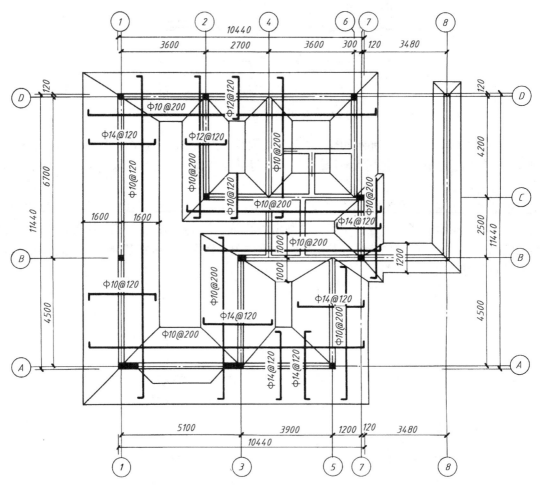

图 12-5 基础平面图

图 12-5 所示为钢筋混凝土垫层的条形基础平面图。读图分两部分进行：第一部分是条形基础钢筋混凝土垫层，要画出基础底面外形轮廓线，并直接注出底面宽度尺寸，如①轴和Ⓐ轴为三层外墙，基础底面较宽，其宽度为 3200mm，与轴线对称两边各为 1600mm；Ⓑ轴线基础底面宽度分为两部分：③~⑦轴之间为三层内墙，其宽度为 2000mm，与轴线对称宽

度为1000mm；⑦~⑧轴之间为一层外墙底板，宽度为1200mm。第二部分是在基础部分上直接画出横向和纵向的钢筋配置，基础底板中有底层钢筋和顶层钢筋，按《建筑结构制图标准》规定，底层钢筋弯钩应向上或向左，顶层钢筋弯钩应向下或向右，顶层钢筋如图中①轴和Ⓐ轴的Φ10@120，底层钢筋如图中外墙轴Ⓐ和轴①，受力筋为Φ14@120，分布筋Φ10@200，而轴Ⓓ为二层外墙，受力筋Φ12@120，内墙轴②、轴④和轴Ⓒ受力筋Φ12@120，分布筋Φ10@200，内墙③受力筋为Φ14@120。必须注意，HRB335钢筋在端部不画出弯钩，但为了表明是板内的上部还是下部钢筋，端部用45°短画表示，如图12-6中条形基础底部钢筋。由以上读图可知，本例中基础宽度和钢筋的配置由墙体受力情况而定，别墅各处楼层不同，受力情况也各不相同，因此其钢筋配置也有所不同。另外，为读图方便，图中简略了一些内容。

（3）地圈梁 条形基础有时在标高-0.500m处沿外墙的基础墙上设置连通的钢筋混凝土梁，即地圈梁。由于地圈梁具有防潮作用，故又称为防潮层。其断面尺寸与基础墙和墙体尺寸有关，地圈梁钢筋配置如图12-6所示。

2. 条形基础详图

图12-6所示为承重墙下的基础（包括地圈梁和基础梁）详图。该承重墙基础是钢筋混凝土条形基础，对于各条轴线的条形基础断面形状和配筋形式是类似的，所以只需画出一个通用的断面图，再附上基础底板（称翼缘板）配筋表，列出基础翼缘板宽度 B 和基础筋 A_s，就可以将各部分条形基础的形状、大小、构造和配筋表达清楚。

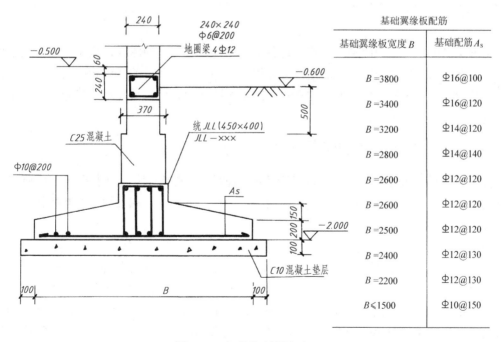

基础翼缘板配筋	
基础翼缘板宽度 B	基础配筋 A_s
$B=3800$	Φ16@100
$B=3400$	Φ16@120
$B=3200$	Φ14@120
$B=2800$	Φ14@140
$B=2600$	Φ12@120
$B=2600$	Φ12@120
$B=2500$	Φ12@120
$B=2400$	Φ12@130
$B=2200$	Φ12@130
$B\leqslant1500$	Φ10@150

图12-6 条形基础详图（二）

基础详图中的基础梁另画配筋图，并附上基础梁配筋表，分别列出不同编号基础梁的断面尺寸（$b \times h$）和下部筋、上部筋、箍筋的配置，如图12-7所示。

基础的材料及施工注意事项等在基础详图中另加说明。如在图12-6中，基础材料采用

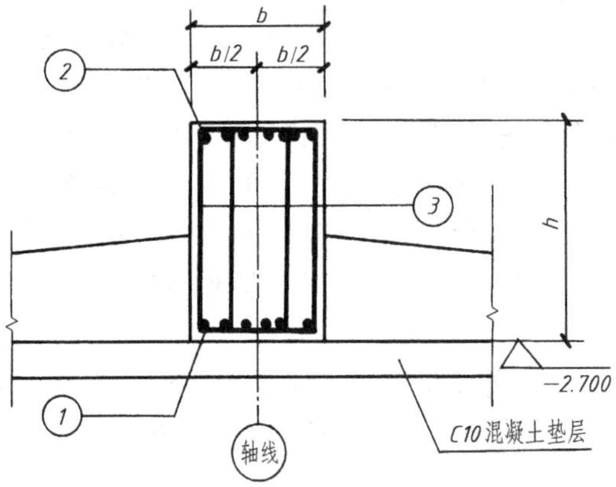

基础梁配筋表

断面尺寸 $b×h$	下部筋①	上部筋②	箍筋③	备注
550×700	8Φ25	8Φ25	4Φ10@150	悬挑部分 4Φ10@100
450×500	6Φ25	6Φ25	4Φ8@150	悬挑部分 4Φ8@100
450×600	7Φ25	6Φ25	4Φ8@150	悬挑部分 4Φ10@100
550×650	6Φ25	6Φ25	4Φ10@150	
450×700	8Φ25	8Φ25	4Φ10@100	
500×700	7Φ25	7Φ25	4Φ8@150	悬挑部分 4Φ8@100
450×400	4Φ20	4Φ20	4Φ8@150	
400×400	4Φ16	4Φ16	4Φ8@100	

图 12-7　基础梁配筋示例

C25 混凝土；所有基础梁、翼缘板均设置 100mm 厚 C10 混凝土垫层，每边放宽 100mm；在标高−0.600m 处沿 240 墙设置断面尺寸（240mm×240mm）的地圈梁，其钢筋配置为Φ6@200 和 4Φ12。

第三节　结构平面图

房屋建筑的结构平面图是表示建筑物各承重构件平面布置的图样，除了基础结构平面图以外，还有楼层结构平面图、屋面结构平面图等。一般民用建筑的楼层和屋盖都是采用钢筋混凝土结构，由于楼层和屋盖的结构布置和图示方法基本相同，因此本节仅介绍楼层结构平面布置图和钢筋混凝土构件详图。

一、楼层结构平面布置图

楼层结构平面布置图（简称结构平面图）是假想将房屋沿楼板面水平剖开后所得的水平剖面图，用来表示房屋中每一层楼面板及板下的梁、墙、柱等承重构件的布置情况，或现浇楼板的构造和配筋情况。

图 12-8 所示为二层结构平面布置图（局部），图中被楼板遮住的墙身用虚线表示，梁（L）用粗点画线表示，圈梁（QL）用细点画线表示（与墙身中心线重合）。查看图中的代号、编号和定位轴线，可了解各种构件的数量和位置。从图 12-8 中可看出，该楼为一幢砖墙承重、钢筋混凝土梁板的混合结构。楼面结构除了①~②轴线为现浇部分，其余均为预制楼板构件，画有交叉对角线处为楼梯间。在结构平面图中，直接画出预制楼板的代号和编号，现浇楼板与楼梯间一般另画详图。

预制的预应力钢筋混凝土空心板因具有施工方便和施工进度快等优点而广泛应用于现代房屋建设中，一般只在某些具有特殊要求的楼面（如卫生间等）才使用现浇楼面。下面分别叙述预制和现浇楼板的图示内容和方法。

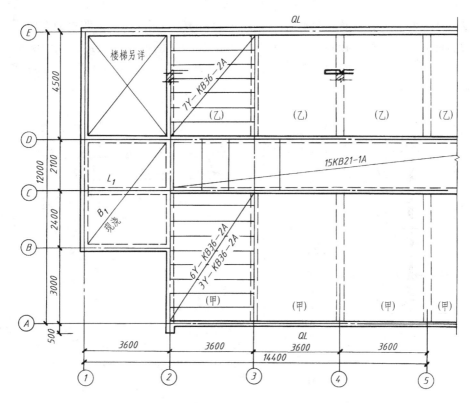

图 12-8 某宿舍楼二层结构平面布置图（局部）

1. 预制楼板

图 12-8 所示的楼层结构平面图中，轴线②以右的楼面全部铺设预制的预应力钢筋混凝土空心板，其标注方法是用细实线画一对角线，在线上标注预制板的类别、尺寸和数量等。从图中可看出，铺设预制板的房间共有两种不同规格尺寸预制板，甲种房间铺设了两种预应力钢筋混凝土空心预制板"6Y-KB36-2A/3Y-KB36-2A"，乙种房间铺设的预应力钢筋混凝土空心预制板是"7Y-KB36-2A"，走廊铺设的预制板是"15KB21-1A"。关于预制空心板的标注形式，按南方地区的标注法说明如下：

$$\underset{\text{数量}}{3} \quad \underset{\text{预应力}}{Y} \quad \underset{\text{空心板}}{KB} \quad \underset{\text{跨度}}{36} \quad \underset{\text{板宽}}{2} \quad \underset{\text{活荷载}}{A}$$

乙种房间的标注表示 7 块预应力钢筋混凝土空心板，板长（跨度）3600mm，板宽 600mm，荷载 150kPa，从图 12-8 可知，Ⓐ~Ⓒ轴线与Ⓓ~Ⓔ轴线间的所有房间（甲、乙）都是同一类型、同一数量和相同的铺设方向。图中用重合断面表达了预制板是搁置在间距为 3600mm 的内墙上，因此内墙为承重墙。

2. 现浇楼板

现浇钢筋混凝土板的配筋图通常采用结构平面图表达，必要时还要画出结构断面图，如图 12-9 所示。从图中看出，楼板支承在①~②与Ⓑ~Ⓓ轴线承重墙上，楼板的断面图表达了楼板（B）与墙身上的圈梁（QL）及Ⓒ轴的梁（L1）是一起现浇的。在结构平面图上用粗实线画出楼板中受力钢筋及其他构造钢筋的布置和形状，并对不同钢筋给予编号，标明各钢筋的等级、直径和间距。图 12-9 中楼板的底部配置了两种受力筋①和②，板顶部也配置了两种受力筋③和④，分布筋一般不必画出，可在结构施工图的设计说明书或在图样中直接用文字说明钢筋等级、直径和间距。图 12-9b 所示为 1—1 断面图，表达砖墙、圈梁与楼板的关系，楼板底部标高以及楼板内配筋情况。图 12-9c 所示为楼板钢筋表，包括钢筋编号、规格、形状、尺寸和根数。

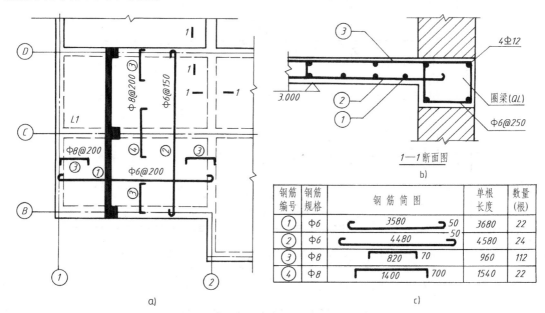

图 12-9　现浇楼板配筋图

二、钢筋混凝土构件详图

钢筋混凝土构件有定型和非定型两种。定型的预制构件或现浇构件都可直接引用标准图或通用图，只需在图样上注明选用构件所在标准图集或通用图集的名称、图集号即可；非定型的构件则必须绘制构件详图。

钢筋混凝土构件详图包括模板图、配筋图和钢筋表三部分。

模板图主要表达构件的外部形状、尺寸和预埋件代号和位置。如果构件形状简单，模板图可与配筋图画在一起。配筋图着重表示构件内部的钢筋配置、形状、规格、数量等，是构件详图的主要部分，一般用立面图和断面图表示。钢筋表包括钢筋编号、规格、形状、尺寸和根数。

现以图 12-9a 中ⓒ轴线的梁为例说明钢筋混凝土构件的图示内容和表达方法。

对照图 12-9 二层结构平面图可知，此梁位于ⓒ轴线上①~②轴线之间，梁的两端分别支承在轴①和轴②的承重墙上。图 12-10a 所示为该梁的立面图，梁的跨度为 3600mm，梁的顶部标高为 3.050m；其钢筋配置由立面图对照 1—1 断面图可看出：梁底部配置了三根受力钢筋，其中两根Φ18 直钢筋，编号为①，一根抗剪切的弯折钢筋Φ20，编号为②，梁顶部配置了两根架立筋Φ12，编号为③，箍筋为Φ6，间距 200mm，编号为④。箍筋在构件中如果是均匀分布的，不必全部画出。钢筋表给出了四种钢筋的编号、规格、形状、尺寸和根数。其中①号筋和③号筋都是直钢筋，但规格不同，①号筋为刻纹筋没有弯钩，③号筋为光圆筋有

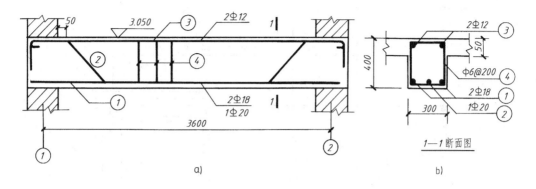

构件	钢筋编号	钢筋规格	钢筋简图	单根长度	数量(根)
L_1	①	Φ18	120　　3560　　120	3800	2
	②	Φ20	3160　490　270　200	5088	1
	③	Φ12	3760　80	3920	2
	④	Φ6	360　270　50	1360	18

图 12-10 梁（L1）配筋图

弯钩；④号筋为箍筋，共 18 根。箍筋可按间距布置，如本例所示，也可按根数均匀布置。

在构件详图中要注出梁的长、宽、高尺寸（3600mm、300mm、400mm），其中长度与梁的跨度和墙体尺寸有关。此外要注明梁与轴线及支座的相互关系，钢筋的定位尺寸，如图中弯折钢筋的定位尺寸 50mm、梁的结构标高等。

三、结构平面图读图实例

仍以第十一章中的别墅为例，说明结构平面图图示内容和读图要点。

本例为砖墙承重、现浇钢筋混凝土混合结构三层别墅，其二层结构平面图包括二层结构平面布置图（见图 12-11）和二层现浇楼板配筋图（见图 12-12）。

1. 二层结构平面布置

对照建筑平面图二层平面可知，在二层结构平面布置图上，①~④轴和⑧~Ⓓ轴间分别为起居室和卫生间的楼板，其中卫生间的楼板要另做防渗处理；③~⑤轴与Ⓐ~⑧轴、④~⑥轴和Ⓒ~Ⓓ轴间为卧室的楼面；①~③轴和Ⓐ~⑧轴间的客厅由于占两层空间的高度，所以无楼板，画有空洞符号。

2. 钢筋混凝土柱

本例为砖墙承重，并增加现浇钢筋混凝土柱以抗震。图 12-11 中各轴线上的黑色方块表示钢筋混凝土柱，除客厅中间的钢筋混凝土柱 Z1（240mm×240mm）和 Z2（240mm×360mm）外，其他钢筋混凝土柱都为防震的构造柱 GZ1（240mm×240mm）和 GZ2（240mm×870mm），这种柱的尺寸与墙体尺寸和墙体结构有关。

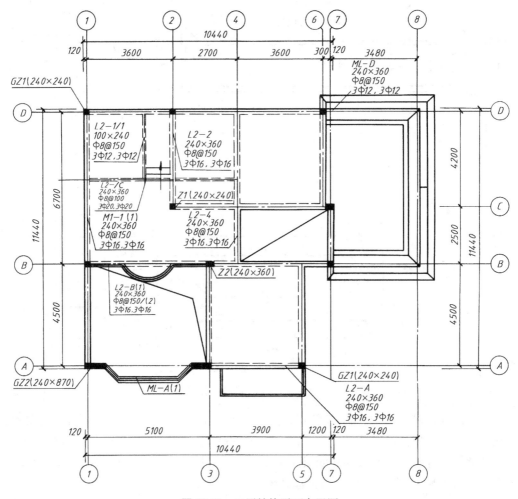

图 12-11 二层结构平面布置图

3. 钢筋混凝土梁

本例砖墙均为承重墙，用细实线表示，被楼板遮住部分用虚线表示。楼板由承重墙和梁支承，为提高楼层结构整体刚度，在楼层标高 3.000m 处（即楼板面标高）墙上均设置圈梁（QL），用细点画线表示其中心位置，其与墙身中心线重合。在出挑的阳台、窗台，架空的走廊等处另设置钢筋混凝土梁，如Ⓐ轴上的 ML-A（1）、Ⓑ轴上的 L2-B（1）等。ML 表示门梁，L2 表示二层楼面梁的代号，"A" 和 "B" 表示该梁位于Ⓐ或Ⓑ轴线，括号内的数字表示不同类型。在梁的代号下面注写梁的断面尺寸和配筋，如 L2-B（1）：240mm×360mm（断面尺寸）、Φ8@150、3Φ16、3Φ16（配筋）。

4. 二层结构平面布置图上标注

二层结构平面布置图上必须标注与建筑平面图完全一致的定位轴线和编号，还需注出轴线间尺寸、柱的断面尺寸及有关构件与轴线的定位尺寸，还要标明需要画出详图的索引符号，表示各节点的构造和钢筋配置。

5. 二层现浇楼板配筋图

图 12-12 所示为二层现浇楼板配筋图。除楼梯另有结构详图外，楼板的钢筋配置都直接

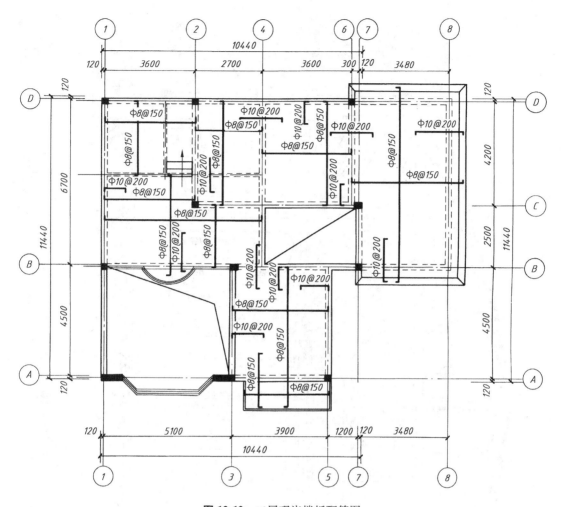

图 12-12 二层现浇楼板配筋图

画出,并注写钢筋等级、直径和间距,其表示方法与图 12-9 相同。

屋面结构平面图和楼梯结构图限于篇幅,不再一一介绍。

第四节 工业厂房建筑结构图

工业厂房根据不同的生产工艺要求,通常分为单层厂房和多层厂房两类。本节以某机械加工车间为例(见图 12-13),介绍单层厂房建筑结构图的基本内容和图示特点。

单层厂房大多采用装配式钢筋混凝土结构,其主要构件有以下几部分:

(1)盖结构 包括屋面板和屋架等,屋面板安装在屋架上,屋架安装在柱上。

(2)起重机梁(吊车梁) 两端安装在柱的牛腿(柱上部的凸出部分)上。

(3)柱 用来支撑屋架和起重机梁,是厂房的主要承重构件。

(4)基础 用来支承柱,并将厂房的全部荷载传递给地基。

(5)支撑 包括屋架结构支撑和柱间支撑,其作用是加强厂房结构的整体稳定性。

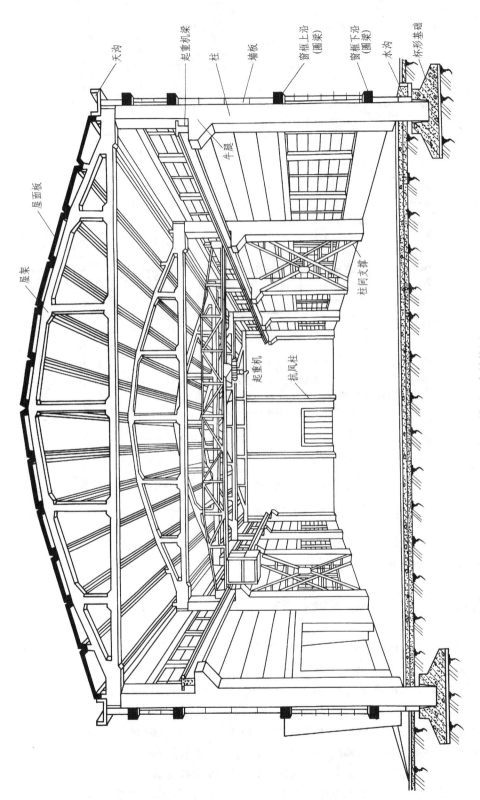

图 12-13 单层厂房结构图

（6）围护结构　即厂房的外墙及加强外墙整体稳定的抗风柱。外墙属非承重结构，一般采用砖墙砌筑，本例采用预制钢筋混凝土墙板。

一、建筑施工图

建筑施工图包含建筑平面图、建筑立面图和建筑剖面图。

1. 建筑平面图

该车间是单层单跨厂房。车间内设有梁式起重机（吊车）一台。车间东端为辅助建筑，有工具间、磨刀间、精密机床间等。由于厂房空间较高，所以辅助建筑部分一般不是单层，而是设有楼梯间，其层数可从立面图上查看。

如图 12-14 所示，横向定位轴线①、②、③等和竖向定位轴线Ⓐ、Ⓑ、Ⓒ等构成柱网，表示厂房的柱距和跨度。本车间的柱距是 6m，即横向轴线之间的距离；跨度是 18m，即竖向轴线Ⓐ~Ⓓ之间的距离。厂房的柱距决定屋架的间距和屋面板、起重机梁等构件的长度；车间的跨度决定屋架的跨度和梁式起重机的轨距。我国单层厂房的柱距和跨度的尺寸都已经系列化，所以厂房的主要构件也都系列化。

定位轴线一般是柱或承重墙的中心线，而在工业建筑中的端墙和边柱的定位轴线，通常设在端墙的内墙面或边柱的外侧处，如横向定位轴线①和⑧，竖向定位轴线Ⓐ和Ⓓ。在两定位轴线之间，必要时可增设附加轴线，如 $\frac{1}{A}$ 轴线表示在Ⓐ轴线以后附加的第一根轴线，$\frac{2}{B}$ 表示在Ⓑ轴以后附加的第二根轴线。

平面图上标注的尺寸以及外墙上门、窗的表达形式与民用建筑相同。

2. 建筑立面图

建筑立面图反映厂房的整个外貌形状及屋顶、门、窗、雨篷、台阶、雨水管等细部构造，标注各主要部位的标高。

如图 12-14 所示，由于厂房的跨度不大，屋盖未设天窗，由外墙上高、低两排窗通风采光，高排窗的代号为 GC1，低排窗的代号为 GC2。由于同一类型窗的开启方式相同，所以在立面图上仅画出部分窗的开关方式，其余不必重复画出。辅助建筑外墙上窗的类型和序号在南立面图和东立面图（见图 12-14）上都有标注。东立面图上 GC7 号窗的上方有一个表示墙上预留的矩形洞，其详细构造和尺寸，可根据该图例旁的索引符号 $\frac{7}{2}$ 查阅图样"建施 2"的第 7 号详图（因篇幅关系未画出）。

3. 建筑剖面图

在图 12-15 中 1—1 剖面图为横剖面图，从平面图上的剖切符号看出，1—1 剖面位于轴线④~⑤之间，剖面方向为自右向左。

1—1 剖面图表明厂房内部的柱、梁、屋架、屋面板及墙、门窗等构配件的相互关系，并标注了这些构件的标高。屋架下弦底面（或柱顶）标高 11.100m 及梁式起重机轨顶标高 8.200m 是单层厂房的重要尺寸，它们是根据生产设备的外形尺寸、操作和检修所需的空间、梁式起重机的类型及被吊物件的尺寸等要求而确定的。

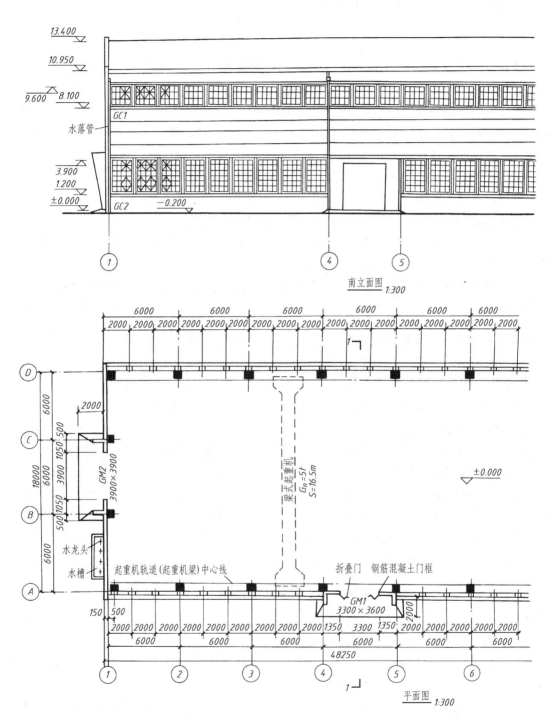

图 12-14 单层厂房平、立、剖面图（一）

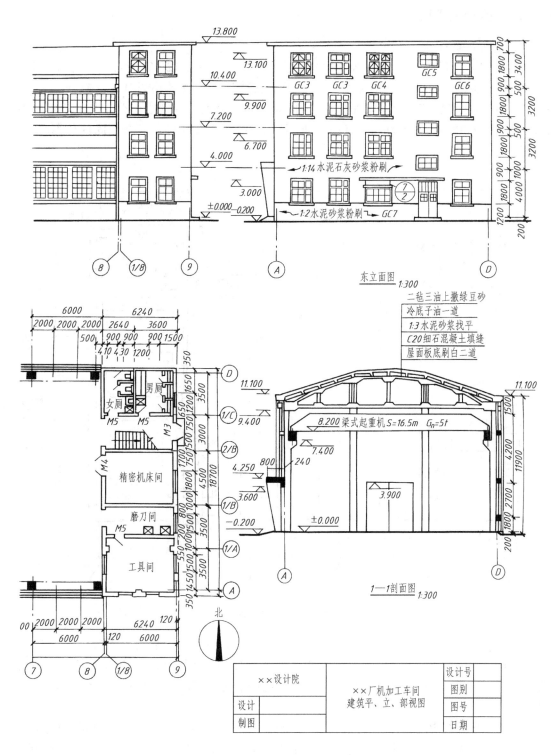

图 12-15 单层厂房平、立、剖面图（二）

二、结构施工图

1. 基础平面图

单层厂房是以柱承重，采用独立的柱基础，代号 ZJ。从图 12-16 中可以看到，对于两种不同的柱基础 ZJ_1 和 ZJ_2，分别标注了它们的平面轮廓尺寸。如在⑥轴线与Ⓐ轴线的相交处标注了 ZJ_1 的平面轮廓尺寸（4000mm×2800mm）；在⑧轴线与Ⓐ轴线相交处标注了 ZJ_2 的平面轮廓尺寸（3000mm×2500mm）和定位尺寸（600mm、650mm）。其余相同部分不必重复标注。

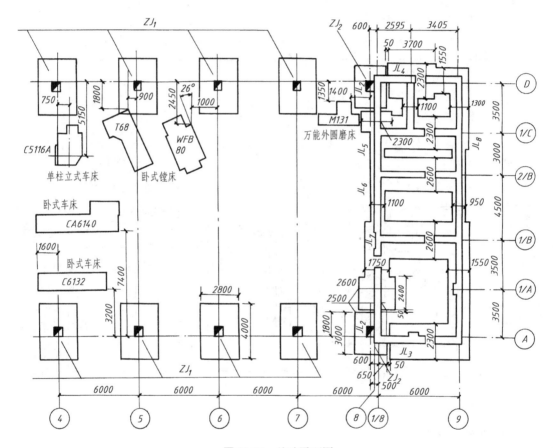

图 12-16 基础平面图

厂房辅助建筑的上部结构是砖墙，采用条形基础，基坑的宽度可在图中直接注出，如Ⓐ轴线的基坑宽度为 2300mm，⑨轴线的基坑宽度分别为 1550mm、950mm、1300mm 等。部分墙身线旁注有 JL_1、JL_2、…、JL_8，表明这部分基础墙下部设置八种不同规格的基础梁。

在基础平面图中还画出了车间内设备基础的平面布置，并标注了各种设备的基坑边线与柱网轴线的距离尺寸。如果是倾斜位置，需注明与轴线的倾角，如 WFB80 卧式镗床的基础。安排设备基础时，还应考虑与柱基础相互影响的问题，如 T68 卧式镗床的基础与柱基础出现重叠现象，工艺与土建的有关设计人员应共同研究处理的方法。

2. 结构平面图（见图 12-17）

结构平面图是表示建筑物承重构件平面布置的图样。单层厂房结构平面图包括柱网平面布置图和屋盖结构平面图等。这里仅介绍厂房柱网平面布置图，图 12-17 表示机械加工车间的柱网、起重机梁、屋架、柱间支撑等构件的平面布置，从图中的构件代号及其引出线可看出，南、北两排柱（Z_1）都属于同一类型，西端的抗风柱（Z_3）是另一种类型。粗实线 WJ18 表示预制钢筋混凝土屋架，跨度为 18m。纵向柱之间的粗实线表示起重机梁 DL，③轴和④轴之间的粗点画线表示柱间支撑 ZC，车间西端的 CD 表示起重机梁的车挡。此外，图中注写的定位轴线编号、柱距和跨度尺寸等应与建筑平面图完全一致。

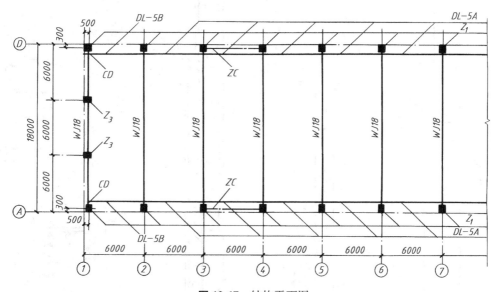

图 12-17　结构平面图

3. 构件详图

构件详图包括柱、梁、板、屋架等。现以图 12-18 所示钢筋混凝土柱（Z_1）结构详图为例，介绍单层厂房构件详图的图示内容和表达方法。由于工业厂房钢筋混凝土柱的构造比较复杂，除了配筋图外，还要画出模板图和预埋件详图。

（1）模板图　如图 12-18 中的 Z_1 模板图，表明柱的外形、尺寸、标高，以及预埋件的位置，作为制作、安装模板和预埋件的依据。该柱有上柱和下柱两部分，上柱支承屋架，上下柱之间突出的牛腿用来支承起重机梁。对照断面图可知，上柱的断面尺寸为 400mm×400mm，下柱的断面尺寸为 400mm×600mm，凸出的牛腿部分的断面尺寸为 400mm× 950mm（2—2 断面）。柱总高为 10500mm，柱顶标高为 9.400m，牛腿面标高为 7.400m。牛腿面上标注的 M-2 表示 2 号预埋件，将与起重机梁焊接。上柱顶部的代号 M-3（虚线）表明柱顶的螺杆（与屋架连接）预埋件埋入混凝土柱内的不可见投影。预埋件的构造做法另用详图表达。

（2）配筋图　如图 12-18 所示，配筋图包括立面图和断面图。从立面图和 1—1 断面图、3—3 断面图可知，上柱的②筋是 4 根直径为 18mm 的 HRB335 钢筋，分布在四角。下柱的①、⑥和⑤筋是 8 根直径为 18mm 的 HRB335 钢筋，均匀分布在四周。上、下柱的钢筋都伸

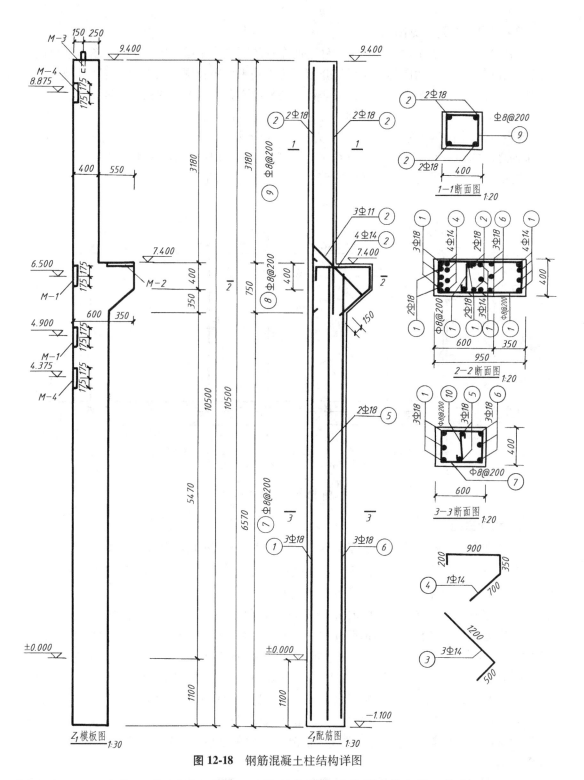

图 12-18 钢筋混凝土柱结构详图

入牛腿内 750mm，使上下层连成一体。上下柱的箍筋编号分别为⑨和⑦，均为 Φ8@200。

牛腿部分要承受起重机梁荷载，用③、④弯筋加强牛腿，同时用⑧筋（Φ8@200）箍筋加密。

第十三章 设备施工图

在现代化建筑中，除了给水排水、电气照明外，还有空调、电话通信、有线电视、保安防盗等设备系统，设备施工图就是表达这些设备系统的组成、安装等内容的图样。本章主要介绍室内外给水排水工程图和电气工程图。

第一节 室内给水排水工程图

给水排水系统分为给水系统和排水系统。

给水系统是指水源取水、水质净化、净水输送、配水使用等的系统；排水系统是指将使用后的污水、废水以及雨水通过管道汇总，再经污水处理后排入江河的系统。给水排水工程图分为室外给水排水工程图和室内给水排水工程图。本节只介绍室内给水排水施工图，包括给水排水管网平面布置图和给水排水系统轴测图，以及详图和有关设计说明。

室内给水排水系统由室内给水系统和排水系统两部分组成。室内给水系统指：自室外水表引入至室内各配水点的管道及其附件，其流程为：进户管→水表→主管→支管→用水设备。室内排水系统指：自各污水、废水收集设备将室内的污废水和雨水排出至室外窨井的管道及其附件，其流程为：排水设备→支管→主管→户外排水管。通常用"J"作为生活给水系统和给水管的代号，用"F"作为废水排水系统和排水管的代号，用"W"作为污水排水系统和排水管的代号。

下面以第十一章三层别墅为例，说明给水排水工程图的图示内容和方法。

一、室内给水排水管网平面图

图 13-1 所示为别墅的一层给水排水管网平面图，图示内容为：

1）用水房的平面图。用细实线画出厨房、卫生间等用水房间的平面轮廓和门窗位置，并注明定位轴线、尺寸和标高。

2）按《建筑给水排水制图标准》（GB/T 50106—2010）中规定的图例画出各种设备，如卫生洁具、洗涤池等平面布置图和定位尺寸。

3）按《建筑给水排水制图标准》中规定的给水排水管道线型和代号（见图 13-1 一层给水排水管网平面图中的图例），绘制给水排水管网平面布置图。在一层应画出进户管和排出口，并标明系统编号。如图 13-2 中"$\frac{J}{D}$"为进户管的系统编号，"$\frac{P}{1} \sim \frac{P}{4}$"为排水管的系统编号。

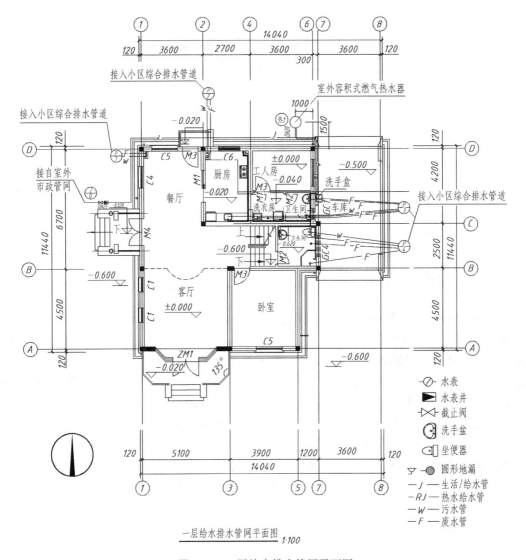

图 13-1 一层给水排水管网平面图

4）用图例表示管道中的各种附件，如水龙头、阀门、给水排水管道、地漏等。为便于阅读，通常将图例放在平面图下方（见图 13-1）。

图 13-2 所示为一层给水排水平面图的局部放大图，以便阅读。

图 13-3 所示为二三层给水排水平面图，其绘制要点与一层给水排水平面图相同。

二、室内给水排水管道系统轴测图

给水排水管道纵横交错，为了清晰地表示其空间走向，宜按 45°正面斜轴测投影法直观地画出给水排水管网系统，称为系统轴测图，简称系统图。

系统图的图示内容如下：

1）按给水排水平面图中进户口和排水口的系统编号分别画出给水、排水各管道系统的管道走向和附件位置。图 13-4、图 13-5 所示为给水管道系统图，图 13-6 所示为不同编号的

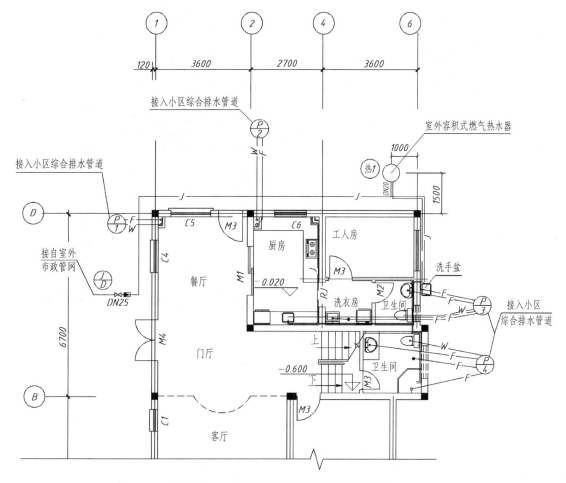

图 13-2 一层给水排水平面图（局部放大）

四个排水管道系统图。

2）分别标注给水管各段的管径，以及横管、阀门、水龙头等部位管道轴线的标高（管道轴线）。在排水系统图中应注明排水管的坡度，还应注明各层楼面的标高及检查口距地面的高度。

3）系统轴测图常采用正面斜轴测绘制，其轴测轴的 OX 轴水平放置，OY 轴宜与水平线成 45°（也可成 30°或 60°），OZ 轴铅垂放置，轴向伸缩系数均相等。由于系统图或平面图、立面图一般采用相同的比例绘制，所以 OX、OY 轴的轴向尺寸可从平面图中量取，OZ 轴的轴向尺寸从立面图中量取。

三、室内给水排水工程图的阅读方法

管网平面图与管道系统图是互相补充的，应结合起来识读，才能理解清楚管道在平面与空间的布置情况。

现以图 13-1 至图 13-6 所示的给水排水平面图和系统图为例，说明阅读给水排水工程图的步骤和方法。

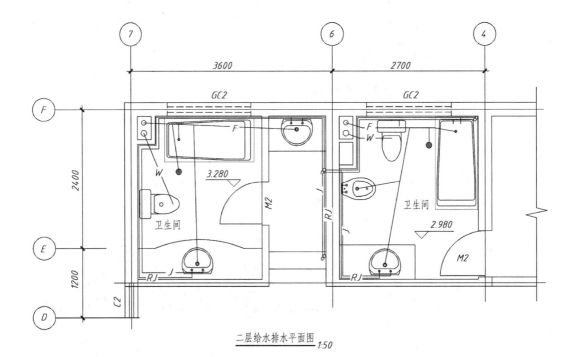

二层给水排水平面图 1:50

三层给水排水平面图 1:50

图 13-3　二三层给水排水平面图

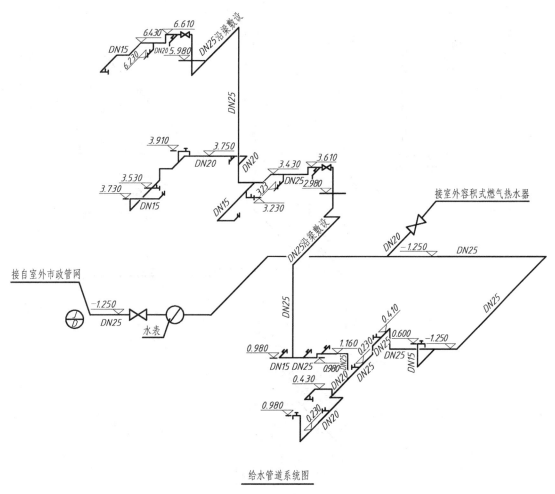

给水管道系统图

图 13-4　给水管道系统图

1. 给水系统

如图 13-4 所示，给水管道从室外市政管网进户管 $\dfrac{J}{D}$ 处（标高 -1.250m）进入室内，经截止阀连接水表，水平转弯后分为两路，一路经 DN20 接截止阀到室外容积式燃气热水器，为别墅提供热水；另一路经 DN15 登高到标高 0.600m 处。该给水系统中，从室外引入到一层、二层、三层的给水总管都是 DN25。

（1）冷水　经 DN15 登高到标高 0.600m 处的冷水，分成两路，一路在车库接洗手盆，另一路进入卫生间 1（标高分别为 0.410m 和 0.230m）；然后又分为两路，一路进入卫生间 2（标高分别为 0.230m，0.430m，0.980m），另一路登高到标高 1.160m 处进入洗衣房，从洗衣房串接到厨房的两个出水口，标高均为 0.980m；然后从厨房登高到二层楼面（标高 2.980m）接截止阀，从截止阀接二层的两个卫生间；最后从二层卫生间的墙角登高到三层楼面（标高 5.980m），进入三层的卫生间。

（2）热水　图 13-5 所示为热水给水管道系统图。从室外容积式燃气热水器出来的热水

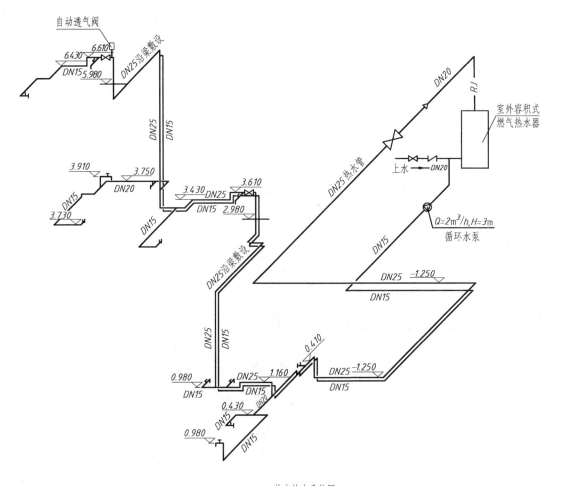

热水给水系统图

图 13-5　热水给水管道系统图

提供给一层工人房卫生间 1（标高为 0.410m）的洗手盆，然后分两路分别进入客厅卫生间 2 的洗手盆和厨房的洗涤盆；在厨房靠轴线④和轴线Ⓓ处的墙角登高到二层（标高 2.980m），分两路分别进入卧室卫生间及起居室卫生间的洗手盆和浴盆；然后再登高到三层的卫生间（标高 5.980m）进入两洗手盆，以及二、三层卫生间的洗手盆和浴盆。

2. 排水系统

图 13-6 所示为别墅的室内排水采用污水、废水分别立管的排水系统。

$\frac{P}{1}$：三层主卧卫生间和二层起居室卫生间的污废水经过①轴线和Ⓓ轴线墙角的排水管排入小区综合排水管道。

$\frac{P}{2}$：二层卧室卫生间的污废水经过②轴线和Ⓓ轴线墙角的排水管排入小区综合排水管道。

$\frac{P}{3}$：一层厨房、工人房卫生间、车库的污废水直接排入小区综合排水管道。

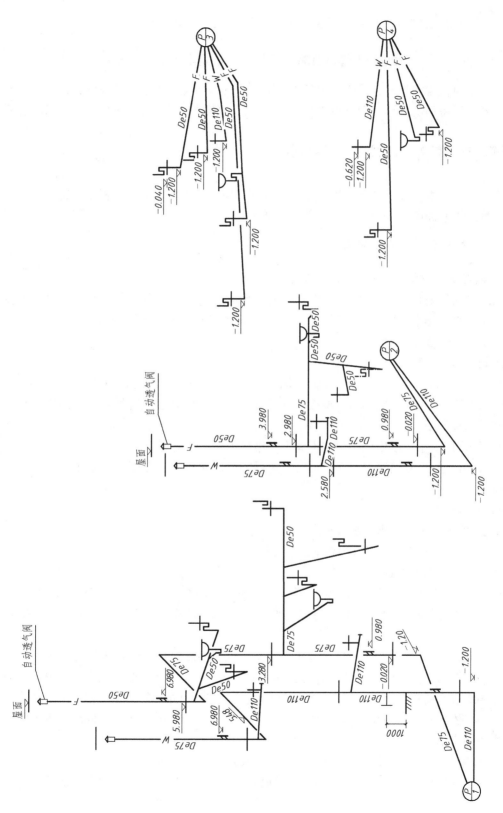

图 13-6 排水管道系统图

$\dfrac{P}{4}$：一层公共卫生间的污废水直接排入小区综合排水管道。

$\dfrac{P}{1}$、$\dfrac{P}{2}$：两根总排水管道顶部都设有自动透气阀。

管网平面布置图与管道系统图中各管段不同管径的变化、排水管的坡度、各重要部位的标高、各种设备的定位尺寸和管道中各种附件的图例符号应仔细对照分析，才能识读清楚。

第二节　室外给水排水工程图

室内给水排水工程图之外的给水排水工程图均属于室外给水排水工程图，它包括各类平面图、管道纵断面图、管网平差图、节点大样图。

一、室外给水排水平面图

1. 城市给水排水规划图（总体布置图）

给水排水规划是城市市政建设规划的重要组成部分。城市给水排水规划图主要内容包括：城市给水、排水管网和水处理厂平面图布置现状以及近期、远期规划。

图 13-7 所示为某市给水规划图。

规划图图示内容：

1）规划图是给水排水工程图中比例最小的一种图样，常用比例有 1：50000、1：10000、1：5000、1：2000 等。一般按给水工程和排水工程分别进行规划，分别绘制给水规划图和排水规划图。

2）因比例很小，图中仅画出主干管道，用单粗线绘制管道。

3）水处理厂、建筑物、道路、河流、桥梁等用图例表示，在图例内容中列出，并用文字说明。

4）应画指北针。

2. 厂区（小区）给水排水规划图

图 13-8 所示为某小区管道规划图。

小区规划图图示内容：

1）与小区建筑总平面图相一致，常用比例有 1：2000、1：500、1：200 等。可将给水系统、排水系统分开绘制，也可绘制在一幅图上，这应视管道及设备布置情况的复杂程度而定。

2）与建筑总平面图相同，厂区给排水规划图也是绘制在标有测量坐标和施工坐标的地形图上的，但因图类不同，所表达的内容重点也不同。在给水排水规划图中，建筑物的轮廓线用中实线表示新建建筑物，用细实线表示既有建筑物及道路、桥梁，其他地形、地物、园林绿化等次要内容可以不画，管道用粗实线绘制，管道附件、管道连接、阀门及管道附属构筑物用图例表示。

3）给水、排水管均应分段标注管径、长度；排水管还应标注坡度，一般标注在管道线一侧；管道定位尺寸可以邻近建筑物外墙或道路边缘为基准；连接市政给水管的管段应用文字说明。

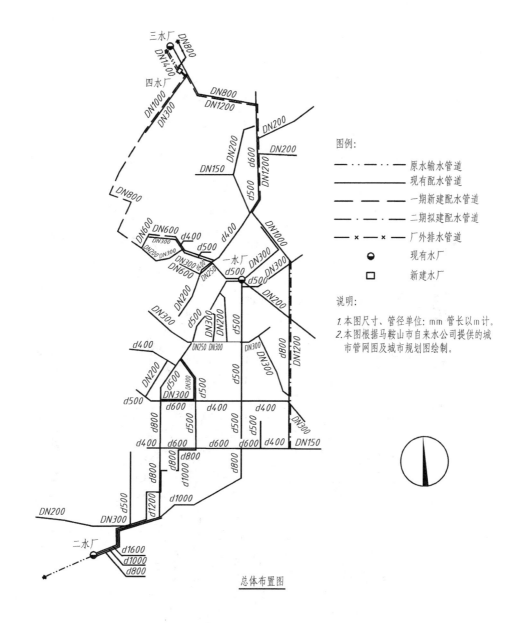

图例：
—··—··— 原水输水管道
———— 现有配水管道
———— 一期新建配水管道
————— 二期拟建配水管道
—×—×— 厂外排水管道
⊖ 现有水厂
□ 新建水厂

说明：
1.本图尺寸、管径单位：mm 管长以 m 计。
2.本图根据马鞍山市自来水公司提供的城市管网图及城市规划图绘制。

总体布置图

图 13-7　某市给水规划图

4）应有图例说明、指北针、施工要求等。

二、管道纵断面图

　　管道纵断面图是反映管道、管径、长度、坡度、标高、敷设深度、管道与构筑物连接、干管与支管连接的工程图样，是城市街道排水管道的纵断面图。在厂区（小区）给水排水工程中，因有关数据和施工要求已在平面图中有所反映，一般均不绘制管道断面图。给水管道仅在某些特殊情况下，如管道穿过铁路、河谷等障碍物，并且施工要求在平面图中无法表达清楚时，才绘制管道纵断面图。在绘制街道管道纵断面图时，通常同时绘制街道管道平面图。

　　图 13-9 所示为某街道排水管道平面图。

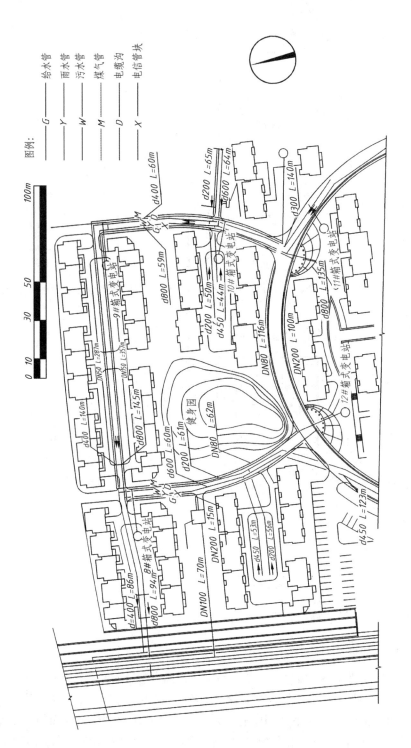

图 13-8 某小区管道规划图

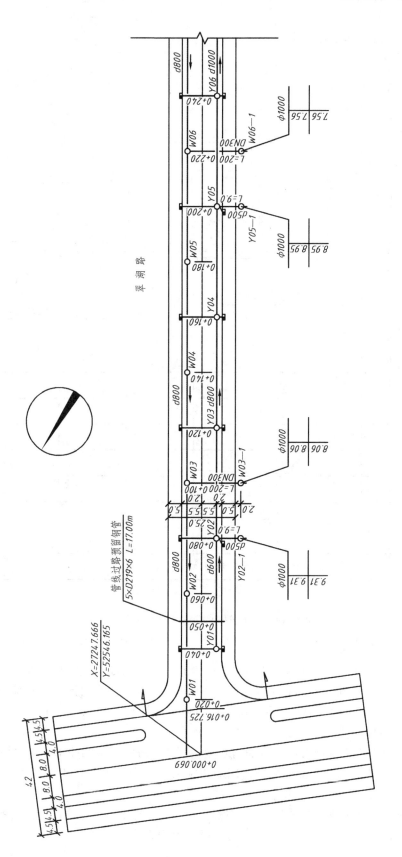

图 13-9 某街道排水管道平面图

图 13-10 所示为某街道排水管道纵断面图。

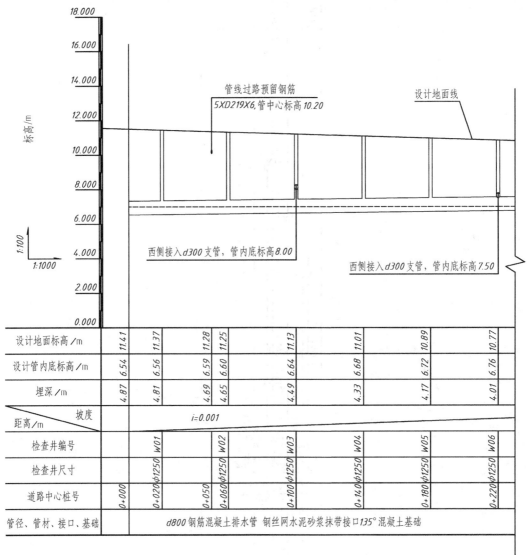

图 13-10 某街道排水管道纵断面图

排水管道纵断面图图示内容：

1）管道敷设深度与管道长度相比数值很小，因此，管道纵断面图纵横两个方面分别采用不同的比例：纵向（管道埋深方向）常用 1：200、1：100，并画出比例尺；横向（管道长度方向）采用 1：1000、1：500，不画比例尺，也不标注比例。纵横方向尺寸单位均为 m，纵向标高为绝对标高。

2）纵断面图习惯上按水流方向自左而右布置，剖切位置沿管道线并垂直于水平面。

3）给水管道用单粗线表示，排水管道用双粗线表示。它们均垂直于剖切平面的管道，简化画成圆。管道上检查井等构筑物也用双粗线表示。

4）在纵断面下用列表的形式标注：自然地面标高、设计地面标高、设计管中心标高或管内底标高、管径、平面距离、构筑物编号、基础处理方式等内容。

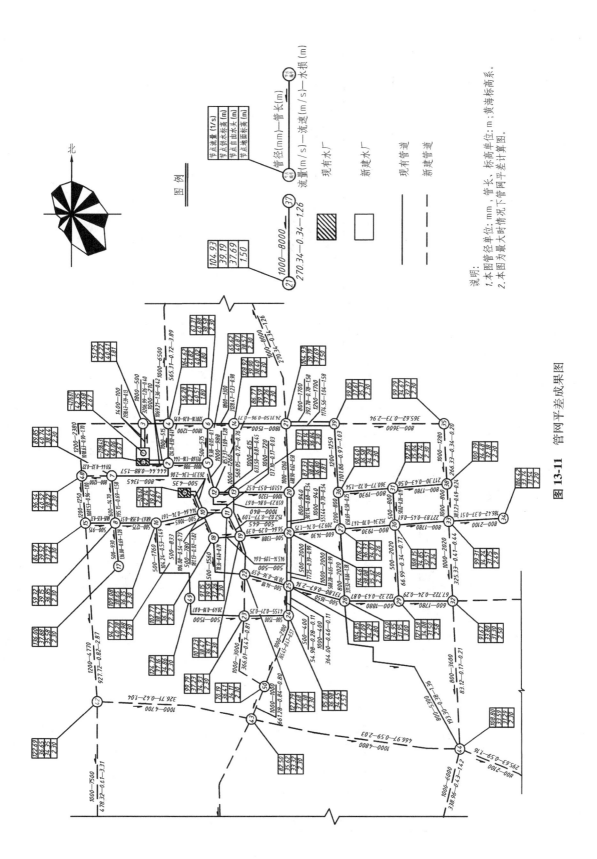

图 **13-11**　管网平差成果图

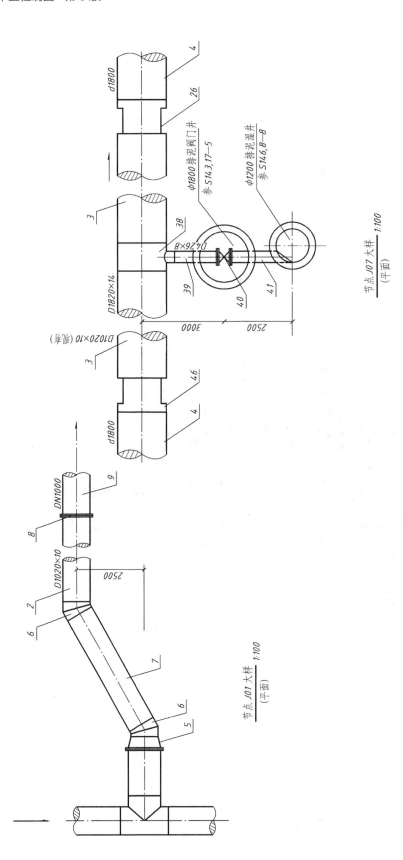

图 13-12 节点大样图

三、管网平差图

新建和扩建的城市管网需进行水力计算，据此求出管线流量和节点流量及管段的直径、水头损失等，需要绘制管网平差图。

管网平差图是水力计算示意图，用粗实线表示管道，用箭头表示管段流向，标注节点流量、管线流量、管段长度、管径。图中还要标注出闭合差和校正流量的方向与数值。

图 13-11 所示为管网平差成果图。

四、节点大样图

不论是室内工程，还是厂区工程，管道节点大样图都是一种常见的图样。管道节点大样图主要是指各种给水管道的闸阀井、各种排水管道的检查井，以及管道交叉点的放大图。

管道节点大样图可不按比例绘制，在平面图基础上进行局部放大。

图 13-12 所示为节点大样图。

第三节　建筑电气工程图

电气工程图用以表达建筑物内部照明和电气设备的布置，为建筑电气工程施工提供依据。电气工程图是建筑设备施工图的一个组成部分。

一、室内电气照明施工图

1. 动力及照明平面图

表示房屋室内动力、照明设备和线路布置的图样称为动力及照明平面图。在实际工程中，动力系统与照明是分开的，所以平面图也分开绘制。但在小型住宅中，动力和照明又合为一个系统，可在一张平面图中表示（如图 13-13 的一层照明平面图）。

在平面图上表明电源进户位置，线路敷设方式，导线的型号、规格、根数，以及各种用电设备的位置和要求等内容。在照明平面图中，房屋轮廓用细实线绘制，电器部分用粗实线绘制，各楼层平面图应分别绘制。

在平面图中，对于多条走向相同的线路，无论根数多少，都画一根线表示，其根数用细短线或细短斜线加数字表示。

2. 插座平面图（见图 13-14）

插座平面图主要表示各房间插座的种类、安装位置等，其画法与照明平面图相同。

在照明平面图和插座平面图中，各种用电设备，如配电箱、控制开关、插座及灯具等均按国家标准规定的图例表示。表 13-1 为本工程电器平面图中常用的图例，以及别墅的电器安装说明。

通常将本工程所用图例，包括安装高度都附在平面图下方，以便对照阅读。

3. 电气照明施工图阅读要点

将图 13-13 的一层照明平面图和图 13-14 的一层插座平面图结合起来，并根据下述要点识读。

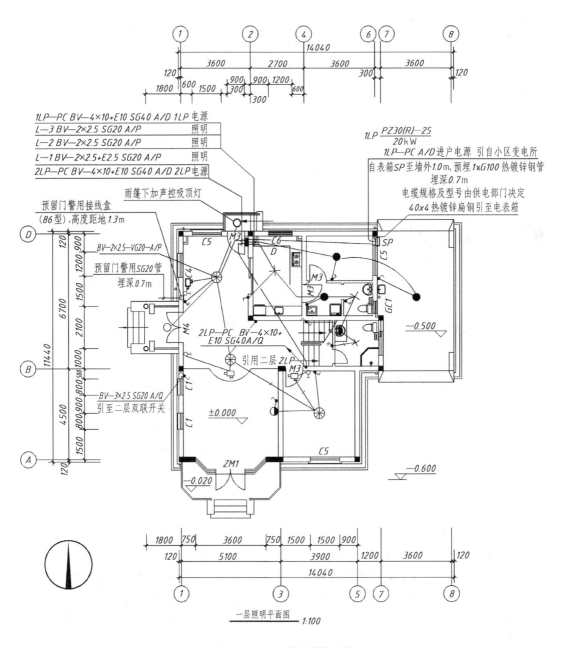

图 13-13　一层照明平面图

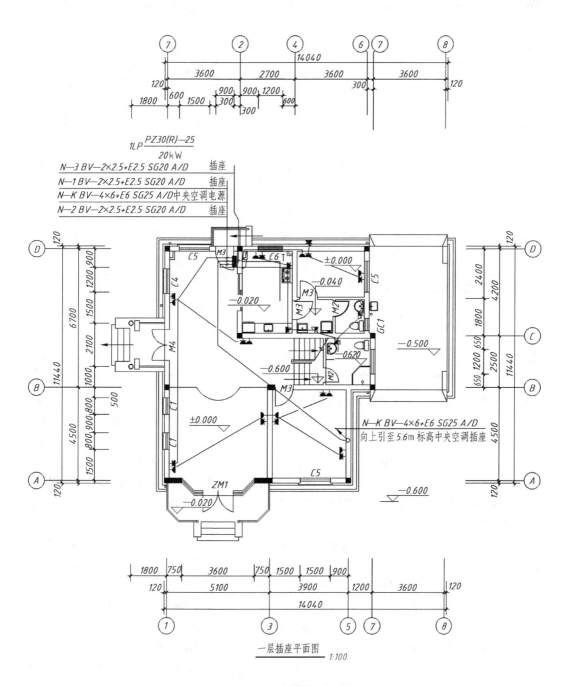

一层插座平面图 1:100

图 13-14　一层插座平面图

表 13-1　电气平面图图例及安装说明

图例	说　明	图例	说　明
■ *LP*	住户配电箱　安装高度 2.1m	□ *DG*	门禁对讲机预留盒　安装高度 1.3m
□ *SP*	电源进户（电表）箱　安装高度 1.4m	⌒	单联单控开关　安装高度 1.3m
◐	壁灯　安装高度由装修决定	⌒	双联单控开关　安装高度 1.3m
⊗	吊灯头	⌒	单联双控开关　安装高度 1.3m
✕	磁质灯座	▶	单相三极暗装插座　安装高度 0.3m
●	吸顶灯　吸顶安装	▶	单相三极带开关暗装插座　安装高度 0.3m
Ⓢ	声控灯　吸顶安装	▶	单相三极/二极暗装插座　安装高度 0.3m
⌐▭	风机盘管　安装高度于顶棚下 0.3m	▶	单相三极带开关防溅插座　安装高度 1.5m
↻	调速开关　安装高度 1.3m	▶	单相三极/二极防溅插座　安装高度 1.5m
▭	等电位接线端子　安装高度 0.3m	▶ *K*	三相四极防溅插座　安装高度 1.3m
TP ⌐	电话插座　安装高度 0.3m	*A/D*	线管埋地暗敷
TV ⌐	有线电视插座　安装高度 0.3m	*A/P*	线管棚内暗敷
□*TP*	电话进户盒　安装高度 1.4m　NF-1A 型 320×260×130	*A/Q*	线管墙内暗敷
□*TV*	有线电视分支盒　安装高度 2.0m　220× 180×100		

（1）电源和电压　该别墅电源由小区变电所用电缆埋地方式引入，电压为 380V/220V 三相四线制。电源进户处自表箱 SP 至墙外（车库内）1m 预埋 1×G100 热镀锌钢管，供引入电源电缆用。预埋钢管埋深 1m。

本建筑物负荷等级为三级，计算负荷按 16kW 配置，装接容量为 20kW。

（2）导线选型和敷设　室外电缆型号和规格由供电部门决定。室内选用耐压 500V 的塑料铜芯线穿难燃塑料管沿墙、地及天棚暗敷。塑料铜芯线与难燃塑料管穿线配合为：4 根以下穿 SG20 管，5~8 根穿 SG25 管。

（3）照明、空调和插座　照明电源、中央空调插座电源和一般插座电源分别设置，其中风机盘管电源与照明电源合用一回路，卫生间插座选用防溅型，装高低于 1.8m 的插座选用防护型。卫生间选用瓷质灯座，照明开关置卫生间外。

（4）配电箱　电源进户箱（电表箱）由供电部门决定。照明开关箱选用 PZ30 型，其中照明出线开关选用 DPN 双极开关，同时断开相线、零线。插座出线开关单相选用 DPNvigi 漏电开关，电流 I = 30mA。三相选用 c45N+vigic45ELE 漏电开关，电流 I = 30mA。

（5）配电回路　由配电箱将电源分配至各房间和走廊及楼梯间的用电设备。配电系统采用放射式，住户开关箱分各层照明，各层的厅卧插座、卫生间插座、厨房插座等共 11 个配电路。如在图 13-13 所示照明平面图中，由轴线 Ⓑ 处引至二层的双联开关插座回路标注为"BV-3×2.5 SG20 A/Q"，即表示 3 根截面积为 2.5mm^2 的铜芯塑料绝缘线，采用直径为 20mm 的难燃塑料管（SG）穿管配线，暗敷于墙内（A/Q）。又如在图 13-14 所示的一层插座平面图中，向上引至 5.6m 标高的中央空调插座回路标注为 "N-K BV-4×6＋E6 SG25 A/ D"，即表示 4 根截面积为 $6mm^2$ 的铜芯塑料绝缘线和 1 根截面积为 $6mm^2$ 的中性线，采用直径为 25mm 的难燃塑料管穿管配线。

二、联合接地平面图

联合接地平面图用以表示房屋强电系统接地保护的情况，为联合接地系统提供施工依据。

在联合接地平面图中，用细实线绘制一层的房屋轮廓，用粗实线和箭头绘制各接地线头。

联合接地体构成是利用地下基础梁及基础的钢筋焊接连通后作为接地极，在基础梁内放置一根 40mm×4mm 的镀锌扁钢焊接作为总等电位连接体，再向上引到各接地部位，如在图 13-14 所示一层插座平面图中车库墙角处的 "40×4 热镀锌扁钢引至电表箱"。

下面结合图 13-15 说明其读图要点。

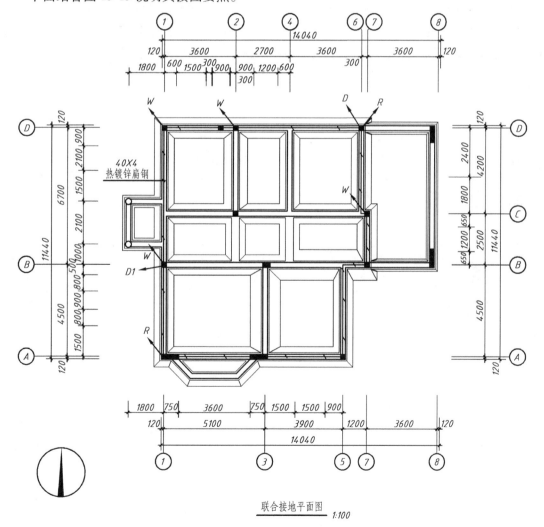

联合接地平面图
1:100

图 13-15　联合接地平面图

1. 接地电阻测试点

接地电阻测试点用代号 R 表示。在距室外地坪上 0.8m 处预埋外露的 100mm×100mm×6mm（长×宽×厚）的铁板作为接地电阻测试点，在室外地坪下 0.8m 预埋外露的 100mm×100mm×6mm 的钢板作为加打地极的连接点。

在通过轴线①、Ⓐ处和⑥、Ⓓ处设有接地电阻测试点 R。

2. 电气保护接地线

电气保护接地线用代号 D 表示，其作用是电源进户时作保护接地用。D1 为弱电保护接地线，供弱电进户时作保护接地用。D、D1 均由地下用 40mm×4mm（高×厚）镀锌扁钢引出。

轴线⑥、Ⓓ处和①、Ⓑ处分别设置了电气保护接地线 D 和弱电保护接地线 D1。

3. 卫生间等电位连接线

卫生间等电位连接线用代号 W 表示，其作用是使用户能安全使用卫生间的各电气设备。等电位连接线用基础内的 40mm×4mm 扁钢与立柱内的大于 Φ10mm 的钢筋焊接引至卫生间后，再用 25mm×4mm 镀锌扁钢暗敷到等电位端子箱与卫生间的地坪钢筋网连接。

在轴线①、Ⓓ处，①、Ⓑ处，②、Ⓓ处，⑦、Ⓒ处均设有卫生间等电位连接线 W。所有进入建筑物的金属管道都必须与联合接地体相连接，以实现等电位连接。

第十四章 标高投影

道路、桥梁、水利等工程建筑物是在大地上修建的，它们与地面有着密切的联系，在设计和施工中，需要绘制出表达地面形状的地形图。由于地面形状复杂且高度与长度之比相差很大，如仍用多面正投影图来表达地面形状，不仅作图困难，而且也不易表达清楚。因此，人们在生产实践中创造了另一种图示方法，即标高投影。

标高投影图是在物体的水平投影上加注某些特征面、线及控制点标高的单面正投影图。

第一节 点、直线、平面的标高投影

一、点的标高投影

在点的水平投影旁标注出该点距离水平面的标高，即得点的标高投影。

在图 14-1a 中，设水平投影面 H 为基准面，空间有三点：A 点在 H 面上方 5 个单位，B 点在 H 面上，C 点在 H 面下方 3 个单位。分别作出它们在 H 面上的正投影，并在投影旁标注出标高，即 a_5、b_0、c_{-3}，便得到 A、B、C 三点的标高投影。图 14-1b 即它们的标高投影图。

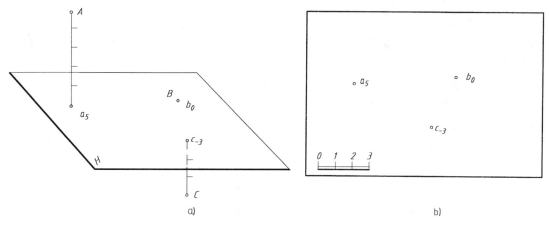

图 14-1 点的标高投影

在标高投影图中，必须注明比例或者画出比例尺，长度单位通常为 m。有了点的标高投影，点的空间位置便可唯一确定。

在实际工程中，以我国青岛市外的黄海海平面作为基准面而测定的标高称为绝对标高（在水利工程图中又称为绝对高程）。若以其他平面为基准面来测定的标高则称为相对标高。

二、直线的标高投影

1. 直线的表示法

1）用直线的水平投影及直线上两端点的标高投影表示，如图 14-2 中的直线 *AB*。

2）用直线上一个端点的标高投影及直线的坡度和方向表示，如图 14-2 中过 *C* 点的直线（箭头指向下坡）。

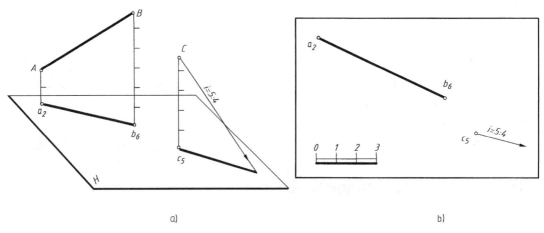

图 14-2　直线的标高投影

在标高投影中，将各点标高均相等的线（直线或曲线）称为等高线，因水平线平行于 *H* 面，所以水平线上诸点的标高相同，故为等高线。等高线宜采用上述第一种方法表示。

【例 14-1】　根据图 14-3 中直线的标高投影，判断其空间位置。

解：　*AB* 直线两端点的标高不同，所以为倾斜线；*CD* 直线两端点的标高相同，故为等高线；*EF* 直线的水平投影积聚成一点，但两端点的标高不一样，因而为铅垂线。

2. 直线的坡度和平距

直线上任意两点的高度差与该两点的水平距离（水平投影长度）之比称为该直线的坡度，用 *i* 表示。在图 14-4 中，*A*、*B* 两点的高度差为 *H*，水平距离为 *L*，*AB* 直线对 *H* 面的倾角为 α，则

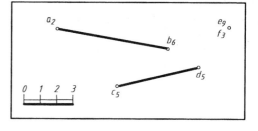

图 14-3　判断直线的空间位置

$$坡度\ i = \frac{高度差}{水平距离} = \frac{H}{L} = \tan\alpha$$

注意：

1）当高度差 *H* 为 1 个单位时，其水平距离称为平距，用符号 *l* 表示，此时 $i = \frac{1}{l}$，则 $l = \frac{1}{i}$。这说明坡度与平距互为倒数，坡度大，则平距小；坡度小，则平距大。

2）当水平距离 L 为 1 个单位时，坡度 i 的值与高度差 H 的值相等。

3）高度差和水平距离的单位一般采用 m。

【例 14-2】 已知直线 AB 的标高投影 a_8b_2（见图 14-5），求 AB 的坡度、平距以及 C 点的标高。

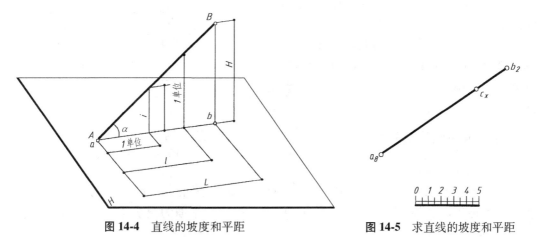

图 14-4 直线的坡度和平距 图 14-5 求直线的坡度和平距

解： 首先求直线 AB 的坡度。根据图中比例尺量得 $L_{AB}=12$m，而 $H_{AB}=$（8－2）m＝6m，因此

$$i = \frac{H_{AB}}{L_{AB}} = \frac{6}{12} = \frac{1}{2}$$

于是 $l = \frac{1}{i} = 2$

再根据比例尺量得 $L_{AC}=9$m

因为 $i_{AB}=i_{AC}$，所以 $\frac{H_{AC}}{L_{AC}}=\frac{H_{AB}}{L_{AB}}$，由此得

$$H_{AC} = \frac{H_{AB}}{L_{AB}} \cdot L_{AC} = \frac{1}{2} \times 9\text{m} = 4.5\text{m}$$

故 C 点的标高为（8－4.5）m＝3.5m。

3. 直线的实长及整数标高点

当直线上两端点的标高值不为整数，而在实际工作中又要求在直线上确定其整数标高时，可通过下面的例子来解决。

【例 14-3】 已知直线的标高投影 $a_{3.7}b_{6.6}$，求直线上各整数标高点（见图 14-6）。

分析： 根据换面法的概念，过 AB 作一铅垂面 P，以 AB 的水平投影 $a_{3.7}b_{6.6}$ 为轴，将 P 面旋转到与 H 面重合，即可求出直线的实长 AB。在 AB 上确定出整数标高点，然后返回到直线的投影上即可。

作图：

1）按比例尺比例作一与 $a_{3.7}b_{6.6}$ 平行的等距整数标高直线，其标高顺次为：3m、4m、5m、6m、7m。

2）分别自 $a_{3.7}b_{6.6}$ 作整数标高线的垂线，并根据标高在垂线上定出点 A 和 B，连 AB。

3）AB 与整数标高线的交点 C、D、E 是直线上的整数标高点。

4）分别过 C、D、E 向 $a_{3.7}b_{6.6}$ 作垂线，即为整数标高点的投影 c_4、d_5、e_6。

求直线 AB 的实长，也可采用直角三角形法，即分别以直线的标高投影和高度差为两直角边，斜边即为实长。在图 14-6 中 AB 即为实长，α 为 AB 对 H 面的倾角。

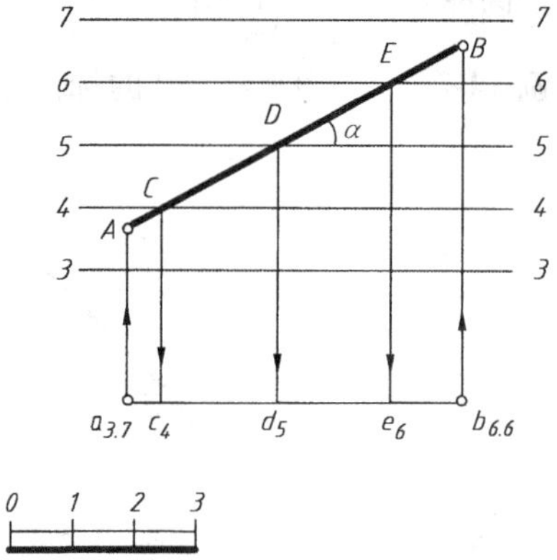

图 14-6 求整数标高点

三、平面的标高投影

1. 平面内的等高线

平面内的水平线称为平面内的等高线，即水平面与平面的交线。在实际工程中，常取平面上整数标高的水平线为等高线，基准平面（H 面）与平面的交线是平面内标高为零的等高线（即平面的水平迹线）。

从图 14-7a 中可看出平面内的等高线具有下述特征：

1）等高线是直线。

2）高度差相等，平距相等。

3）等高线相互平行。

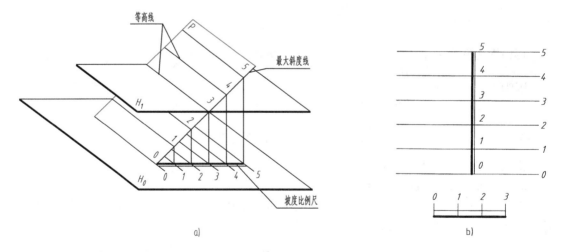

a)   b)

图 14-7 平面内的等高线和坡度比例尺

2. 平面内的坡度线

平面内对水平面的最大斜度线就是平面内的坡度线。平面内的坡度线具有以下特征：

1）平面内的坡度线与等高线相互垂直，其水平投影也相互垂直。

2）平面内坡度线的坡度就是平面的坡度。

3）平面内坡度线的平距就是平面内等高线的平距。

3. 坡度比例尺

将平面内坡度线的水平投影画成一粗一细的双线并附以整数标高（见图 14-7），称此为坡度比例尺。

【例 14-4】 已知平面由 $a_{25.5}b_{29}c_{27}$ 确定，求作该平面的坡度比例尺，以及平面对基准面的倾角 α。

分析： 由于平面内的坡度线就是该平面的坡度线，而坡度线又垂直于平面内的等高线，所以只要确定出平面内的等高线，则问题就易于解决了（见图 14-8）。

作图：

（1）求坡度比例尺

1）求作 $a_{25.5}b_{29}$ 边上的整数标高点，并过这些点作等高线。注意 $a_{25.5}b_{29}$ 边上标高为 27m 的点与 c 点标高相同，相连即为平面上的一条等高线，然后过 $a_{25.5}b_{29}$ 边上标高为 26m、28m 的点作此等高线的平行线。

2）作坡度比例尺垂直于等高线。

（2）求平面与基准面的倾角

1）以坡度线的平距为一直角边，作另一直角边，取其长度为 $H=1$m，作直角三角形。

2）斜边与坡度线的夹角 α，即为所求。

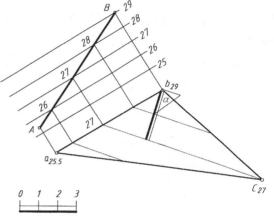

图 14-8 求平面的坡度比例尺

4. 平面的表示法

（1）几何元素表示平面 正投影图中介绍的五种几何元素表示法在此均适用。

（2）用坡度比例尺表示平面（见图 14-9） 由于坡度比例尺的坡度就是平面的坡度，所以当坡度比例尺的位置和方向给定，平面的位置和方向便可确定。等高线和坡度比例尺是垂直的，过坡度比例尺上各整数标高点作坡度比例尺的垂线，即可求得平面上的等高线。

（3）用一条等高线和平面的坡度表示平面 在图 14-10a 中已知平面内的一条标高为 6m 的等高线，又知平面的坡度为 1∶2，故可按下述步骤求出平面内的其他等高线：

1）根据坡度 $i=1∶2$，求出平距 $l=\dfrac{1}{i}=2$。

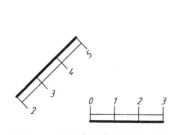

图 14-9 用坡度比例尺表示平面

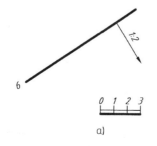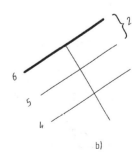

图 14-10 用一条等高线和平面的坡度表示平面

2）作垂直于等高线 6 的坡度线，并在其上顺坡度方向按比例量取两个平距，得两个截点。

3）过各截点作等高线的平行线，如图 14-10b 所示。

（4）用一条非等高线和平面的坡度表示平面 在图 14-11a 中是用一条非等高线 a_3b_6 和平面的坡度 1:2 表示的平面，a_3b_6 旁边的箭头只说明该表面在直线 AB 的一侧倾斜，并不代表平面的倾斜方向，所以用虚线表示。这种表示法的空间情况如图 14-11b 所示。在图中，过倾斜直线 AB 作坡度为 1:2 的平面，与锥顶为 B、素线坡度为 1:2 的正圆锥相切，切线 BM 就是该平面的坡度线。已知 AB 两点的高度差 $H=(6-3)m=3m$，平面坡度 $i=1:2$，则水平距离 $L=H/i=3\times2m=6m$。如果所作正圆锥的高度 $H=3m$，锥底圆半径 $R=L=6m$，那么，过标高为 3m 的 A 点作锥底圆的切线 AM，便是平面内标高为 3m 的等高线。知道了平面内的一条等高线和坡度的方向，就可作出平面内的其他等高线，如图 14-12 所示。

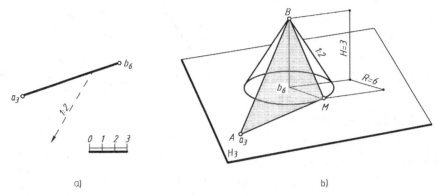

图 14-11 用一条非等高线和平面的坡度表示平面

作图：

1）以 b_6 为圆心，$R=6m$ 为半径作弧。

2）自 a_3 作圆弧的切线 a_3m_3，即得标高为 3m 的等高线。

3）自 b_6 作切线 a_3m_3 的垂线 m_3b_6，得平面的坡度线。将 m_3b_6 三等分，过各分点作标高为 4m、5m 的等高线。

5. 两平面的相对位置

（1）两平面平行（见图 14-13） 当两平面具有下述特征时，则互相平行：

1）坡度比例尺平行。

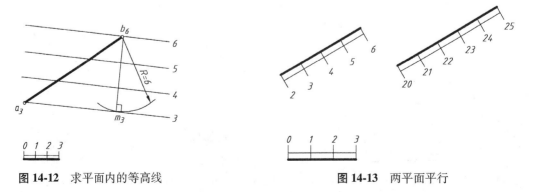

图 14-12 求平面内的等高线

图 14-13 两平面平行

2）平距相等。

3）倾斜方向相同（标高变化方向一致）。

（2）两平面相交（见图 14-14a）　在标高投影中，两平面的交线，就是两平面上同标高等高线交点的连线。求两平面交线的方法仍然采用辅助平面法，只是辅助面一般采用水平面（如图 14-14a 中的 H_4 和 H_7）。其作图步骤（见图 14-14b）为：

1）求两平面内同标高等高线的交点，即两平面的共有点。

2）连接两共有点即得两平面的交线。

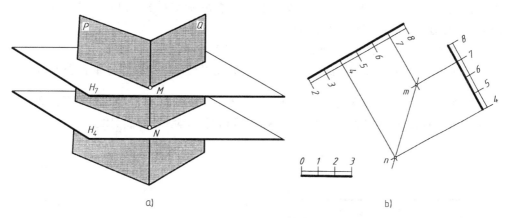

图 14-14　两平面相交

在实际工程中，习惯把坡面与地面的交线称作坡脚线（填方坡面）或开挖线（挖方坡面），而把相邻两坡面的交线称作坡面交线。

【例 14-5】　已知三角形基坑有一斜坡道 ABCD，两侧和尽端坡面的坡度如图 14-15a 所示，地面为水平面，其标高为 3m，求作开挖线和坡面交线。

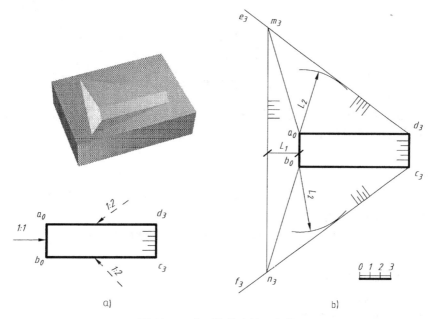

图 14-15　求开挖线和坡面交线

解：（1）求作开挖线 因地面标高为3m，故开挖线是标高为3m的等高线，按以下步骤求作即可。

1）计算水平距离 $L_1 = [3/(1/1)] \text{m} = 3\text{m}$，$L_2 = [3/(1/2)] \text{m} = 6\text{m}$。

2）作两侧斜坡面与地面的交线。分别以 a_0、b_0 为圆心，L_2 为半径画弧，过 c_3、d_3 两点，分别作两弧的切线 $c_3 f_3$、$d_3 e_3$，即为所求交线的水平投影。

3）作斜坡面尽头 $a_0 b_0$ 与地面的交线。以 L_1 为水平距离作直线平行于 $a_0 b_0$，即为所求交线的水平投影。

4）作开挖线的标高投影。上述交线的水平投影分别交得 m_3 和 n_3，则 $c_3 n_3$、$d_3 m_3$ 和 $m_3 n_3$ 即为斜坡道两侧坡面和尽端坡面的开挖线。

（2）作坡面交线 连接 a_0 与 m_3，b_0 与 n_3，即得坡面交线 $a_0 m_3$、$b_0 n_3$。

（3）画示坡线 用一长一短的细实线，自上坡往下坡方向绘制，且垂直于等高线。

【例14-6】 已知主堤和支堤相交，顶面标高分别为4m和3m，地面是标高为2m的水平面，各坡的坡度如图14-16所示，求作该工程建筑物的坡脚线和坡面交线。

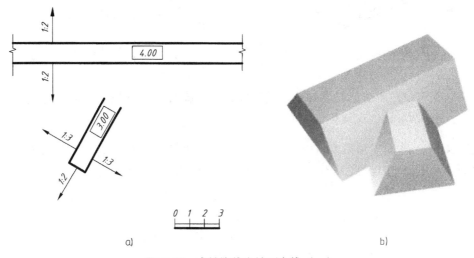

a)　　　　　　　　　　　　　　　　b)

图14-16 求坡脚线和坡面交线（一）

分析：本题实际上是求四种交线，即各坡面与地面的交线、主堤边坡面与支堤堤顶的交线、主堤坡面与支堤坡面的交线、支堤坡面间的交线。

作图（见图14-17）：

（1）求坡脚线

1）求水平距离 $L_1 = [(4-2)/(1/2)] \text{m} = 4\text{m}$；$L_2 = [(3-2)/(1/3)] \text{m} = 3\text{m}$；$L_3 = [(3-2)/(1/2)] \text{m} = 2\text{m}$。

2）分别以 L_1、L_2、L_3 为水平距离画主堤、支堤的坡脚线 $a_2 b_2$、$c_2 g_2$、$h_2 d_2$、$g_2 e_2$、$e_2 f_2$、$f_2 h_2$。

（2）求主堤坡面与支堤顶面的交线

1）求水平距离 $L_4 = [(4-3)/(1/2)] \text{m} = 2\text{m}$。

2）以 L_4 为水平距离画等高线 $m_3 n_3$。

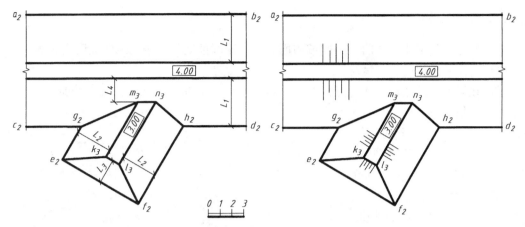

图 14-17 求坡脚线和坡面交线（二）

（3）求主堤坡面与支堤坡面的交线　连 m_3g_2、n_3h_2 即是。

（4）求支堤坡面间的交线　连 k_3e_2、l_3f_2 即是。

第二节　曲面的标高投影

在标高投影中，用一系列的水平面截切曲面，画出这些截交线的标高投影，即得曲面的标高投影。

一、正圆锥面

正圆锥的标高投影是这样表示的：设正圆锥的轴线垂直于水平面，用一组高差相等的水平面截切正圆锥面，其截交线为一组水平圆，在诸水平圆的水平投影上注明标高值，即得正圆锥的标高投影。图 14-18a 为正圆锥，等高线越靠近圆心其标高值越大。图 14-18b 为倒圆锥，等高线越靠近圆心其标高值越小（字头朝向高处）。

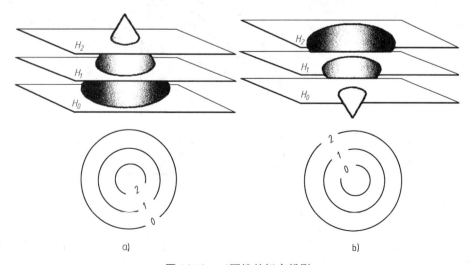

图 14-18 正圆锥的标高投影

二、同坡曲面

一个各处坡度都相同的曲面为同坡曲面。因为正圆锥上每一条素线的坡度均相等，所以正圆锥面是同坡曲面的特殊情况。

道路在转弯处的边坡，无论路面有无纵坡，均为同坡曲面。同坡曲面的形成如图14-19所示。一正圆锥面顶点沿一空间曲线（L）运动，运动时圆锥的轴线始终垂直于水平面，则所有正圆锥面的外公切面（包络面）即同坡曲面。曲面的坡度就等于运动正圆锥的坡度。同坡曲面有如下特征：

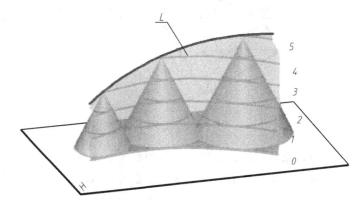

图14-19　同坡曲面

1）沿曲导线运动的正圆锥，在任何位置都与同坡曲面相切，切线就是正圆锥的素线。

2）同坡曲面上的等高线与圆锥面上同标高的圆相切。

3）圆锥面的坡度就是同坡曲面的坡度。

由于同坡曲面上每条坡度线的坡度都相等，所以同坡曲面的等高线为等距曲线，当高差相等时，它们的间距也相等。下面通过一个例子来说明同坡曲面上等高线的作图方法。

【例14-7】　一弯曲引道由地面均匀升高，与干道相连。干道顶面标高为+4m。设地面标高为0m，各坡面坡度如图14-20所示，求作此工程建筑物的标高投影图。

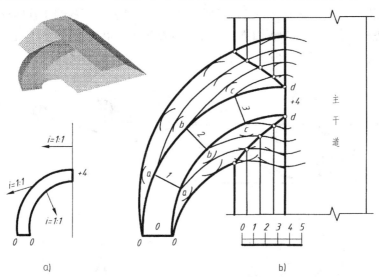

a)　　　　　　　　　　　　　　　　　b)

图14-20　求工程建筑物的标高投影图

分析：求作此工程构造物的标高投影，实际是要求弯道两侧同坡曲面与地面的交线及坡面上的等高线；干道坡面与地面的交线及坡面上的等高线；弯道两侧同坡曲面与干道坡面的交线。

作图：

（1）确定运动正圆锥的锥顶位置　分别以弯曲道路两边线为导线，在导线上取整数标高点 a、b、c、d。

（2）计算平距　由于主干道边坡与弯道边坡的坡度 i 均为 $1:1$，所以 $l = 1/i = 1m$。

（3）作各正圆锥面的等高线　以锥顶 a、b、c、d 为圆心，分别以 $R = l$、$2l$、$3l$、$4l$ 为半径画同心圆。

（4）作同坡曲面的等高线　作各正圆锥面上同标高等高线的公切线。同法作出另一侧同坡曲面上的等高线。干道坡面与地面的交线及坡面上的等高线用前述平面求等高线的方法求作即可。最后作两侧同坡曲面与干道坡面的交线，其作法是将同坡曲面上与干道坡面上同标高等高线的交点连接起来。

三、地形面

1. 地形图的绘制

地形面是很复杂的曲面，有山脊、山顶、鞍部、峭壁、河谷等地貌。为了表达地形面，假想用一组高差相等的水平面截切地面，得一组截交线——等高线（见图 14-21），并注明其标高，便得地形面的标高投影。由于地形面是不规则的，所以地形等高线也是不规则的曲线。

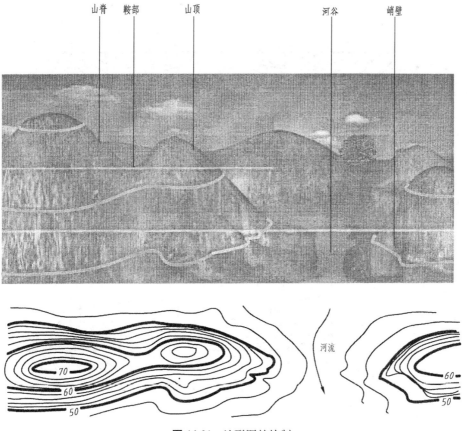

图 14-21　地形图的绘制

地形面上的等高线有以下特征：

1）等高线一般是封闭曲线。

2）等高线越密说明地势越陡，反之，越平坦。

3）除悬崖绝壁的地方外，等高线不相交。

在画地形面的等高线时通常应注意以下几点：

1）每隔四根画一条粗实线，该线称为计曲线。计曲线必须注写标高数值，其他等高线可注写标高，也可不注写。

2）标高数字字头朝向上坡方向（见图 14-21）。

2. 地形断面图的绘制

【例 14-8】 已知管道两端的标高分别为 35.8m 和 32.5m，求管道与地形面的交点（见图14-22a）。

分析： 求管道与地形面的交点，首先要求出地形断面图，可假想用一个铅垂面截切地形面，画出剖切平面与地形面的交线及材料图例就是地形断面图。求直线（管道）与地形面的交点，应包含直线作铅垂面，作出铅垂面与地形面的交线，直线与该交线的交点，即为直线与地形面的交点。

作图（见图 14-22b）：

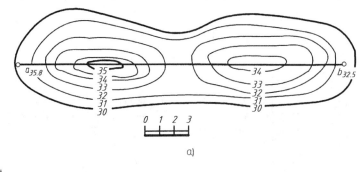

a)

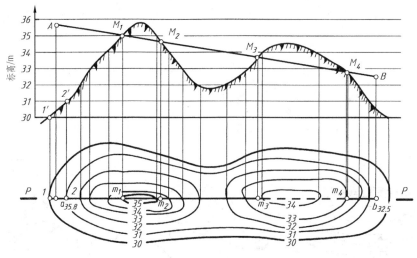

b)

图 14-22 直线与地形面的交点

（1）求地形断面

1）包含直线 AB 作辅助铅垂面 P—P。

2）以标高为纵坐标，水平线为横坐标作一直角坐标系。根据地形图上等高线的高差，按比例将标高（30m，31m，…，36m）注写在纵坐标轴上，并过诸标高画水平线。

3）将各等高线与剖切线 P—P 的交点 1，2，…等投影到相应标高的水平线上得 1′，2′，…。

4）光滑连接 1′，2′，…诸交点，即得地形断面曲线。

5）在靠近地形断面曲线下方加画自然土壤图例，即得地形断面图。

（2）求直线与地形面的交点

1）根据比例将直线按实长作在地形断面图上（见 AB）。

2）直线 AB 与地形断面曲线的交点即为直线与地面的交点 M_1、M_2、M_3、M_4。

3）将 M_1、M_2、M_3、M_4 返回到投影 ab 上，得 m_1、m_2、m_3、m_4，并判断管道投影的可见性，地面上的线段可见，反之不可见。

第三节　工程面与地形面的交线

在工程实际中，工程建筑物的表面有平面，也有曲面，这些表面与地面相交，其交线求作方法仍是根据三面共点的原理，以水平面作为辅助面，截切工程面和地面，其两条截交线的交点就是工程面与地形面交线上的点，连接诸交点，即工程面与地形面的交线。下面分别阐述工程面为平面和曲面时与地形面交线的求作方法。

一、平面与地形面的交线

求平面与地形面的交线，即求平面上与地形面同标高等高线的交点，然后用平滑的曲线顺次连接起来即可。

【例 14-9】　如图 14-23a 所示的地形面，有一坡度 $i=1/2$ 的平面与之相交，求其交线。

作图（见图 14-23b）：

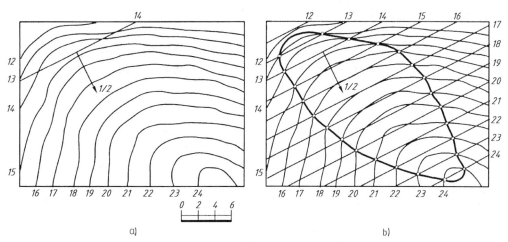

图 14-23　平面与地形面的交线

1）求平面的等高线　按平面的坡度 $i=1/2$，求出 $L=2m$，以此作出平面的等高线。

2）求平面与地形面同标高等高线的交点，并连之。

注意：此例在标高 12m 与 13m 之间可用内插法加密等高线，以便求出更多的交点。内插法作图步骤为（见图 14-24）：

（1）加密平面等高线

1）作地面标高为 12m、13m 的等高线的垂线 P_1P_2。

2）将 P_1P_2 三等分。

3）过等分点作平面等高线的平行线。

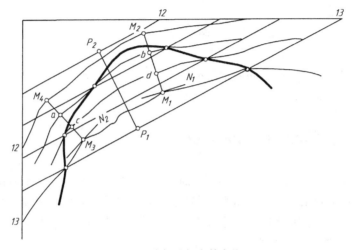

图 14-24　内插法加密等高线

（2）加密地面等高线

1）在地面标高为 13m 的等高线上任找一点 M_1 并过 M_1 作切线 N_1，作 N_1 的垂线得 M_1M_2，将 M_1M_2 三等分得等分点 d、b。

2）以上述同样方法过地面标高为 13m 的等高线上任一点 M_3 作 M_3M_4，并得等分点 c、a。

3）分别光滑连接 a 与 b、c 与 d，即可得加密的地面等高线。

可多找一些点，以提高加密的精度。

（3）连线　连接同标高等高线的交点。

【例 14-10】　在图 14-25 所示的地形面上，修一土坝。已知土坝的轴线位置和标准断面图，坝顶标高为 51m，求土坝的平面图和下游立面图（比例为 1∶1000）。

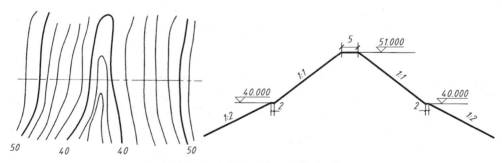

图 14-25　土坝与河床的交线（一）

分析（见图 14-26）：由于土坝顶面与马道都是水平面，所以它们与地面的交线是地面上同标高等高线的一段。上下游坡脚线上的点是坡面与地面同标高等高线的交点，求出一系列同标高等高线的交点并依次连接起来，即土坝与地面的交线。

作图（见图 14-27）：

（1）求作平面图

1）画坝顶平面。在坝轴线两侧各量取 2.5m，画出坝顶边线，由于坝顶在标高 51m 处，需用内插法在地形图上画出等高线（图中以虚线表示），从而求出坝顶两端与地面的交线。

2）求上下游坝面的坡脚线。

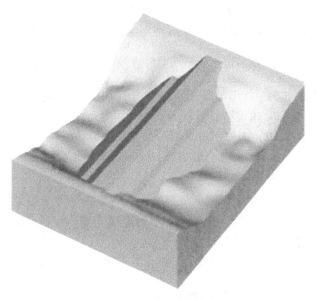

图 14-26 土坝与河床的交线（二）

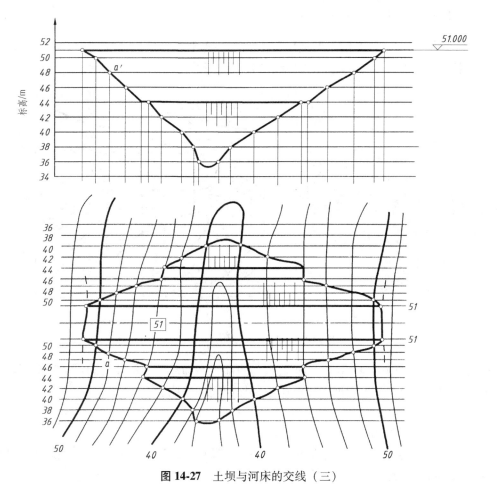

图 14-27 土坝与河床的交线（三）

① 画出上下游坡面等高线。马道以上的坡度为 $i_1 = 1:1$，则平距 $l_1 = 1$；马道以下的坡度为 $i_2 = 1:2$，则平距 $l_2 = 2$；分别以 l_1、l_2 画出上下游坡面等高线。

② 画马道平面。马道内边线至坝顶边线的水平距离为 $L = \dfrac{H}{I} = \dfrac{51-44}{1/2}\text{m} = 14\text{m}$，按 $1:1000$ 的比例，作出马道的内边线。按马道的宽度 2m，作出马道的外边线。

③ 求坡脚线。将上下游坡面等高线与地面同标高等高线的交点光滑连接起来。

（2）求作下游立面图（逆水流方向看的正立面图称为下游立面图）

1）以标高为纵坐标，水平线为横坐标，按所给比例画出一组与地面等高线相对应的高程线（水平线）。

2）将下游坝面坡脚线上各同标高等高线的交点（如 a）垂直地投影到对应的标高线上得一系列交点（如 a'），然后顺次光滑连接各点即得下游坡脚线的正面投影。坝顶和马道的正面投影分别积聚成水平线。

（3）绘制示坡线 画出平面图和下游立面图中坡面的示坡线。

二、曲面与地形面的交线

求曲面与地形面的交线，即求曲面与地形面上一系列同标高等高线的交点，然后把所得的交点依次相连，即得曲面与地形面的交线。

【例 14-11】 在图 14-28 所示的地形图上修筑一水平广场，广场标高为 50m，填方坡度为 1:2，挖方坡度为 1:1，求填挖边界线和各坡面间的交线。

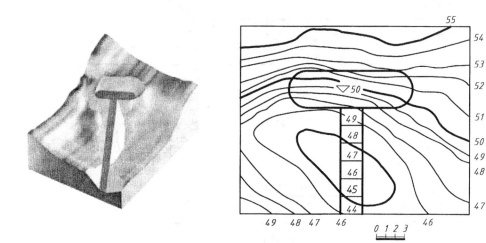

图 14-28 求广场填挖边界线（一）

分析： 广场左右两端为半圆形，其边坡为曲面，广场前后及斜坡道的边坡为平面。求填挖边界线，即求各边坡与地形面的交线，以及坡面间的交线。

作图（见图 14-29）：

（1）求作平台填挖边界线

1）求填挖分界点。广场标高为 50m，所以地面上标高为 50m 的等高线为填挖分界线，该线与广场边缘的交点 A、B 即是填挖分界点。

2）求填挖边界线。根据挖方坡度 $1:1$ 求得挖方平距 $l_1=1$，根据填方坡度 $1:2$ 求得填方平距 $l_2=2$，分别以 $l_1=1$ 和 $l_2=2$ 为平距作平台边坡的等高线（广场左右两端的坡面等高线为圆弧，前后坡面的等高线为直线），并求其与地面上同标高等高线的交点，并光滑连接诸点，即为广场坡面与地形面的交线。

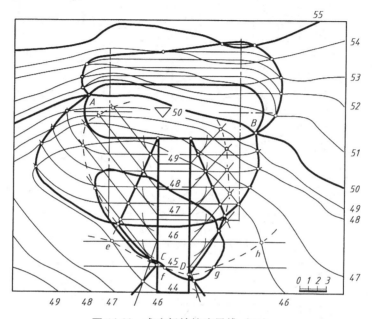

图 14-29 求广场填挖边界线（二）

（2）求作斜坡道填挖边界线

1）确定填挖分界点。扩宽斜坡道，求斜坡道上标高为 45m、46m 的等高线与地面同标高等高线的交点 e、f、g、h，并光滑连接（见图 14-29 中的虚线），该交线与斜坡道两边缘的交点 C、D 即填挖分界点。

2）求填挖边界线。以 $l_1=1$、$l_2=2$ 为平距作斜坡道边坡的等高线，求其与地面上同标高等高线的交点，并光滑连接。

（3）求广场正面边坡与斜坡道两侧边坡的交线　连接广场正面边坡与斜坡道两侧边坡同标高等高线的交点即是。

（4）画示坡线　整理填挖边界线，并画示坡线（见图 14-30）。

【例 14-12】　在图 14-31 所示的地形面上，修筑了有弯曲段的倾斜道路，道路示出了整数标高线，道路两侧的填方坡度为 $1:2$，挖方坡度为 $1:1.5$，求填挖边界线。

分析：该段道路可分为三段，标高 28~32m 及标高 36~40m 分别为两斜坡道，两侧边坡为平面，标高 32~36m 为一升高弯道，两侧边坡为同坡曲面。另外从图中可看出，南北面的填挖分界点均在标高 32~34m 之间。

作图：

（1）求填挖分界点（见图 14-32）

1）道路南面的填挖分界点 n 可直接求得。

2）作道路北面的填挖分界点 m。若从填方段来求作，则作同坡曲面等高线 32，该线与

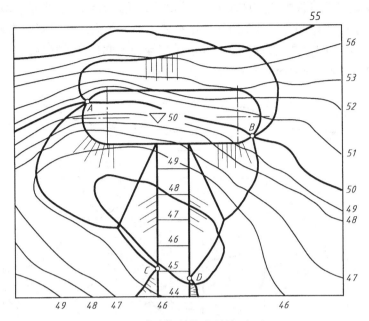

图14-30 求广场填挖边界线（三）

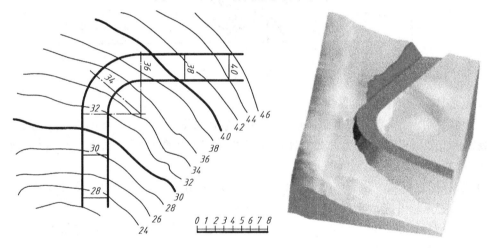

图14-31 求斜坡道填挖边界线

地面标高为32m的等高线交于 p 点，其次扩大填方边坡范围，即过 d 点向路面内作一条虚等高线34，该线与地面标高为34m的等高线交于 q 点，最后连 p、q 交路边线于 m 点。

填挖分界点也可从挖方段来求作，还可用内插法来求。

（2）作填方边界线（见图14-33）

1）作坡面上的等高线。以道路边线上标高为28m、30m、32m（即 a、b、c）的点为圆心，分别以 R（因填方坡度 $i=1:2$，所以平距 $l=2m$，故

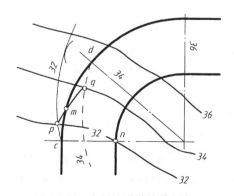

图14-32 求斜坡道填挖分界点

$R=2\text{m}$)、$2R$、$4R$ 为半径画弧，作同标高圆弧的公切线，即为坡面上的等高线，其中同坡曲面范围内的等高线为曲线，斜坡面的等高线为直线，同标高等高线直线与曲线应相切。

　　2）作坡面边界线。依次光滑连接坡面上各等高线与地面上同标高等高线的交点，即得填方坡面边界线。

　　（3）作挖方边界线（见图 14-33）　　挖方范围内坡面上等高线和坡面边界线的作法与填方相同，但挖方坡度为 $1:1.5$，辅助圆锥为倒圆锥。圆弧半径越大，其等高线的标高值越大。

　　（4）画示坡线

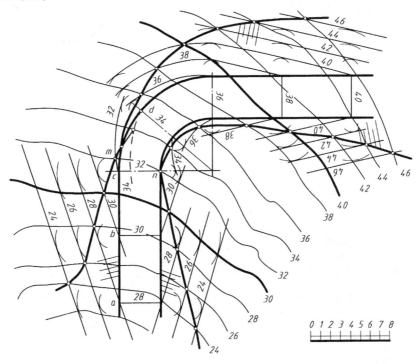

图 14-33　作挖方边界线

　　【**例 14-13**】　在图 14-34 所示的地形面上修筑一标高为 61m 的弯道，并给出了填挖方的标准断面图，求道路两侧的填挖边界线。

　　分析：本例采用断面法求填挖边界线上的点。其方法是在道路中线上每隔一定距离作一个与道路中线（投影）垂直的铅垂面，同时剖切地面和道路，所得地形断面与道路断面截交线的交点，即填挖边界线上的点。

　　作图（见图 14-35）：

　　（1）求填挖分界点　　由于路面标高为 61m，所以地面上标高为 61m 的等高线与道路边线的交点 m、n 即填挖分界点。

　　（2）作 $A—A$ 断面图

　　1）作地形的 $A—A$ 断面图（按例 14-8 的方法作图）。

　　2）作道路的 $A—A$ 断面图。将道路上的 A、B 两点垂直地投影到标高为 61m 的等高线上得 a、b，因路面低于地面，故此断面为挖方断面，所以按挖方坡度 $1:1$ 作出 $A—A$ 断面图。

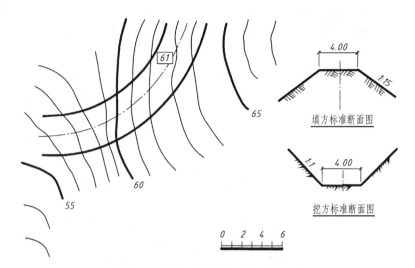

图 14-34 求弯道填挖边界线（一）

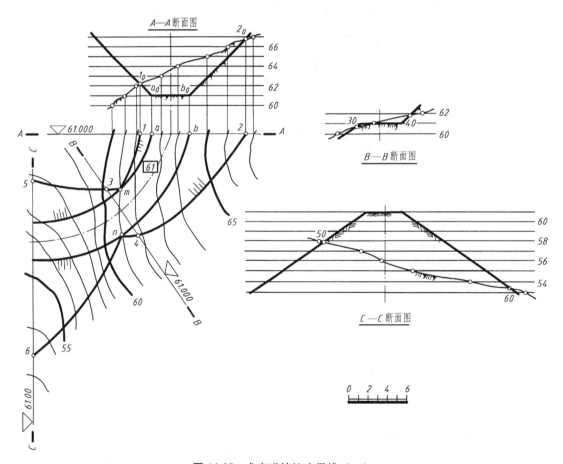

图 14-35 求弯道填挖边界线（二）

3）将地形断面轮廓线与道路断面轮廓线的交点 1_0、2_0 返回到 A—A 剖切线上得 1、2，即填挖边界线上的点。

（3）作 B—B 断面图　方法同上，此断面为半填半挖断面，北面为填方，南面为挖方，应分别按填方坡度 $1:1.5$ 和挖方坡度 $1:1$ 作出道路断面的边坡线。在该断面求得填挖边界线上的 3、4 点。

（4）作 C—C 断面图　方法同上，此断面为填方断面，按填方坡度 $1:1.5$ 作出道路断面的边坡线。在该断面求得填挖边界线上的 5、6 点。

（5）连线　依次连接同侧各点，便得到填挖边界线。

（6）画示坡线。

第十五章　道路路线工程图

　　道路是带状工程结构物，供车辆行驶和行人步行，承受移动荷载的反复作用。由于道路修筑在大地上，而地形复杂多变，所以道路路线工程图有其图示特点。本章将介绍城市道路和公路路线工程图。

第一节　概述

一、道路路线工程图的组成

　　道路是带状工程结构物，供车辆行驶和行人步行，承受移动荷载的反复作用。按道路所处地区可分为公路、城市道路、农村道路、工业区道路等。道路的基本组成包括路线、路基及防护、路面及排水、桥梁、涵洞、隧道、平面及立体交叉、交通工程及沿线设施等。道路工程图包括上述各部分内容。

　　道路修筑在大地上，地形复杂多变，道路路线工程图用来表达道路路线的平面位置和线型状况、沿线地形和地物、标高和坡度、路基宽度和边坡坡度、路面结构和地质状况等。道路路线工程图分为道路路线平面图、纵断面图和横断面图。道路沿长度方向的行车中心线称为道路路线，也称道路中心线。由于地形、地物和地质条件的限制，当分别从两个方向上观察道路路线的线型时，可得到下述结果：俯瞰时道路路线是由直线和曲线段组成的；纵看时道路路线是由平坡和上、下坡段及竖曲线组成的。所以，道路路线是一条空间曲线。

二、道路路线工程图的表达特点

　　由于道路修筑在大地表面上，道路的平面弯曲和竖向起伏变化都与地面形状紧密相关，所以道路工程图的图示特点为：以地面作为平面图，以纵向展开断面图作为立面图，以横断面作为侧面图，并分别画在单独的图纸上。平面图、立面图、侧面图综合起来表达道路的空间位置，道路工程图的图示特点如图 15-1 所示。

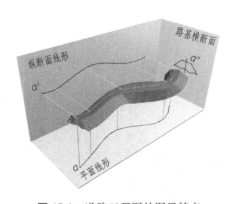

图 15-1　道路工程图的图示特点

第二节　公路路线工程图

一、路线平面图

路线平面图用以表达路线的方向和平面线型（直线和左、右弯道曲线），沿线路两侧一定范围的地形、地物情况。由于公路是修筑在大地表面上，其竖向坡度和平面弯曲情况都与地形紧密联系，因此路线平面图是在地形图上进行设计和绘制的。现以图 15-2 为例说明公路路线平面图的读图要点和绘制方法。

1. 地形部分

（1）比例　为了使图样表达清晰合理，不同的地形采用不同的比例。一般在山岭地区采用 1：2000，平原地区采用 1：5000。图 15-2 采用 1：2000。

（2）坐标网　为了表示公路所在地区的方位和路线走向，地形图上需要画出坐标网或指北针。图 15-2 中符号"⊗"表示指北针，符号"$X34700$ $Y37700$"表示两垂直线的交点坐标为距坐标网原点之北 34700m，之东 37700m。由于公路路线太长，不可能在一张图纸上完成整条路线的全图，总是分段画在若干张图纸上，所以指北针和坐标网是拼接图纸的主要依据。

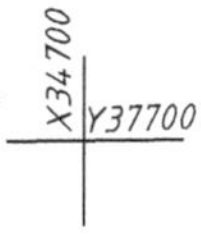

（3）地形图　从图 15-2 中看出，等高线的高度差为 2m，西北方和东南方各有一座小山丘，东面和东南面地势较平坦。有一条花溪河从西北流向东南。

（4）地物　地物用图例表示，路线平面图中的常见图例见表 15-1。图 15-2 中西北面和东南的两座小山丘上种有果树，靠山脚处有旱地。西北面有一条大路和小桥连接茶村和桃花乡，河边有些菜地。东南面有大片稻田。图 15-2 中还表示了村庄、工厂、学校、小路、水塘的位置。

表 15-1　路线平面图中的常见图例（一）

名称	符号	名称	符号	名称	符号	名称	符号
路线中心线	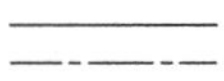 —·—·—	房屋		涵洞	 >—<	水稻田	
水准点	 ⊗ $\frac{BM编号}{高程}$	大车路	 — — —	桥梁		草地	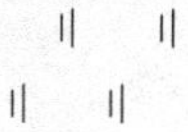
导线点	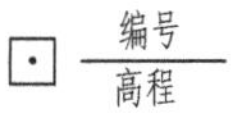 ⊡ $\frac{编号}{高程}$	小路	 – – –	菜地	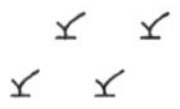	经济林	
转角点	 $\overset{JD编号}{\wedge}$	堤坝	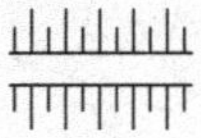	旱田		用材林	
通信线	 •—•—•	河流		沙滩	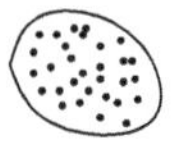	人工开挖	

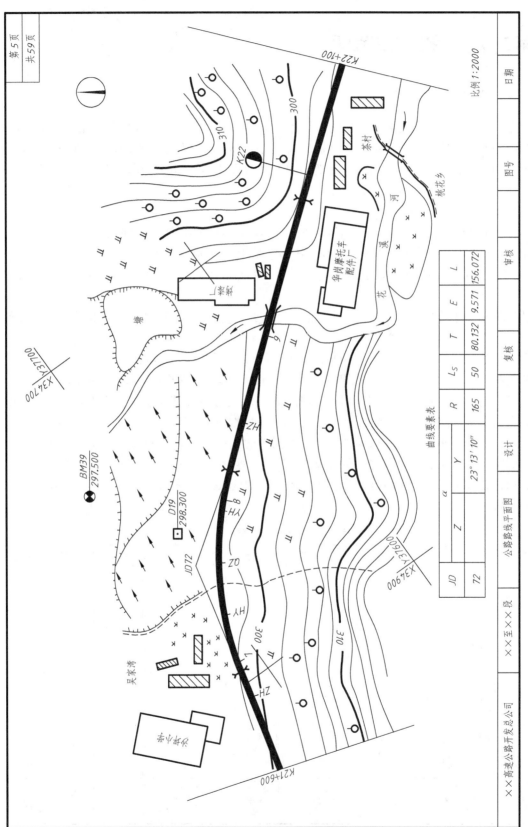

图 **15-2** 公路路线平面图

2. 路线部分

（1）路线 在图 15-2 中，用 2 倍于计曲线线宽的粗实线沿路线中心绘制了 21600～22100m 路段的公路路线平面图。

（2）公里桩 图 15-2 中，右端 22km 处有用符号"◐"表示公里桩。

（3）百米桩 公里桩之间用符号"｜"表示百米桩，数字写在短线端部，字头朝上。

（4）平曲线 路线转弯处的平面曲线称为平曲线，用交角点编号表示第几处转弯。如图 15-3 中 JD1 表示第 1 号交角点。α 为偏角（α_Z 为左偏角，α_Y 为右偏角），它是沿路线前进方向，向左或向右偏转的角度。还有圆曲线设计半径 R、切线长 T、曲线长 L、外矢距 E 及设有缓和曲线段路线的缓和曲线长 L_S 都可在路线平面图中的曲线要素表中查得，如图 15-2 中曲线要素表所示。对无缓和曲线的平曲线，路线平面图中还需标出曲线起点 ZY（直圆）、中点 QZ（曲中）和曲线终点 YZ（圆直）的位置；对带有缓和曲线的路线，路线平面图中还需标注 ZH（直缓）、HY（缓圆）和 YZ（圆

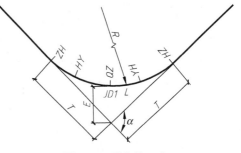

图 15-3 平曲线要素

缓）、HZ（缓直）的位置，如图 15-2 所示。

（5）水准点 用以控制标高的水准点用符号"⊗$\frac{BM39}{297.500}$"表示，图 15-2 中的 BM39 表示第 39 号水准点，高程为 297.500m。

（6）导线点 用以导线测量的导线点用符号"▣$\frac{D19}{298.300}$"表示，图 15-2 中的 D19 表示第 19 号导线点，其高程为 298.300m。

3. 路线平面图的绘制方法

1）画地形图，等高线按先粗后细的顺序画，线条要光顺。

2）画路线中心线，按先曲后直的顺序画，其线宽为计曲线的 1.4～2 倍。

3）路线平面图按从左向右的顺序绘制，桩号按左小右大编排。由于路线狭长，需将整条路线分段绘制在若干张图纸上，使用时再拼接起来。分段的断开处尽量设在路线的整数桩号处，断开的两端应画出垂直于路线的接图线。

4）平面图的植物图例，应朝上或朝北绘制。

5）每张图样右上应有角标，注明图样序号、总张数及线路名称或桩号。

4. 公路平面总体设计图

在一级公路和高速公路的总体设计文件中，应绘制公路平面总体设计图。公路平面总体设计图除包括公路路线平面图的所有内容外，还应绘制路基边线、坡脚线或坡顶线、示坡线、排水系统水流方向。在公路平面总体设计图中路线中心线用细点画线绘制。

图 15-4 所示为某山岭地区的一级公路平面总体设计图，图中用细点画线绘制了路线中心线，还表示了公路的宽度、路基边线和示坡线（靠龙潭水库一侧为填方，靠山一侧为挖方），涵洞和排水系统以及排水方向（箭头表示水流方向），另外还表示了地形和地物。

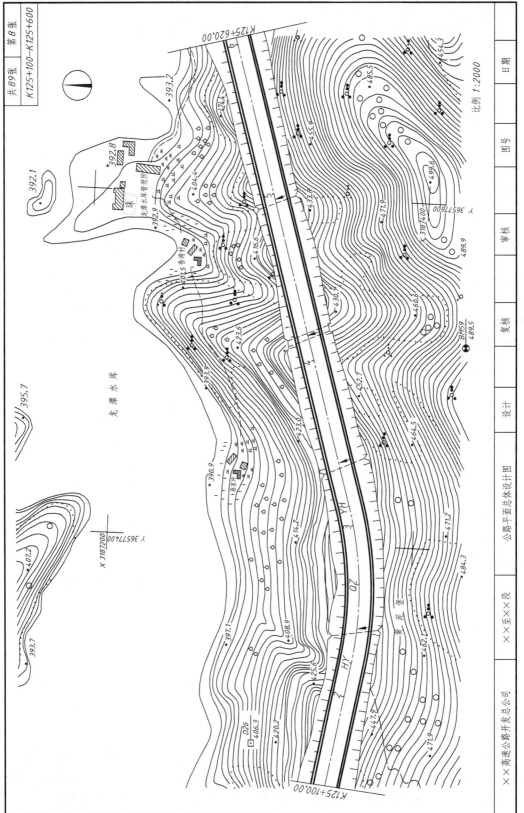

图 15-4 某山岭地区的一级公路平面总体设计图

二、 路线纵断面图

路线纵断面图是通过公路中心线用假想的铅垂面进行剖切展平后获得的，如图 15-5 所示。由于公路中心线是由直线和曲线组成的，因此用于剖切的铅垂面既有平面又有柱面。为了清晰地表达路线纵断面情况，采用展开的方法将断面展开成一平面，然后进行投影，便得到了路线纵断面图。

图 15-5　路线纵断面图的形成示意图

路线纵断面图的作用是表达路线中心纵向线型，以及地面起伏、地质和沿线设置构造物的概况。下面以图 15-6 为例说明公路路线纵断面图的读图要点。

1. 图样部分

（1）路线纵向曲线　路线纵断面图是采用沿路线中心线垂直剖切并展开后投影所得到的，故它的长度就表示了路线的长度。图 15-6 中水平方向表示长度，竖直方向表示高程。

（2）比例　由于路线和地面的高差比路线的长度小得多，为了清晰地表达路线与地面垂直方向的高差，图 15-6 中水平方向的比例为 1∶2000，垂直方向的比例为 1∶200。

（3）纵向地面线　图 15-6 中不规则的细折线表示设计中心线处的地面线，由一系列中心桩的地面高程顺次连接而成。

（4）纵向设计线　纵向设计线在图 15-6 中用粗实线绘制，它表示路基边缘的设计高程。

（5）填挖高度　比较纵向地面线和设计线的相对高程，可定出填挖地段和填挖高度。

（6）竖曲线　在设计线纵坡变更处，应按《公路工程技术标准》（JTG B01—2014）的规定设置竖曲线，以便汽车行驶。竖曲线分为凸形（⌐⌐）和凹形（⌐⌐）两种，并标注竖曲线的半径 R、切线长 T 和外矢距 E，如图 15-6 所示，在 K22+12.00 处设有凸形曲线，其中 $R=3000\mathrm{m}$，$T=40.34\mathrm{m}$，$E=0.27\mathrm{m}$。竖曲线在变坡点处的切线应采用细虚线绘制。

（7）涵洞　为了方便道路两侧的排水，在 K21+680.74、K21+820.00、K21+960.48 处设置了钢筋混凝土盖板涵。

（8）桥梁　在 K21+915.28 处设置了宽为 25m 的钢筋混凝土 T 梁桥。

2. 资料部分

（1）布置位置　资料表在路线纵断面图下方对正布置，以便对照阅读。资料表应包括下述内容。

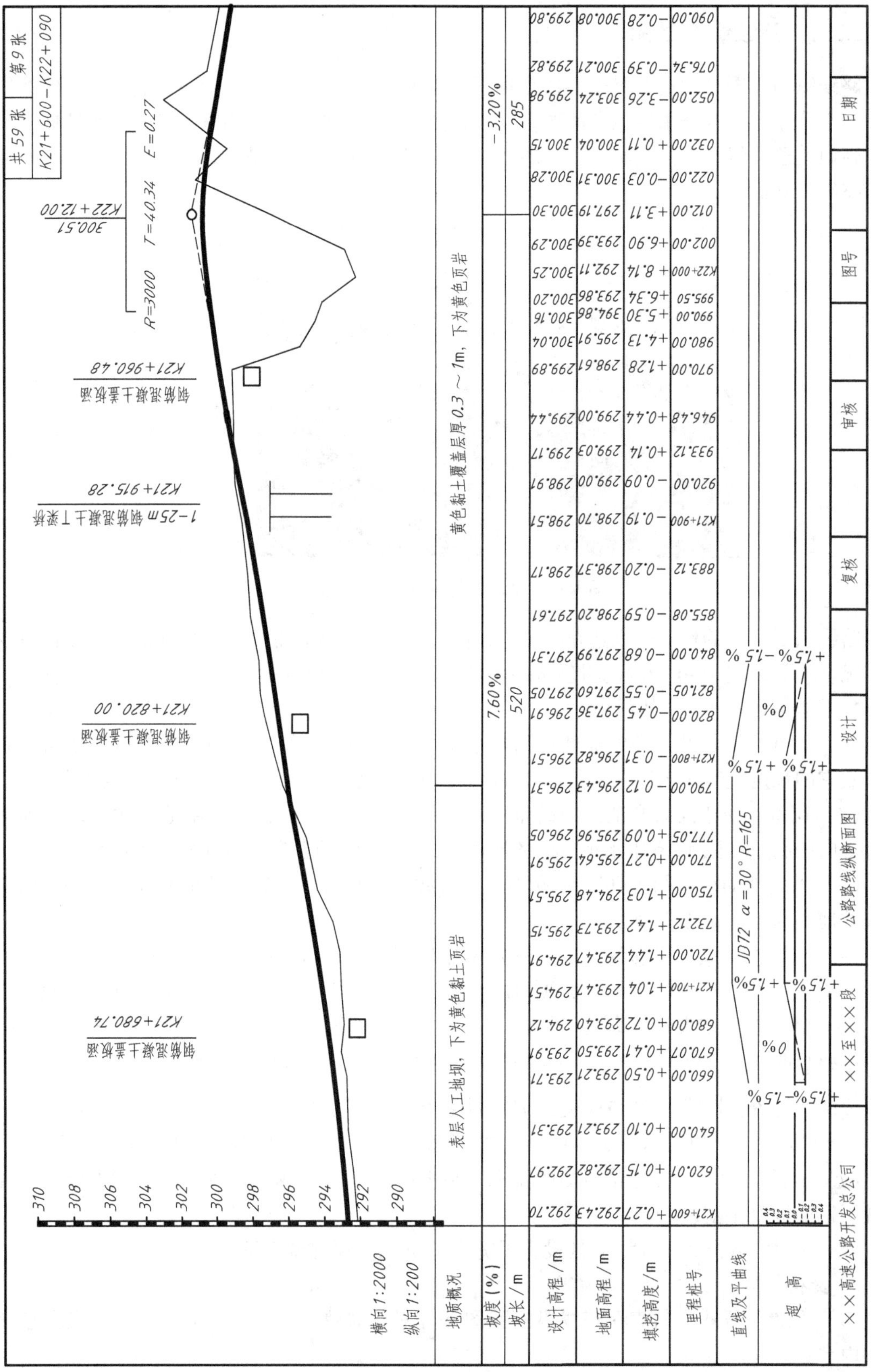

图 15-6 公路路线纵断面图

（2）里程桩号 里程桩号表示里程位置。

（3）直线与平曲线 表示路段的平面线形，《道路工程制图标准》（GB 50162—1992）规定，在测设数据表中的平曲线栏中，道路左、右转弯应分别用凹、凸折线表示。当道路为直线段时，按图 15-7a 标注；当道路不设缓和曲线段时，按图 15-7b 标注；当道路设缓和曲线段时，按图 15-7c 标注。

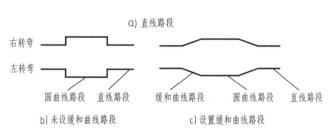

图 15-7 平曲线的标注图

从图 15-6 中的资料表中可知，该路段为右转弯，且设有缓和曲线。

（4）超高 超高为在转弯路段横断面上设置外侧高于内侧的单向横坡，其意义为抵消车辆在弯道上行驶时产生的离心力。横坡向右，坡度表示为正值，横坡向左，坡度表示为负值。在超高栏中用三条线表达：道路中心线（用居中并贯穿全栏的直线表示），左路缘线、右路缘线（在标准路段因左右路缘线高程相同，因此重合为一条）。

图 15-6 超高一栏中可看到，道路左幅路缘线从 21660m 处开始变坡，从−1.5%变到 0%，再从 0%变到+1.5%，此时路面保持+1.5%的向右横坡，直到 21800m 处左幅路缘线再次开始变坡，从+1.5%变到 0%，再从 0%变到−1.5%。从 21840m 处开始道路恢复到标准路段。图 15-6 中虚线表示道路中心线以下的左幅路缘线，沿线路前进方向，站在公路右侧看过去是看不到的。

（5）其他内容 地面高程、设计高程、填挖高度、地质概况各栏分别表示了与里程桩号对应的地面高程、路面设计高程、填挖量、地质情况。

3. 路线纵断面图的绘制方法和步骤

1）绘图纸通常采用透明方格纸，若用计算机绘制则很方便，可不用方格纸。

2）先画资料表和左边的纵坐标（高程）轴，然后按从左到右的顺序画地面线和设计线。

3）画涵洞、桥梁等符号。

4）标注纵向和横向的比例。

5）每张图样右上应有角标，注明图样序号、总张数及线路名称或桩号。

三、路基横断面图

用一铅垂面在路线中心桩处垂直路线中心线剖切道路，则得到路基横断面图。路基横断面图的作用是表达各中心桩横向地面的情况，以及设计路基横断面的形状。工程上要求在每一中心桩处，根据测量资料和设计要求依次画出每一个路基横断面图，用来计算公路的土石方量和作为路基施工的依据。

1. 路基横断面形式

路基横断面形式有三种：挖方路基（路堑）、填方路基（路堤）、半填半挖方路基。这三种路基的典型断面图形如图 15-8 所示。

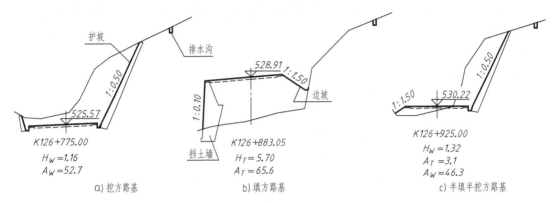

图 15-8 路基的典型断面图形

2. 里程桩号

在断面图下方标注里程桩号。

3. 填挖高度与面积

在路线中心处，其填、挖方高度分别用 H_T（填方高度）、H_W（挖方高度）表示；填、挖方面积分别用 A_T（填方面积）、A_W（挖方面积）表示。高度单位为 m，面积单位为 m^2。半填半挖路基是上述两种路基的综合。

4. 路基横断面图的绘制方法和步骤

1）路基横断面图的布置顺序为：按桩号从下到上，从左到右布置（见图 15-9）。

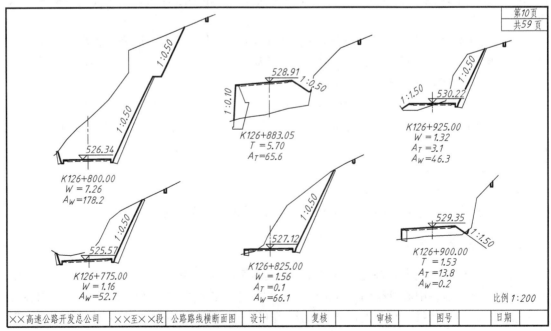

图 15-9 路基横断面图

2）地面线用细实线绘制，路面线（包括路肩线）、边坡线、护坡线、排水沟等用粗实线绘制。

3）每张图纸右上应有角标，注明图样序号、总张数及线路名称或桩号。

4）路基横断面图常用透明方格纸绘制，既利于计算断面的填挖面积，又便于施工放样。若用计算机绘制路基横断面图，可不用方格纸。

第三节 城市道路路线工程图

城市道路主要包括：机动车道、非机动车道、人行道、分隔带（在高速公路上也设有分隔带）、绿化带、交叉口和交通广场及各种设施等。在交通高度发达的现代化城市，还建有架空高速道路、地下道路等。

城市道路的线形设计结果也是通过横断面图、平面图和纵断面图表达的。它们的图示方法与公路路线工程图完全相同。但是城市道路所处的地形一般比较平坦，并且城市道路的设计是在城市规划与交通规划的基础上实施的，交通性质和组成部分比公路复杂得多，因此体现在横断面图上，城市道路比公路复杂得多。

一、横断面图

城市道路横断面图是道路中心线法线方向的断面图。城市道路横断面图由车行道、人行道、绿化带和分离带等部分组成。

1. 城市道路横断面布置的基本形式

根据机动车道和非机动车道不同的布置形式，城市道路横断面的布置有以下四种基本形式：

（1）"一块板"断面 把所有车辆都组织在同一车道上行驶，但规定机动车在中间，非机动车在两侧，如图 15-10a 所示。

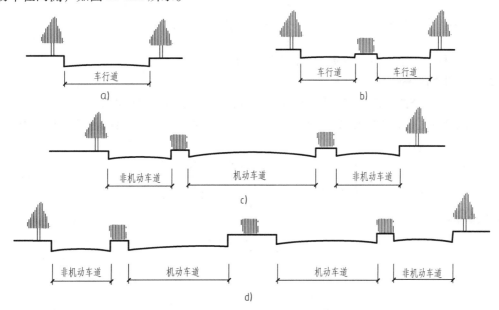

图 15-10 城市道路横断面的布置

（2）"两块板"断面 用一条分隔带或分隔墩从中央分开，使往返交通分离，但同向交通仍在一起混合行驶，如图 15-10b 所示。

（3）"三块板"断面 用两条分隔带或分隔墩把机动车与非机动车交通分离，把车行道分隔为三块：中间为双向行驶的机动车道，两侧为方向彼此相反的单向行驶非机动车道，如图 15-10c 所示。

（4）"四块板"断面 在"三块板"的基础上增设一条中央分离带，使机动车分向行驶，如图 15-10d 所示。

2. 横断面图的内容

横断面设计的最后结果，用标准横断面图表示。图中要表示出横断面各组成部分及其相互关系。图 15-11 为某段城市道路路线横断面图，从图中可知，这是一块板形式的断面。

二、平面图

城市道路平面图与公路路线平面图基本相同，主要用来表示城市道路的方向、平面线形、车行道布置及沿路两侧一定范围内的地形和地物情况。

现以图 15-12 为例，按道路情况和地形地物两部分，分别说明城市道路路线平面图的读图要点和画法。

1. 道路部分

1）城市道路平面图的绘图比例较公路路线平面图大。本图采用 1:500，车行道、人行道、隔离带的分布和宽度均按比例画出。从图中可看出：主干道由西至东，为"两块板"断面形式。车行道宽 8m，人行道宽 5m。往东南方向的支道为"一块板"断面形式，车行道宽 8m，其东南侧的人行道宽 5m，但西南侧的人行道是从 5m 到 3m 的渐变形式。

2）城市道路中心线用点画线绘制，在道路中心线标有里程。从图中看出，东西主干道中心线与支道中心线的交点是里程起点。

3）道路的走向用坐标网符号"——┼——"和指北针来确定。

4）图中标出了水准点的位置，以控制道路高程。

2. 地形地物部分

1）因城市道路所在的地势一般较平坦，所以用了大量的地形点表示高程。

2）地物等图例可参见表 15-2。由于是新建道路，所以占用了沿路两侧工厂、汽车站、居民住房、幼儿园用地。

表 15-2 路线平面图中的常见图例（二）

名 称	符 号	名 称	符 号
只有房盖的简易房		下水道检查井	◎
砖瓦房		围墙	
贮水池	水	非明确路边线	

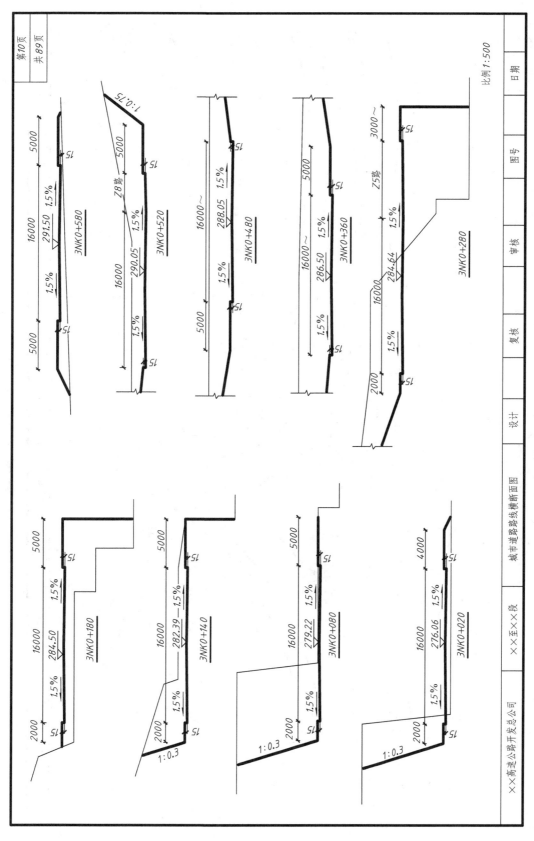

图 15-11 某段城市道路路线横断面图

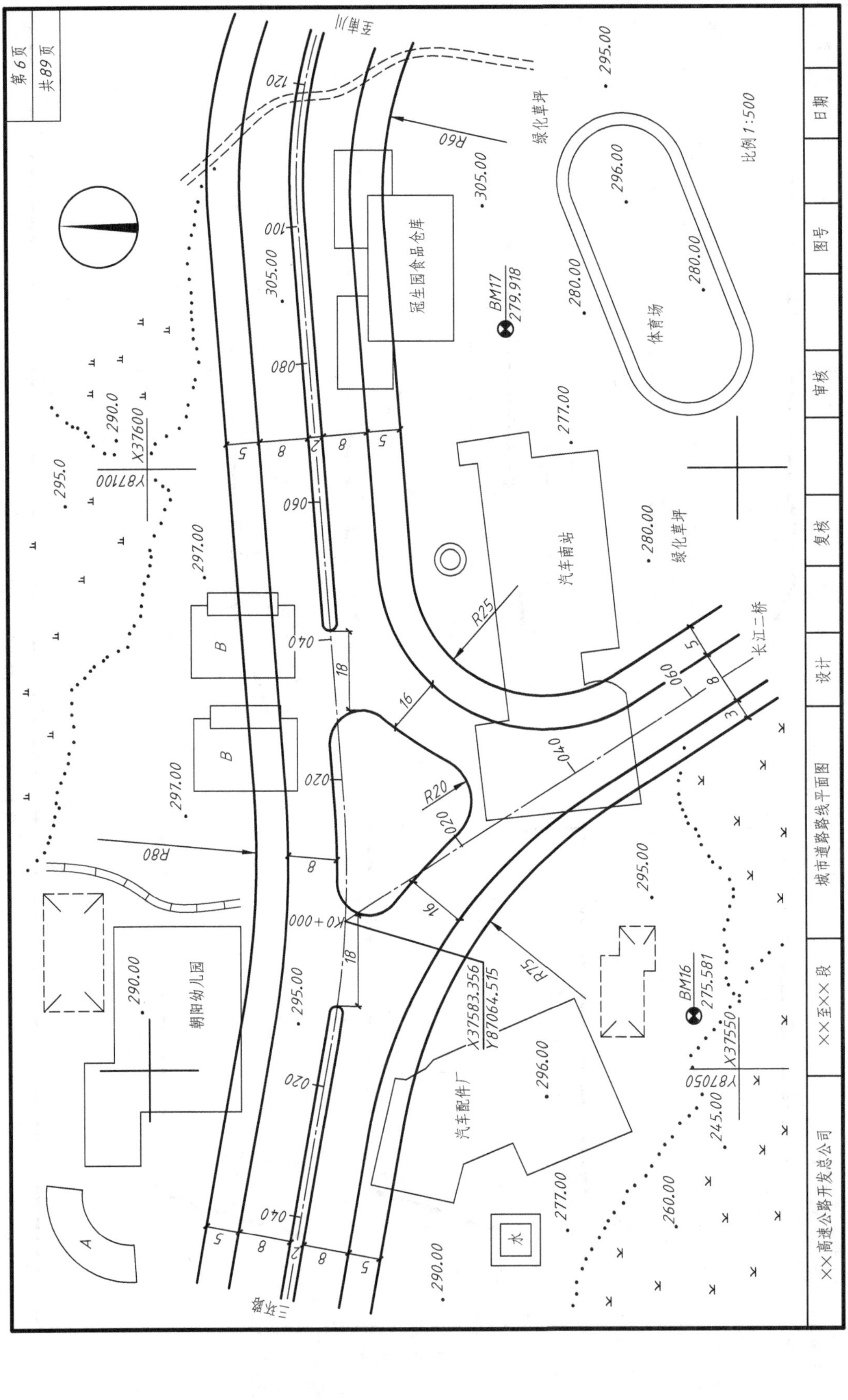

图 15-12 城市道路路线平面图

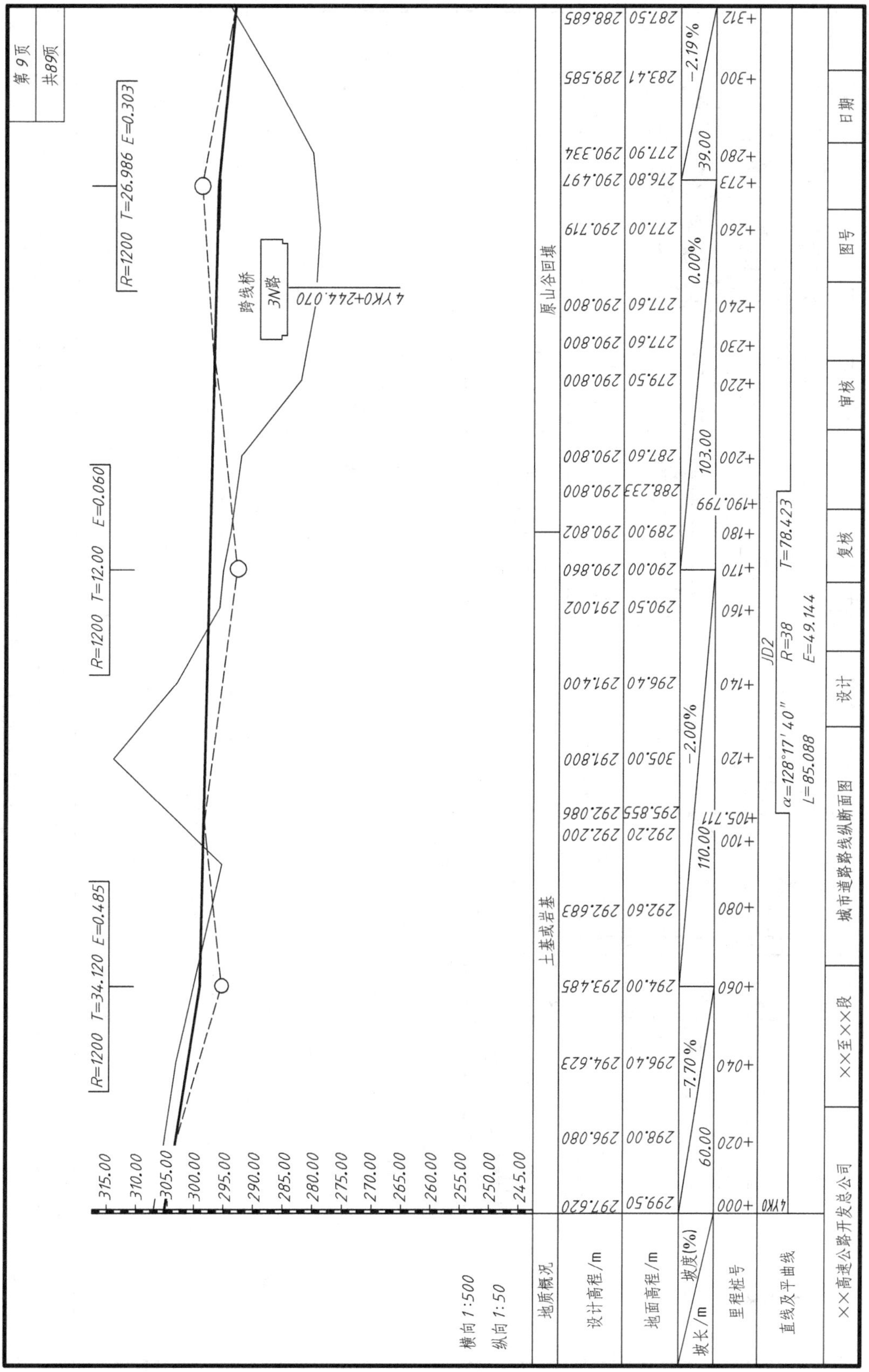

第9页
共89页

R=1200 T=26.986 E=0.303

R=1200 T=12.00 E=0.060

R=1200 T=34.120 E=0.485

跨线桥 3N路

4YK0+244.070

横向 1:500
纵向 1:50

315.00
310.00
305.00
300.00
295.00
290.00
285.00
280.00
275.00
270.00
265.00
260.00
255.00
250.00
245.00

里程桩号	设计高程/m	地面高程/m	坡度/%	坡长/m
4YK0+000	299.50	297.620	60.00	-7.70%
+020	298.00	296.080		
+040	296.40	294.623		
+060	294.00	293.485		
+080	292.60	292.683		
+100	292.20	292.200	110.00 / 105.711	-2.00%
	295.855	292.086		
+120	305.00	291.800		
+140	296.40	291.400		
+160	290.50	291.002		
+170	290.00	290.860	103.00	0.00%
+180	289.00	290.802		
+190.799	288.233	290.800		
+200	287.60	290.800		
+220	279.50	290.800		
+230	277.60	290.800		
+240	277.60	290.800		
+260	277.00	290.779	39.00	-2.19%
+273	276.80	290.697		
+280	277.90	290.334		
+300	283.41	289.585		
+312	287.50	288.685		

地质概况
土基或岩基
原地面回填

JD2
α=128°17′4.0″
R=38 T=78.423
L=85.088 E=49.144

直线及平曲线

××高速公路开发总公司	××至××段	城市道路路线纵断面图	设计	复核	审核	图号	日期

图15-13 城市道路路线纵断面图

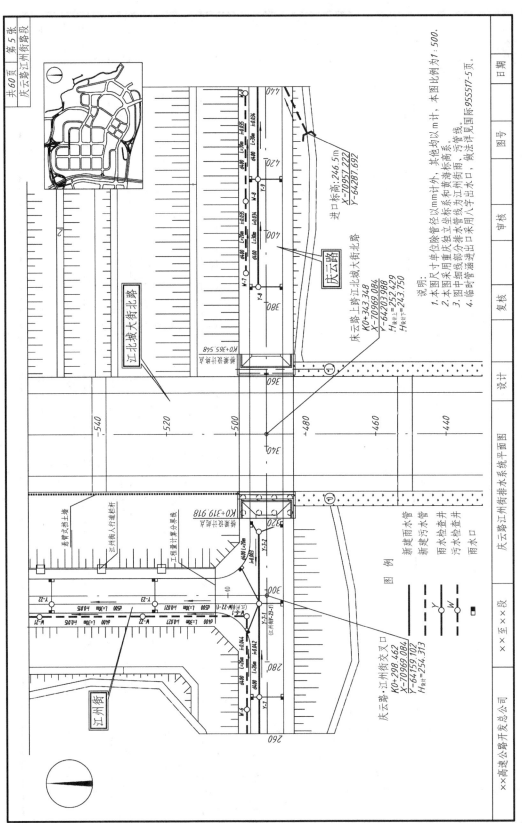

图 15-14 城市道路排水系统平面图

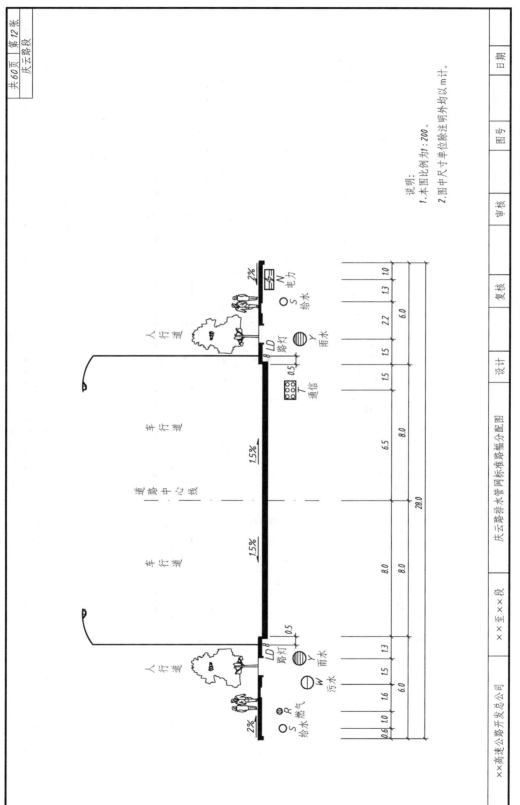

图 15-15　城市道路排水系统横断面图

说明:
1. 本图比例为1∶200。
2. 图中尺寸单位除注明外均以 m 计。

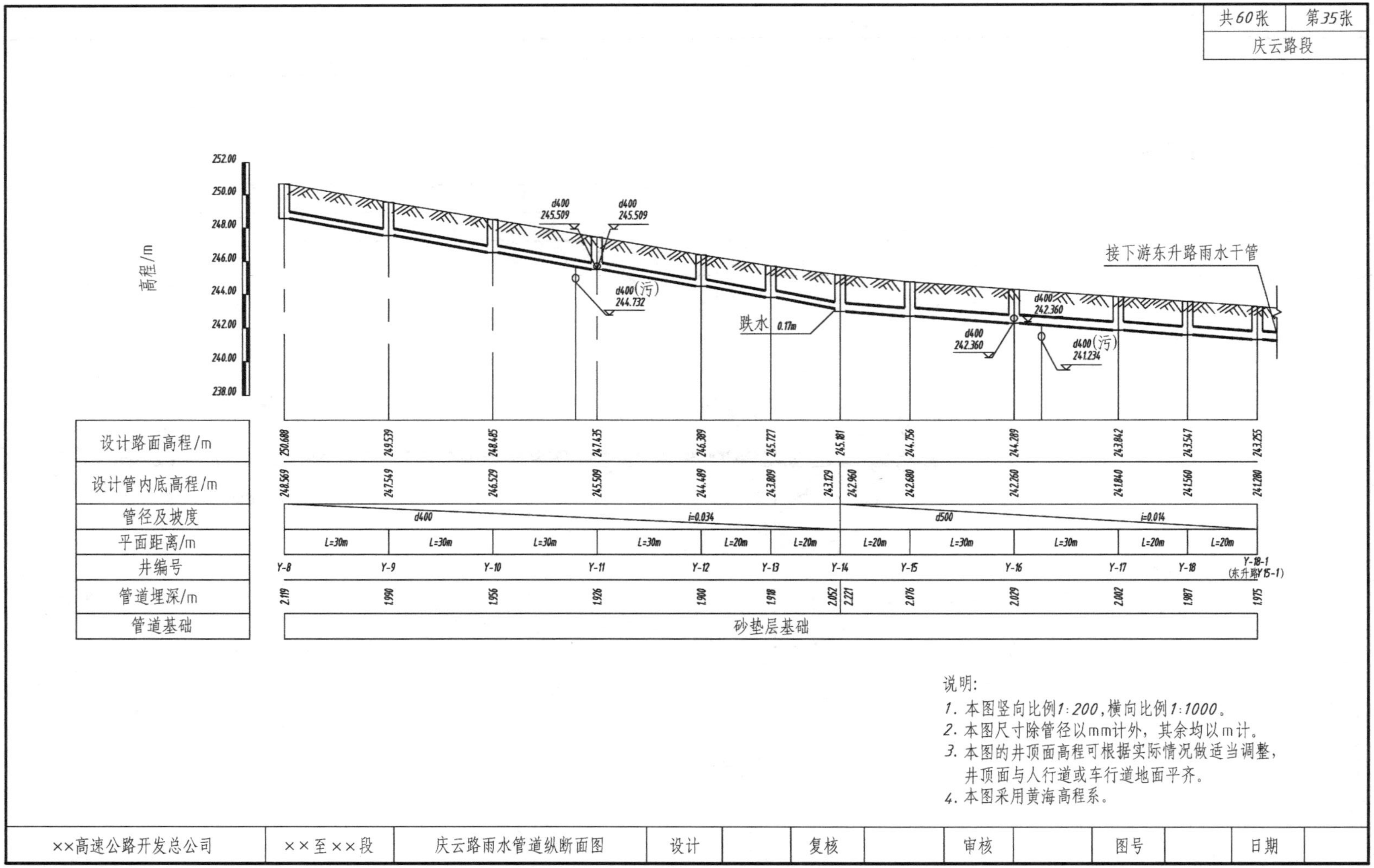

图 15-16 城市道路排水系统纵断面图

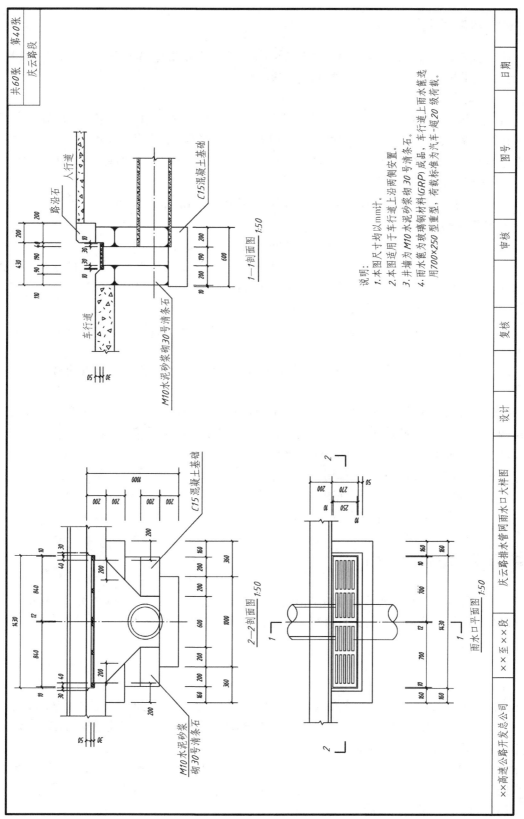

图 15-17 城市道路排水系统详图

三、纵断面图

城市道路路线纵断面图与公路路线纵断面图一样，也是沿道路中心线剖切展开后得到的，其作用也相同，内容也分为图样和资料表两部分。

1. 图样部分

城市道路路线纵断面图与公路路线纵断面图的表达方法完全相同。在图 15-13 所示的城市道路路线纵断面图中，水平方向的比例采用 1∶500，竖直方向采用 1∶50，即竖直方向比水平方向放大了 10 倍。该段道路有四段竖向变坡段，在 K0+244.070 处有一跨路桥。

2. 资料部分

城市道路路线纵断面图资料部分的内容与公路路线纵断面图基本相同。

3. 城市道路排水系统

城市道路的排水系统应绘制平面图、横断面图、纵断面图和详图。

1）图 15-14 为某城市道路排水系统平面图，图中表达了新建雨水管以及检查井、新建污水管以及检查井、雨水口的位置，还给出了水管的直径、长度、坡度和流水方向。在右上角处还给出了江州街和庆云路在城市街道中的具体位置。

2）图 15-15 为排水系统横断面图，图中表达了各种给排水管网、电力、通信电缆安装管道等沿路幅分配的具体尺寸。

3）图 15-16 为排水系统纵断面图，图中表达了雨水管道沿道路纵向布置的具体位置和尺寸。

另外，需给出各具体结构的详图，如图 15-17 所示的排水系统详图，图中表达了雨水口的结构、尺寸、各部分所用材料，以及雨水口与人行道和车行道的相对位置。

城市道路排水系统平面图如图 15-14 所示。

城市道路排水系统横断面图如图 15-15 所示。

城市道路排水系统纵断面图如图 15-16 所示。

城市道路排水系统详图如图 15-17 所示。

第四节 道路交叉口

人们把道路与道路，或道路与铁路相交时所形成的公共空间部分称作交叉口。根据通过交叉口的道路所处的空间位置，可将交叉口分为平面交叉和立体交叉。

一、平面交叉口

平面交叉口的常见形式有十字形、T 字形、Y 字形（如图 15-18 所示）等，其具体形式是根据道路系统的规划、交通量和交通组织，以及交叉口周边道路和建筑的分布情况来确定的。

平面交叉口除绘制平面设计图外，还需绘制竖向设计图。《道路工程制图标准》规定：简单的交叉口可仅标注控制点的高程，排水方向及坡度；用等高线表示的平交叉口，等高线宜用细实线绘制，每隔四条绘制一条中粗实线；用网格高程表示的平交叉口，其高程数值标注在网格交点的右上方，并加括号。若高程相同，可省略标注。小数点前的零也可省略。网格采用平行于设计道路中线的细实线绘制。

图 15-19 和图 15-20 分别为道路平面交叉口的平面设计图和竖向设计图，该竖向设计图是用等高线绘制的，图中单箭头表示排水方向。

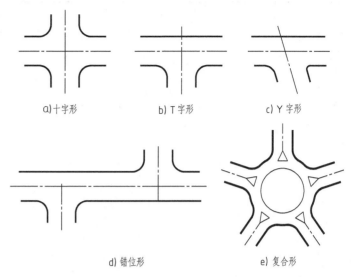

a) 十字形　　　　b) T 字形　　　　c) Y 字形

d) 错位形　　　　e) 复合形

图 15-18 平面交叉口的形式

二、立体交叉口

平面交叉口的通过能力有限，当无法解决交通要求时，则需要采用立体交叉口，以提高交叉口的通过能力和车速。立体交叉口在结构形式上按有无匝道分为分离式和互通式两种。图 15-21a 为分离式立体交叉口，即上、下方道路不能互通。图 15-21b 为互通式立体交叉口，可以利用匝道连接上、下方道路，所以在城市道路中大都采用这种交叉口。

图 15-22 为四路相交二层苜蓿叶形互通式立体交叉口，它由两条主干道、四条匝道、跨路桥、绿化带和分离带组成。

图 15-23 为螺旋形互通式立体交叉口，有四条干道均可螺旋上升通过桥面。

三、立体交叉口工程图

图 15-24~图 15-26 为某道路互通式立体交叉口工程图，主要有：

1. 立体交叉口平面图

图 15-24（见插页）为城市道路立体交叉口平面图。图中表明了南北干道和东西干道的走向（从图中可以看出，南北干道为上跨路线）及连接这两条主干道的各条匝道，同时表示了人行地道的位置。

2. 立体交叉口纵断面图

图 15-25 为该城市道路立体交叉纵断面图，这是南北走向的干道。图中粗实线为路面设计线，②~⑩轴线为 10 跨 30m 预应力混凝土连续箱梁桥的桥墩位置轴线。在 1750m 处有竖向凸曲线。在 1920m 处有竖向凹曲线。从资料表直线及平曲线栏中可知该桥梁的平面线形为直线。

3. 横断面图

图 15-26 为立体交叉口干道标准横断面图。从图中可知这是两块板断面，车行道宽 11m，人行道宽 3m，路缘带宽 0.5m，绿化带宽 3.5m，行车道路面铺设与人行道路面铺设均采用了分层标注的形式。车行道横坡为 1.5%，人行道横坡为 2.0%。

4. 鸟瞰图

图 15-27 为该立体交叉口鸟瞰图，供审查设计方案和方案比较用。

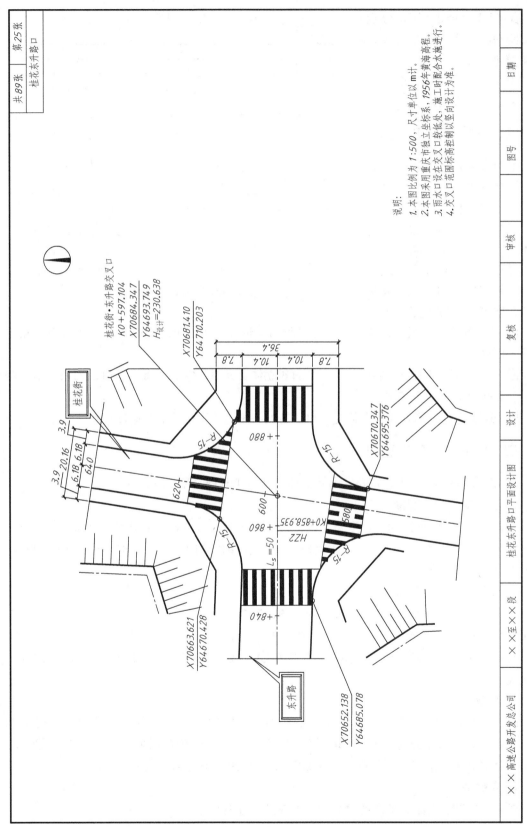

图15-19 道路平面交叉口平面设计图

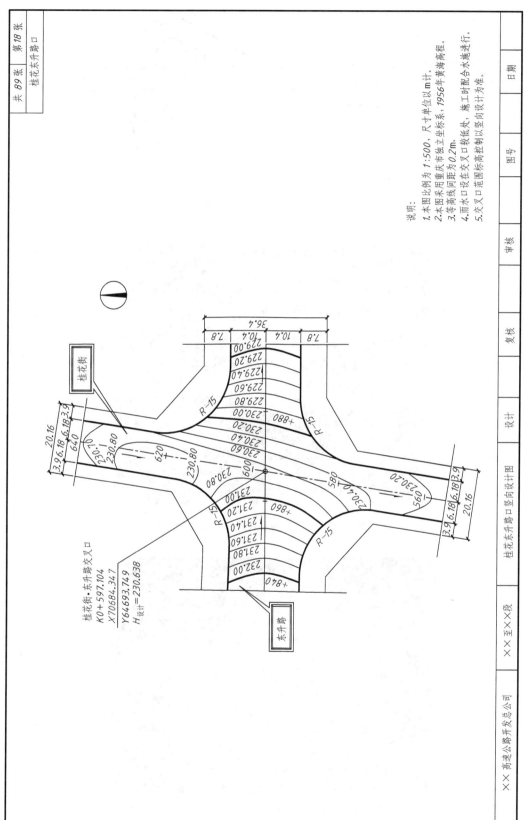

图 **15-20** 道路平面交叉口竖向设计图

说明:
1.本图比例为 1:500,尺寸单位以 m 计。
2.本图采用重庆市独立坐标系,1956 年黄海高程。
3.等高线间距为 0.2m。
4.雨水口设在交叉口最低处,施工时配合水施进行。
5.交叉口范围内标高控制以竖向设计为准。

桂花街·东升路交叉口
K0+597.104
X70684.347
Y64693.749
H 设计=230.638

桂花街

东升路

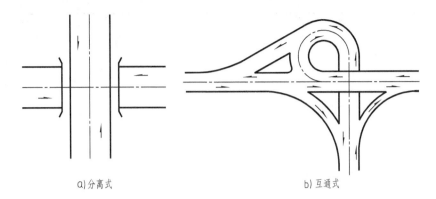

a) 分离式   b) 互通式

图 15-21 立体交叉口形式

图 15-22 苜蓿叶形互通式立体交叉口

图 15-23 螺旋形互通式立体交叉口

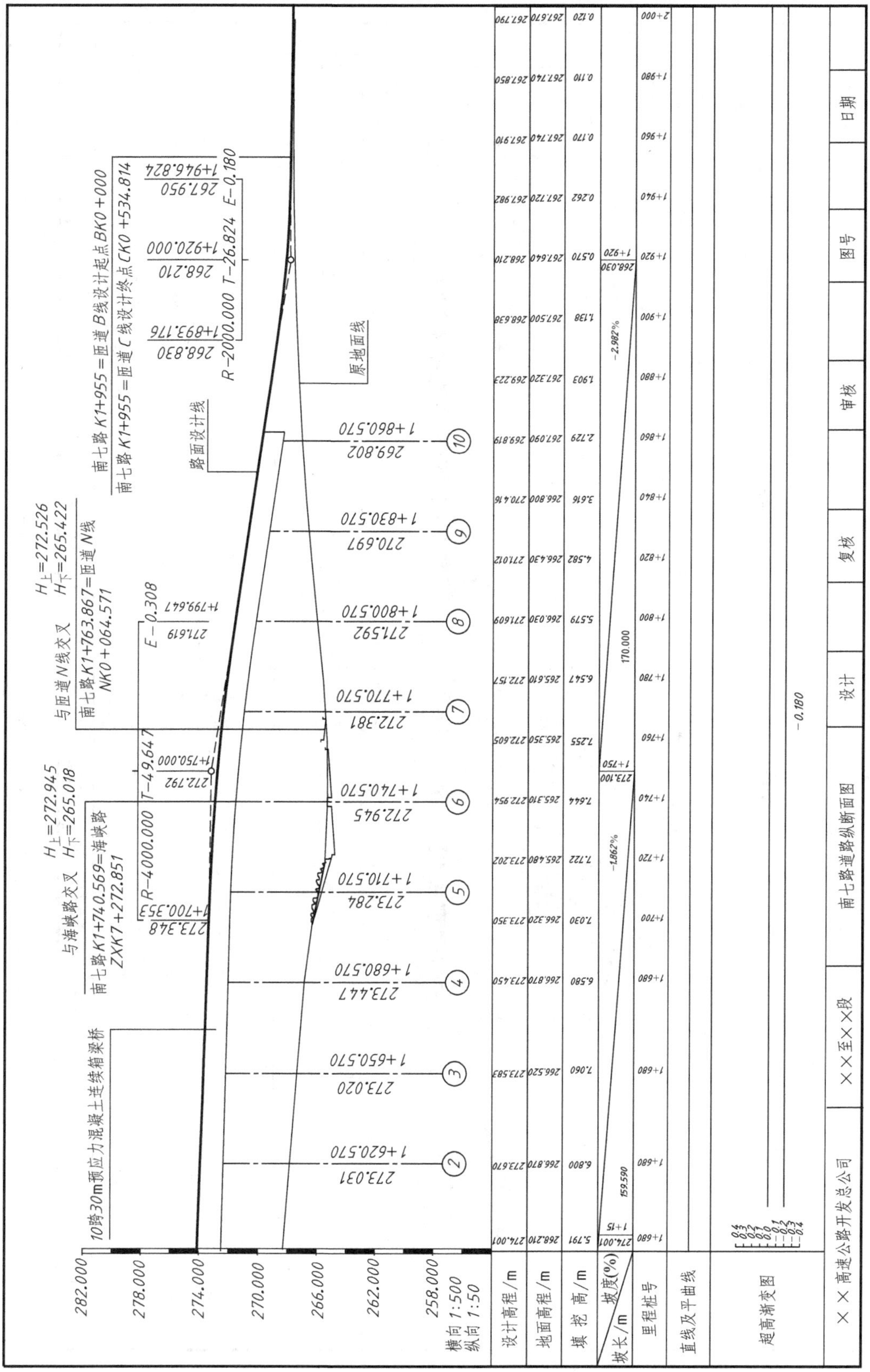

图 15-25 城市道路立体交叉口纵断面图

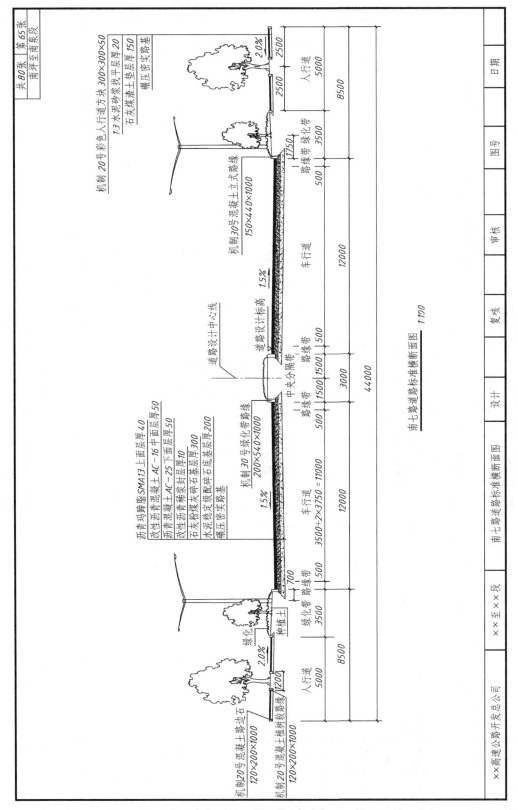

图 15-26 城市道路立体交叉口干道横断面图

学府路立体交叉鸟瞰图

图 15-27　城市道路立体交叉口鸟瞰图

| ××高速公路开发总公司 | ××至××段 | 学府路立体交叉鸟瞰图 | 设计 | 复核 | 审核 | 图号 | 日期 |

第五节 交通工程及沿线设施

一、交通标线

　　道路交通标线是指由标画于路面的各种图线、箭头文字、立面标记、突起路标和路边线轮廓线等所构成的交通安全设施，其作用是管制和引导交通。

　　车行道中心线的绘制应符合下列规定，其中 l 值可按制图比例取用。中心虚线应采用粗虚线绘制。中心单实线应采用粗实线绘制，中心双实线应采用两条平行的粗实线绘制，两线间净距为 1.5~2mm。中心虚、实线应采用一条粗实线和一条粗虚线绘制，两线间净距为 1.5~2mm。车行道分界线应采用粗虚线表示，车行道边缘线应采用粗实线表示。人行横道线应采用数条间隔 1~2mm 的平行细实线表示。减速让行线应采用两条粗虚线表示，粗虚线间净距宜采用 1.5~2mm。导流线应采用斑马线绘制，斑马线的线宽及间距宜采用 2~4mm，斑马线的图案，可采用平行式或折线式。停车位标线应由中线与边线组成，中线采用一条粗虚线表示，边线采用两条粗虚线表示。出口标线应采用指向匝道的黑粗双边箭头表示，入口标线应采用指向主干道的黑粗双边箭头表示，斑马线拐角尖的方向应与双边箭头的方向相反。港式停靠站标线应由数条斑马线组成。车流向标线应采用黑粗双边箭头表示。各种标线的绘制见图 15-28 所示。

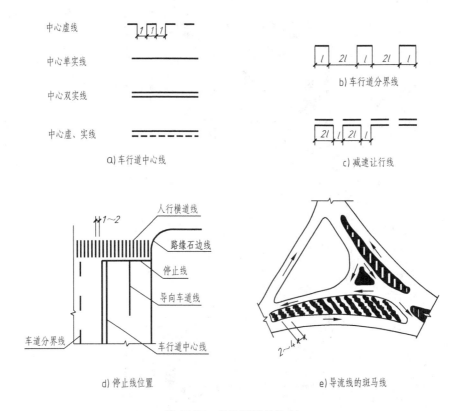

图 15-28　各种标线的绘制

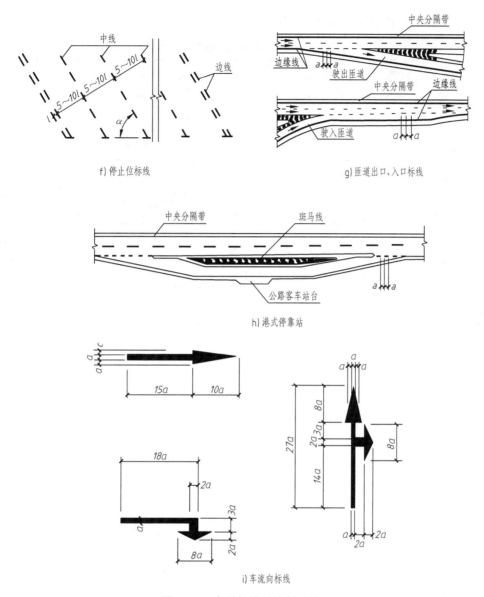

f) 停止位标线

g) 匝道出口、入口标线

h) 港式停靠站

i) 车流向标线

图 15-28　各种标线的绘制（续）

二、交通标志

1. 交通岛

交通岛应采用实线绘制，转角处应采用斑马线表示，如图 15-29 所示。

2. 标志示意图

在路线或交叉口平面图中应标示出交通标志的位置。标志宜采用细实线绘制。标志的图号、图名，应采用现行《道路交通标志和标线　第 2 部分：道路交通标志》规定的

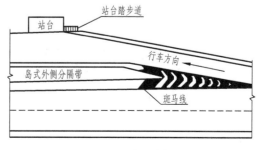

图 15-29　交通岛标志

图号、图名。标志示意图的形式及尺寸应符合表 15-3 的规定。

表 15-3　标志示意图的形式及尺寸

规格种类	形式与尺寸/mm	画法	规格种类	形式与尺寸/mm	画法
警告标志	(图号) (图名) 15~20	等边三角形采用细实线绘制,顶角向上	指路标志	(图号) (图名) 25~50	矩形框采用细实线绘制
禁止标志	(图号) 45° (图名) 15~20	圆采用细实线绘制,圆内斜线采用粗实线绘制	高速公路指路标志	××高速 (图号) (图名) $a/3$ $a/3$ $a/3$ a	正方形外框采用细实线绘制,边长为30~50mm,方形内的粗、细实线间距为1mm
指示标志	(图号) (图名) 15~20	圆采用细实线绘制	辅助标志	(图号) (图名) 9 9 30~50	长边采用粗实线绘制,短边采用细实线绘制

第十六章　桥隧涵工程图

桥梁、涵洞、隧道等是公路工程中常见的工程构造物，其结构复杂，形状独特，在工程图样中，有各自不同的图示特点。

第一节　桥梁工程图

一、概述

1. 桥梁的作用及组成

当修筑的道路通过江河、山谷和低洼地带时，需要修筑桥梁，保证车辆的正常行驶和宣泄水流，并考虑船只通航。桥梁由上部结构（主梁或主拱圈和桥面系）、下部结构（基础、桥墩和桥台）、附属结构（栏杆、灯柱、护岸、导流结构物等）三部分组成，桥梁的结构形式主要有梁桥、拱桥、桁架桥、斜拉桥、悬索桥等。

2. 桥梁工程图的表达特点

桥梁工程图是桥梁施工的主要依据。它主要包括：桥位平面图、桥位地质断面图、桥梁总体布置图、构件结构图和大样图等。

桥位平面图主要表示桥梁和路线连接的平面位置，以及地形、地物、河流、水准点、地质钻探孔等情况，为桥梁设计、施工定位等提供依据，这种图一般采用较小的比例，如1：500、1：1000、1：2000 等。

桥位地质断面图是根据水文调查和钻探所得的水文资料，绘制的桥位处的地质断面图，包括河底断面线、最高水位线、常水位线和最低水位线，为设计桥梁、墩台和计算土石方工程数量提供依据。

二、桥梁总体布置图

桥梁总体布置图主要表明桥梁的形式、跨径、净空高度、孔数，桥墩和桥台的形式，桥梁总体尺寸，各种主要构件的相互位置关系及各个部分的高程等情况，作为施工时确定墩台位置、安装构件和控制高程的依据。

图 16-1（见插页）是一座总长为 12100cm 预应力混凝土简支 T 形梁桥的总体布置图，它由立面图、和横剖面图表示。立面图比例采用 1：300，横剖面图采用 1：100。

1. 立面图

立面图主要反映桥梁的特征和桥型。全桥共四孔，每孔跨径 2700cm，桥台长 650cm，桥全长12100cm，中心里程桩号为K0+441.260，设有防撞护栏。桥面纵向设有1.20%的单向纵坡，上部结构为预应力混凝土等截面连续T形梁。下部结构中两岸桥台均为重力式U形桥台，河中间采用3排每排4个八边形墩台及挖孔灌注桩。

立面图中还表明了河床水文地质状况，墩台地质钻探结果在图上可用地质柱状图表示地层的土质和深度，立面图中设有高程标尺，供阅读和绘图时参照，由高程可知墩台的埋深。

2. 横剖面布置图

横剖面布置图主要表明桥梁上部结构和墩台形式，及其上部结构与墩台的连接。从图中可看出上部结构由14片形T梁组成，梁高170cm，桥面铺设沥青玛蹄脂碎石，桥面净宽2450cm，人行道包括护栏在内宽250cm，桥面总宽29.5m。立柱为八边形，桩的直径分别为180cm。

3. 资料表与附注

在资料表中，表达了设计高程和地面高程，同时表示了坡度和坡长。

三、构件结构图

在总体布置图中，无法将桥梁各构件详细完整地表达出来，不能进行制作和施工，所以必须采用比总体布置图更大的比例，绘出能表达各构件的形状、构造及详细尺寸的图样，这种图样称为构件结构图，简称结构图，如桥墩图、桥台图等。

构件图的常用比例是1∶10～1∶50，当构件的某一局部在图中不能清晰完整地表达时，则应采用更大的比例（如1∶3～1∶10）绘出详图。

1. 桥墩一般构造图

图16-2为桥墩结构设计图，其采用八边形立柱，挖孔灌注桩。桥墩由盖梁、立柱和混凝土灌注桩组成。盖梁长2900cm，宽180cm，高160cm。立柱画出了全长，桩采用折断画法，但高度应标注全高。为确保桥墩安装定位，还应标注盖梁顶面、桩顶及桩底的高程。

图中还给出了P1～P3号桥墩参数表，以及全桥、墩工程数量表。

2. 桥台图

桥台通常分为重力式桥台和轻型式桥台两大类。如图16-3示出了常见的重力式U形桥台，它由台帽、台身和基础三部分组成，台身由前墙和两个侧墙构成U字形结构。

立面图是从桥台侧面与线路垂直方向所得到的投影，能较好地表达桥台的外形特征，并能反映路肩、桥台基础标高。从A大样图中可知桥台基础、墙身均采用30号砂浆浆砌块石，台帽下方有板式橡胶支座。

平面图是采用掀掉桥台背后回填土而得到的投影图。侧面图主要表示桥台正向和背面的尺寸。

四、斜拉桥

斜拉桥是我国近年来修建大跨径桥梁采用较多的一种桥型，它是由主梁、索塔和扇状拉索三种基本构件组成的桥梁结构体系，梁、塔是主要承重的构件，借助斜拉索组合成整体结构。斜拉桥外形轻巧，跨度大，造型美观。

图16-4（见插页）为一座双塔单索面钢筋混凝土斜拉桥总体布置图。

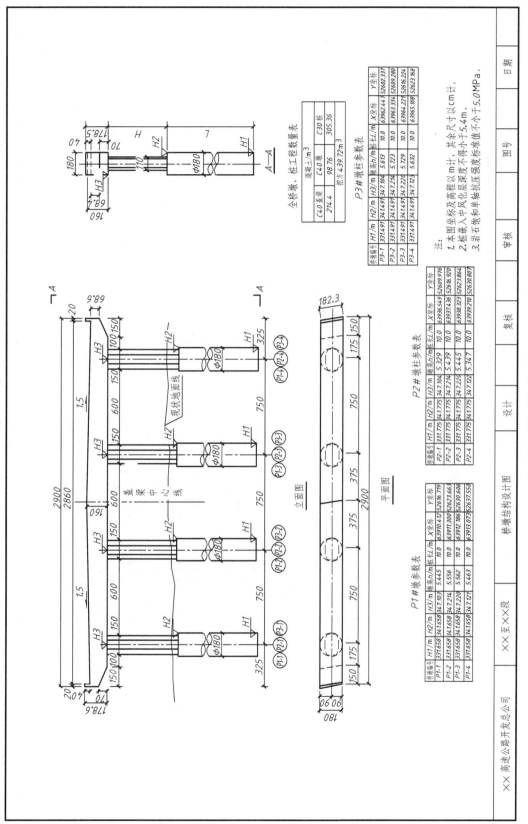

图 16-2 桥墩结构设计图

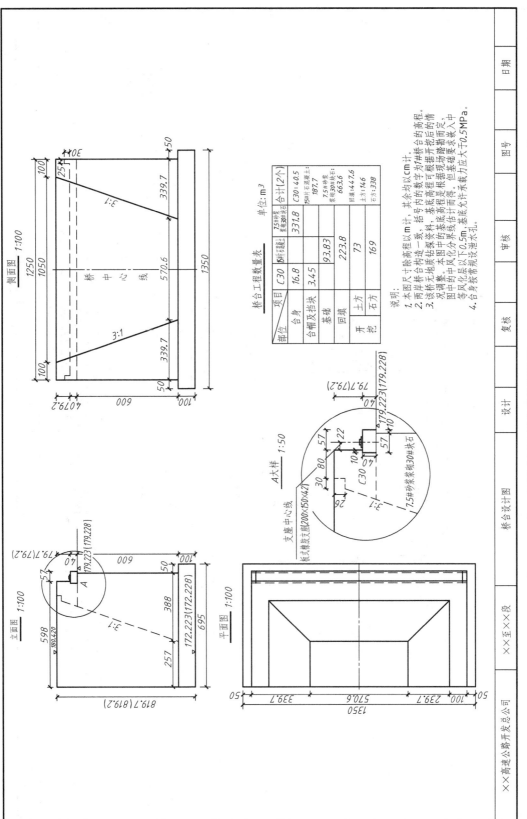

图 16-3 桥台结构设计图

1. 立面图

斜拉桥主跨34000cm，左边跨为10000cm，右边跨为15000cm，桥总长59000cm，由于采用1：2000的较小比例，故仅画桥梁的外形而不画剖面，梁高用两条粗实线表示，上加细实线表示桥面（图中缩尺未画出），横隔梁、人行道、护栏等均省略不画。

立面图中还反映了河床断面轮廓、主跨中心梁底、基础、墩台和桥塔的高程，通航水位及里程桩号。

2. 平面图

平面图表达了人行道和桥面的宽度，塔身与基础的位置关系及桥台的平面布置，从平面图中虚线可知左塔基础为1900cm×1900cm，右塔基础为2400cm×2400cm。

3. 横剖面图

从横剖面图中可看出桥墩由承台和钻孔灌注桩组成，它与上面的塔柱固接成一整体，将荷载稳妥地传到地基上。左右两个主塔的结构形式相同，但各部分尺寸不同。左塔总高16840cm，右塔总高20840cm。

主梁截面图采用1：100的比例绘出，为箱梁结构，表达了整个桥跨结构的断面细部尺寸及相互位置关系。从图中可看出，桥面总宽25500cm，两边人行道包括栏杆为2000cm，车行道为8000cm，中央分隔带5500cm。

第二节 涵洞工程图

一、概述

1. 涵洞的作用及组成

涵洞是道路排水的主要构造物，由基础、洞身和洞口组成。洞口包括端墙、翼墙或护坡、截水墙和缘石等部分。洞口是保护涵洞基础和两侧路基免受冲刷、使水流顺畅的构造，进出水口常采用相同的形式，常用形式有端墙式、翼墙式、锥形护坡等。涵洞根据其自身的结构可分成盖板涵（图16-5）和圆管涵（图16-6）。

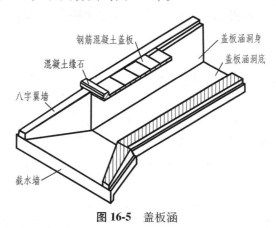

图 16-5 盖板涵

2. 涵洞工程图的图示特点

涵洞是狭长的工程构造物，埋置在路基土层中，从路面下方横穿过道路，以水流方向为

图 16-6 圆管涵

纵向，从左向右，以纵剖面图代替立面图。平面图与立面图对应布置，为表达清晰，不考虑洞顶的覆土，只画出路基边缘线及相应的示坡线。平面图和立面图也可用半剖形式表达，水平剖切面通常设在基础顶面。侧面图就是洞口立面图，当洞口形状不同时，则进出水口的侧面图都要画出，也可用点画线分开，采用各画一半合成的进出水口立面图。需要时垂直于纵向剖切，画出横剖面图。除了上述三种投影图外，应按需要画出翼墙断面图和钢筋布置图。

由于涵洞体积比桥梁小得多，故可采用较大比例绘制。

二、涵洞工程图示例

图 16-7 所示的为钢筋混凝土盖板涵构造图，其进水端是带锥形护坡的一字式洞口，出水端为八字翼墙式洞口。

1. 立面图

从左至右以水流方向为纵向，用纵剖面图表达，表示了洞身、洞口、基础、路基的纵断面形状以及它们之间的连接关系。洞顶以上路基填土厚要求不小于 96cm，进出水口分别采用端墙式和翼墙式，均按 1：1.5 放坡。涵洞净高 150cm，盖板厚 20cm，设计流水坡度为0.5%，截水墙高 120cm。盖板涵及基础所用材料也在图中表示出来，图中未示出沉降缝位置。

2. 平面图

平面图表达了进出水口的形式和平面形状、大小，缘石的位置，翼墙角度等。如图 16-7所示，涵洞轴线与路中心线正交。涵顶覆土虽未考虑，但路基边缘线应予画出，并以示坡线表示路基边坡。为了便于施工，翼墙和洞身位置作 A—A、B—B、C—C、D—D 和 E—E 剖切，用放大比例画出断面图，以表示墙身和基础的详细尺寸、墙背坡度及材料等，洞身横断面图 A—A 表明了涵洞洞身的细部构造及其盖板尺寸。

3. 侧面图

侧面图是涵洞洞口的正面投影图，反映了缘石、盖板、洞口、护坡、截水墙、基础等的侧面形状和相互位置关系。由于进出水洞口形式不同，所以用点画线分开，采用一字式洞口和八字式洞口正面图各绘一半组合而成。

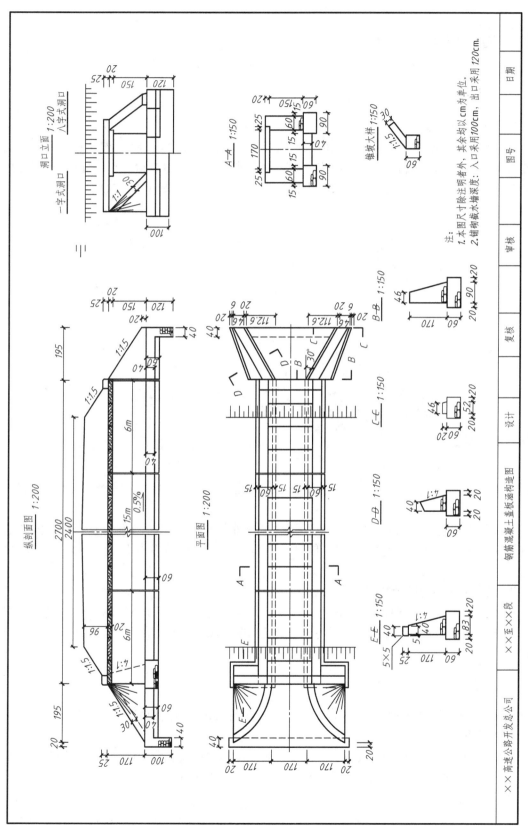

图 16-7 钢筋混凝土盖板涵构造图

第三节 隧道工程图

一、概述

1. 隧道的作用及组成

隧道是道路穿越山岭或通过水底的狭长构筑物，包括主体建筑和附属建筑物两部分。主体建筑由洞门、基础和洞身三部分组成，如图 16-8 所示。在隧道进口或出口处要修筑洞门，两洞门之间的部分就是洞身，地基坚固用无仰拱的洞身，如果地基松软则采用有仰拱的洞身。

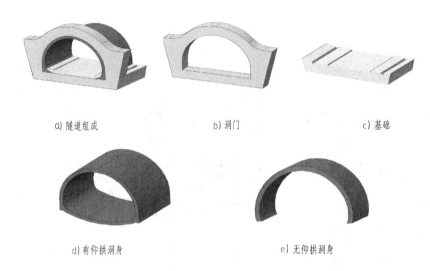

a) 隧道组成   b) 洞门   c) 基础

d) 有仰拱洞身   e) 无仰拱洞身

图 16-8 隧道的组成

公路隧道的附属建筑物，包括：人行道（或避车洞）和防排水设施，长、特长隧道还有通风道、通风机房、供电、照明、信号、消防、通信、救援及其他量测、监控等附属设施。

2. 隧道工程图的图示特点

隧道虽然很长，但洞身断面形状很少变化，因此隧道工程图除用平面图表示其地理位置外，隧道工程图主要有：隧道进口洞门图、隧道横断面图；避车洞图及其他有关交通工程设施的图样。

二、隧道洞门设计图

图 16-9 为隧道进口洞门设计图，由立面图、平面图和剖面图构成。

1. 立面图

立面图是隧道进口洞门的正立面投影图，表示了洞门形式、洞门墙、洞口衬切曲面的形状和排水沟等结构。无论洞门左右是否对称，洞口两边均应画全。

2. 平面图

平面图是隧道进口洞门的水平投影图，只画出洞门暴露在山体外面的部分，表示出了洞

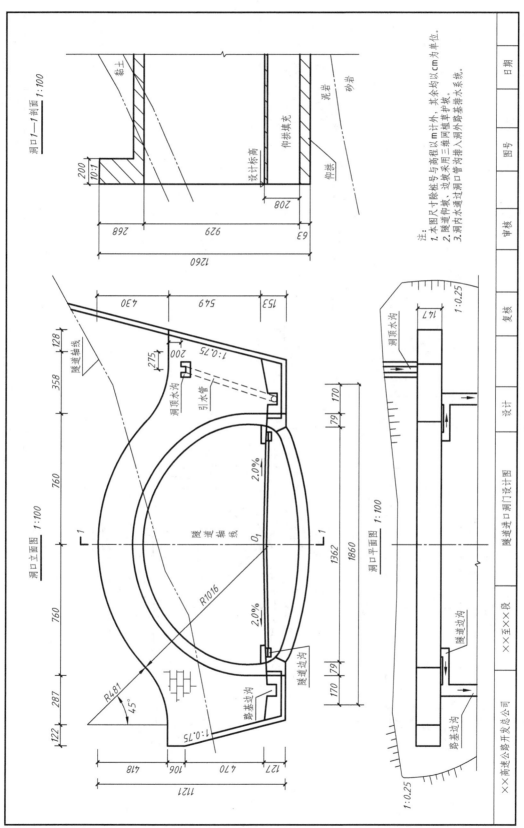

图 16-9 隧道进口洞门设计图

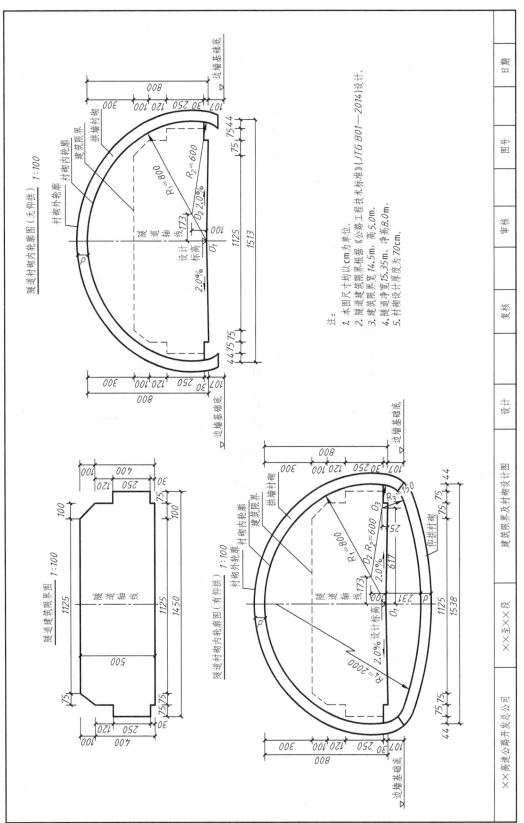

图 **16-10** 隧道建筑限界及衬砌设计图

门墙顶端的宽度、洞门处各排水沟的走向及洞顶排水沟等结构，还表示了开挖线（洞顶坡面与地面的交线）、填挖方坡度和洞门桩号。

3. 剖面图

剖面图是用沿隧道轴线的侧平面剖切后，向左投影而获得的。图中1—1剖面图表达了洞口端墙顶部的坡度、厚度和路面坡度等内容。

4. 附注

附注中对该隧道有关事项进行了说明。

三、隧道横断面图

隧道横断面图是用垂直于隧道轴线的平面剖切后得到的断面图，通常也称建筑限界及净空设计图，包括了建筑限界和隧道净空断面两部分。

隧道净空断面表示隧道衬砌形式，图16-10中，其衬砌内轮廓由一段半径为800cm和两段半径为600cm的圆弧组合构成，隧道两侧设有宽为75cm的人行道，车行道宽1125cm。

建筑限界用虚线表示，在建筑限界内不能设置任何设备，交通工程设施如消防设施、照明及供电线路等都必须安装在建筑限界外。

四、避车洞图

设置避车洞是为了行人和隧道维修人员及维修小车避让来往车辆。避车洞分大小两种，分别沿路线两侧的边墙交错布置，通常小避车洞间隔为30m，大避车洞间隔为150m，采用平面布置图和详图表达。

图16-11为避车洞布置图，纵向采用1∶2000的比例，横向采用1∶200的比例。

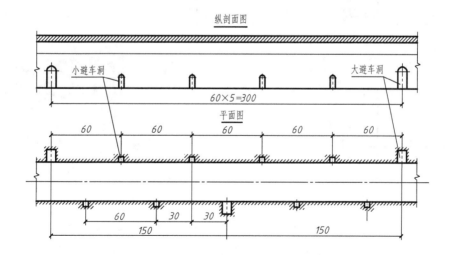

图 16-11 避车洞布置图（单位：m）

图16-12、图16-13分别为大避车洞和小避车洞详图和三维实体图，为了排水，洞内底面的排水坡度为1%，人行道的排水坡度为1.5%。

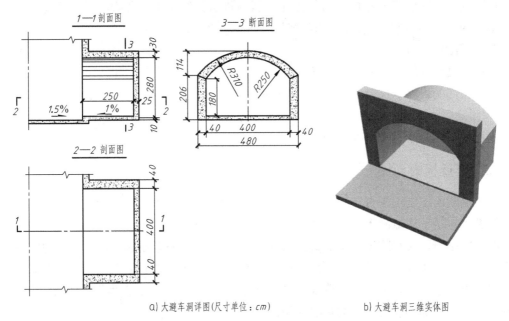

a) 大避车洞详图(尺寸单位：cm)　　　　b) 大避车洞三维实体图

图 16-12　大避车洞详图和三维实体图

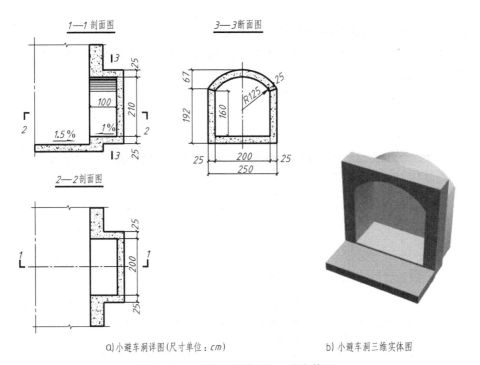

a) 小避车洞详图(尺寸单位：cm)　　　　b) 小避车洞三维实体图

图 16-13　小避车洞详图和三维实体图

第十七章 水利工程图

表达水利工程建筑物及其施工过程的图样称为水利工程图，简称水工图。本章将介绍水工图的一般分类、表达方法、尺寸注法、阅读、绘制步骤等。

第一节 水工建筑物和水工图

表达水利工程规划、枢纽布置和水工建筑物形状、尺寸及结构的图样称为水利工程图，简称水工图。由于水工建筑物的种类繁多，且水利工程涉及的专业面较广，在一套水利工程图中，除表达水工建筑外，一般还有机械、电气、工程勘测及水土保持等专业的内容。要正确阅读和绘制水工图，除了需要了解水工建筑物作用、结构特点等专业知识，掌握投影基础知识、工程形体表达方法外，还应遵循有关国家技术制图及行业制图标准，如《水利水电工程制图标准 基础制图》（SL 73.1—2013）、《水电水利工程基础制图标准》（DL/T 5347—2006）等相关规定。

一、水工建筑物及常见结构

1. 水工建筑物及分类

水工建筑物是在水的静力或动力作用下工作，并与水发生相互影响的各种建筑物。其功能多样，形式各异，种类繁多。水工建筑物可根据其用途及作用、使用时间长短及重要性进行分类。

（1）按用途及作用分类　水工建筑物按照其用途可分为一般水工建筑物和专门水工建筑物两大类。

1）一般水工建筑物。

① 挡水建筑物：用以拦截水流、壅高水位或形成水库，如各种闸、坝和堤防等。

② 泄水建筑物：用以从水库或渠道中泄出多余的水量，以保证工程安全，如各种溢洪道、泄洪隧洞和泄水闸等。

③ 输水建筑物：从水源向用水地点输送水流的建筑物，如渠道、隧洞、管道等。

④ 取水建筑物：它是输水建筑物的首部，如深式取水口、各种进水闸等。

⑤ 河道整治建筑物：为调整河道、改善水流状态、防止水流对河床产生破坏作用所修建的建筑物，如护岸工程、导流堤、丁坝、顺坝等。

2）专门水工建筑物。

① 水力发电建筑物：如水电站厂房、压力前池、调压井等。

② 水运建筑物：如船闸、升船机、过木道等。

③ 农田水利建筑物：如专为农日灌溉用的沉沙池、量水设备、渠系及渠系建筑物等。

④ 给水、排水建筑物：如专门的进水闸、抽水站、滤水池等。

⑤ 渔业建筑物：如鱼道、升鱼机、鱼闸、鱼池等。

（2）按使用时间长短分类　水工建筑物按其使用时间的长短分为永久性建筑物和临时性建筑物两类。

1）永久性建筑物。这种建筑物在运用中长期使用，根据其在整体工程中的重要性，又分为主要建筑物和次要建筑物。主要建筑物是指该建筑物失事后将造成下游灾害或严重影响工程效益，如闸、坝、泄水建筑物、输水建筑物及水电站厂房等；次要建筑物是指失事后不致造成下游灾害和对工程效益影响不大且易于检修的建筑物，如挡土墙、导流墙、工作桥及护岸等。

2）临时性建筑物。这种建筑物仅在工程施工期间使用，如围堰、导流建筑物等。

有些水工建筑物在枢纽中的作用并不是单一的，如溢流坝能挡水，又能泄水；水闸可挡水，又能泄水，还可用于取水。

2. 水工建筑物常见结构

水闸是最常见、结构较典型的水工建筑物，各种过水建筑物（如涵洞、溢洪道、船闸等）的结构组成与水闸有许多相似之处（见图 17-1）。从水工建筑物的工作、使用及建造要求出发，在水工建筑物中常常设置以下结构。水闸一般由上游连接段、闸室段及下游连接段3 部分组成，如图 17-1 所示。上游连接段主要是引导水流平顺、均匀地进入闸室，避免对闸前河床及两岸产生有害冲刷，减少闸基或两岸渗流对水闸的不利影响。该段一般由铺盖、上游翼墙、上游护底、上游防冲槽（或防冲齿墙）及两岸护坡等部分组成。闸室是水闸的主体部分，起挡水和调节水流的作用。它包括底板、闸墩、闸门、胸墙、工作桥、交通桥等。下游连接段主要用来消能、防冲及安全排出流经闸基和两岸的渗流。该段一般包括消力坎、海漫、下游防冲槽、下游翼墙及两岸护坡等。

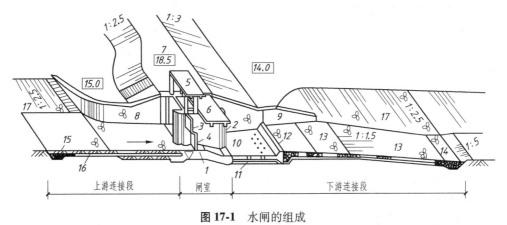

图 17-1　水闸的组成

1—闸室底板　2—闸墩　3—胸墙　4—闸门　5—工作桥　6—交通桥　7—堤顶　8—上游翼墙
9—下游翼墙　10—护坦　11—排水孔　12—消力坎　13—海漫　14—下游防冲槽
15—上游防冲槽　16—上游护底　17—两岸护坡

（1）上、下游翼墙　翼墙是为保证涵洞或水闸边坡稳定并起引导水流的作用而设置的一种挡土结构物。在水闸、船闸等进、出口处两侧常设置导水墙，在工程中称为翼墙。上游翼墙的作用是引导水流平顺地进入闸室，下游翼墙的作用是将出闸的水流均匀地扩散，使水流平稳地进入下游河渠，减少冲刷。常见的翼墙形式有：圆弧式翼墙（见图 17-2）、扭曲面翼墙（见图 17-3）和斜墙式翼墙（又称八字翼墙，见图 17-4）。

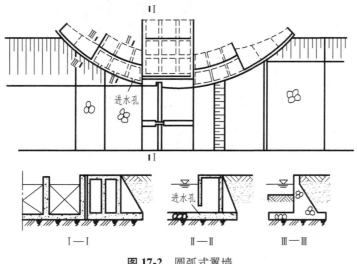

图 17-2 圆弧式翼墙

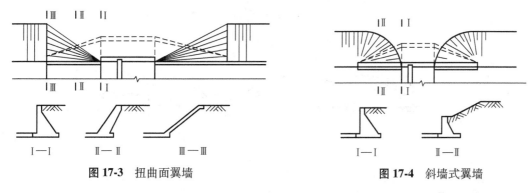

图 17-3 扭曲面翼墙　　　　　　　　　　　图 17-4 斜墙式翼墙

（2）铺盖　铺盖是铺设在上游河床上、紧靠闸室或坝体段的一层防护、防渗保护层，一般用黏土、浆砌块石铺设，其作用为保护上游河床，提高闸室、大坝的安全稳定性。

（3）闸室　闸室是过水建筑物中用于控制水流和连接两岸的结构物，主体结构由闸墙（墩）、底板构成，闸门和胸墙用以挡水，还设置有工作桥用以安装和操作闸门启闭设备，以及交通桥用以连接两岸交通。闸室轴测图如图 17-5 所示。

（4）护坦及消力池　经闸、坝流出的水流带有很大的冲击力，为防止对下游河床的冲刷，保证闸、坝的安全，在紧接闸坝的下游河床上，常用钢筋混凝土做出消力池。在消力坎的作用下，水流在池中翻滚，消除大部分水流冲力。消力池的底板称为护坦，上设排水孔，用以排出闸、坝基础的渗漏水，降低闸、坝所承受的渗透压力。消力池形式如图 17-6 所示。

（5）海漫及防冲槽（或防冲齿坎）　紧接护坦或消力池后面的消能防冲结构，称为海漫，用以保护河床并消除水流余能。海漫末端常设有干砌块石防冲槽或防冲齿坎，以防止海漫与河床交界处的冲刷破坏。海漫布置示意图如图 17-7 所示。

（6）廊道　廊道是为了灌浆、排水、输水、观测、检查及交通等需要而在混凝土坝或

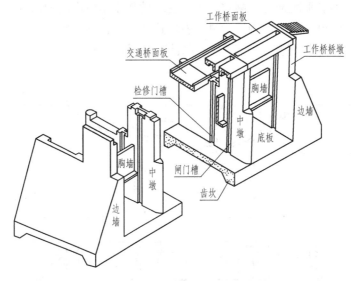

图 17-5 闸室轴测图

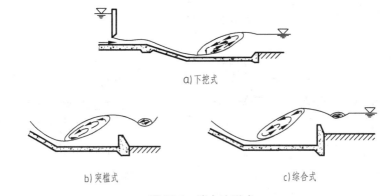

图 17-6 消力池形式

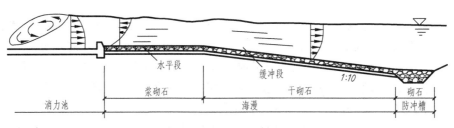

图 17-7 海漫布置示意图

船闸闸首中设置的结构。

（7）分缝 对于较长的或大体积的混凝土建筑物，为防止因温度变化或地基不均匀沉陷而引起的裂缝和断裂现象，一般需要设置结构分缝。按缝的作用可分为沉降缝、温度缝及工作缝；按缝的位置可分为横缝、纵缝、斜缝。坝体分缝如图 17-8 所示。

（8）分缝中的止水 为防止水流的渗漏，在水工建筑物的分缝处一般都设置有止水。止水材料一般为金属止水片、油毛毡、沥青、柏油、麻丝和沥青芦席等。常见的形式有：水

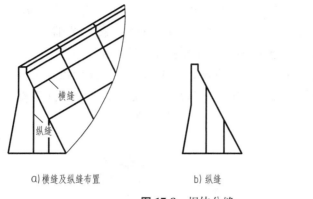

图 17-8　坝体分缝

平止水，大都采用塑料（或橡胶）止水带；垂直止水，止水部分用金属片，重要部分用纯铜片。图 17-9 介绍几种分缝止水材料和做法。

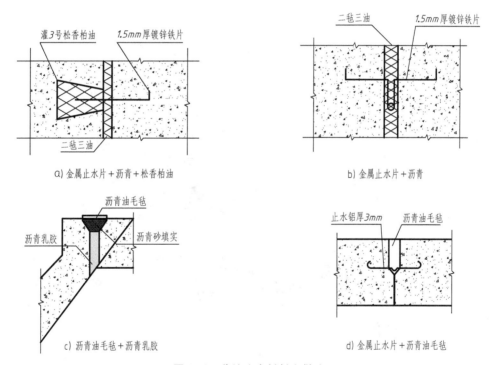

图 17-9　分缝止水材料和做法

二、水工图的一般分类

水利工程的设计工作一般需要经过可行性研究、初步设计和施工图设计几个阶段，每个设计阶段对图样的要求均有不同，因此各阶段图样表达的详尽程度和重点不尽相同。主要包括规划图（工程位置图）、枢纽布置图、建筑物结构图和施工图等，工程完工以后还有竣工图。

1. 规划图

规划图主要表示一条或一条以上河流的流域内水利水电建设的总体规划，是示意性图样。主要内容包括：水利枢纽所在的地理位置、朝向；与枢纽有关的河流、公路、铁路的位置和走向；重要建筑物和居民点的分布情况等。其特点为：图示范围大、绘图比例小，一般比例为 1：5000～1：10000，甚至更小；建筑物采用图例表示。

图 17-10 是某水利资源综合利用规划图，图中示出了湘江干流航道发展规划的 8 个梯级，分别为：潇湘水利枢纽、浯溪水电站、近尾洲水电站、大源渡航电枢纽和株洲航电枢纽、湘祁水电站和湘江长沙综合枢纽、土谷塘航电枢纽。

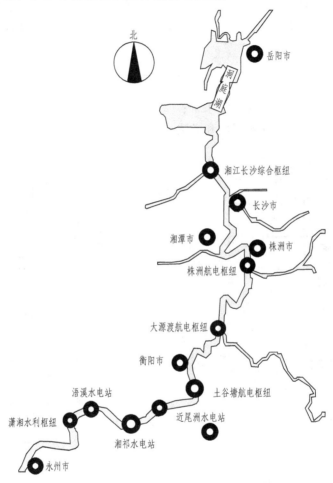

图 17-10 某水利资源综合利用规划图

2. 枢纽布置图

一项水利工程，常从综合利用水资源出发，同时修建若干个不同作用的建筑物，这种建筑物称为水利枢纽。每个水利枢纽都是以它的主要任务称呼的，如以发电为主的称为水力发电水利枢纽，以灌溉为主的称为灌溉水利枢纽，以航运发电为目的的称为航电水利枢纽。枢纽布置图主要表示整个水利枢纽在平面和立面的布置情况。图 17-11 是某一级水利枢纽平面布置图。

枢纽布置图包括以下内容：

1）水利枢纽所在地区的地形（用等高线表示）、河流及水流方向（用箭头表示）、地理方位（用指北针表示）和主要建筑物的控制点（即基准点）的测量坐标（用符号"+"表

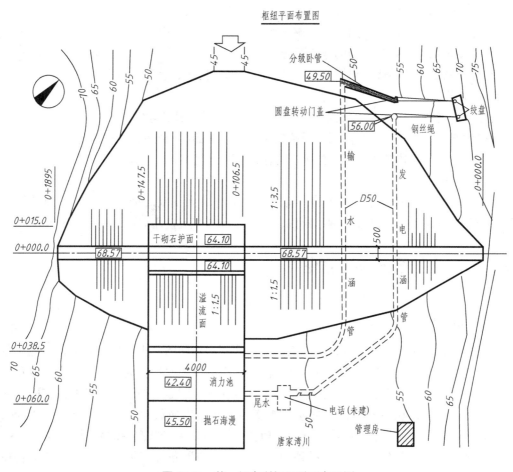

图 17-11 某一级水利枢纽平面布置图

示）。

2）各建筑物的平面形状及其相互位置关系。

3）各建筑物与地面的相交情况，如交线、填挖边坡线。

4）各建筑物的主要高程和其他主要尺寸。

枢纽布置图有以下特点：

1）枢纽平面布置图必须画在地形图上。一般情况下，枢纽平面布置图画在立面图的下方，有时也可以画在立面图的上方或单独画在一张图纸上。

2）为了使图形主次分明，结构上的次要轮廓线和细部构造一般均省略不画，或采用示意图表示这些构造的位置、种类和作用。

3）图中尺寸一般只标注建筑物的外形轮廓尺寸及定位尺寸、主要部位的高程、填挖方坡度。

3. 建筑物结构图

表达水利枢纽中某一建筑物的图样称为建筑物结构图。其包括结构布置图（见图 17-12）、分部细部构造图、钢筋混凝土结构图等。建筑物结构图应包括下列内容：

1）建筑物的整体和各组成部分的形状、大小、构造和所用材料。

2）建筑物基础的地质情况及建筑物与地基的连接方法。

3）建筑物的工作情况，如上、下游工作水位、水面曲线等。

4）该建筑物与相邻建筑物的连接情况。

5）建筑物的细部构造及附属设备的位置，如油压机房、单向门机等。

4. 施工图

表达施工组织和施工方法的图样称为施工图，如反映施工场地布置的施工总平面布置图，反映建筑物基础开挖的开挖图，反映施工导流方法的施工导流布置图，反映混凝土分期分块的浇筑图，反映建筑物和流程的施工方法图等。此处略。

5. 竣工图

在施工过程中方案会有局部变动，特殊情况会有较大变动。因此，凡较大的工程完工后，应绘制一套竣工图，以备管理、检修、存档及资料交流使用。

第二节 水工图的表达方法

一、视图配置及名称

水工建筑物常用三视图表达，即立面图、平面图和侧面图。视图按投影关系配置，可不标注视图的名称，否则，应标注视图名称。图样中习惯上使水流方向为自上向下、自左向右和由后往前布置图形。为了便于读图，每个视图都应标注图名，视图名称宜标注在图形的上方中间并水平注写，在视图名称下方绘一粗实线，其长度应超出视图名称长度前后各 3～5mm。特殊视图应在视图附近用箭头指明投射方向，并标注字母；特殊视图上方应标注"X 向视图"或"X 向（旋转）视图"的视图名称。如果图形布置有困难，可将视图配置在适当位置。对较大或较复杂的建筑物，因受图幅限制，可将某个视图单独画在一张图纸上。

在水工图中，俯视图称为平面图，正视图和左（右）视图称为立面图。人站在上游，面向建筑物做投射，所得视图称为上游立面图；人站在下游，面向建筑物做投射时，所得视图称为下游立面图。当从上游看向下游时（视线顺水流方向时），人的左手侧称为左岸，右手侧称为右岸。因此，有时也用左右岸命名视图。

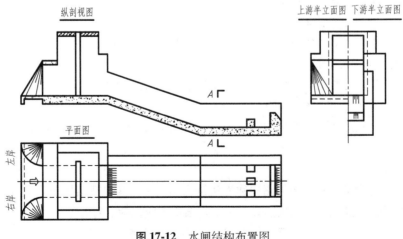

图 17-12 水闸结构布置图

二、剖视图与断面图

由于水工建筑物许多部分被土层覆盖，内部结构也较复杂，所以剖视图、断面图应用也较多。剖视图和断面图的绘制方法参照本书第七章第一节。如果视图对称，为了减少幅面，节省绘图工作量，允许只画一半，对称面画点画线。也可将两个对称的视图各画一半合并在一起，以点画线分界，并分别标注相应的图名，如图 17-12 所示。

三、水工图的其他表达方法

1. 局部放大图

当物体的局部结构由于图形较小而表示不清楚或不便于标注尺寸时，可将这些局部结构用较大的比例画出，称为详图或局部放大图，如图 17-13 中的详图 A。

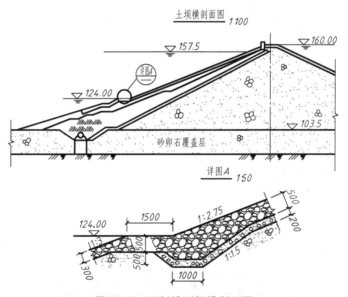

图 17-13　面板堆石坝横断面图

详图的标注在被放大的部位用细实线圆弧圈出，用引线指明详图的编号（如"详 A"、"详图××"等），所另绘的详图用相同编号标注其图名，并注写放大后的比例，如图 17-14 所示。详图可画成视图、剖视图或断面图，也可以采用详图的一组（两个或两个以上）视图来表达同一个被放大部分的结构。

2. 展开画法

当构件、建筑物的轴线（或中心线）为曲线时，可沿轴线（或中心线）绘制展视图、剖视图和断面图，并在图名后加注"展开"两字或注写"展视图"。如图 17-15 所示干渠布置图，用柱面 B—B 作剖切面，沿渠道的纵轴线剖切、展开后与正立面平行。如图 17-16 所示为消力池结构图。

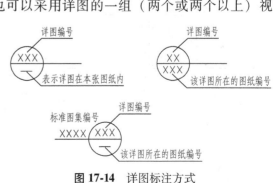

图 17-14　详图标注方式

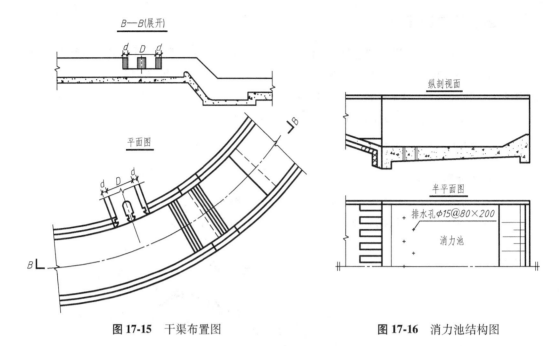

图 17-15 干渠布置图　　　　　　　　　　　图 17-16 消力池结构图

3. 分层表示法

当建筑物有几层结构时，为清楚表达各层结构和节约图幅，可以采用分层剖切的剖视图，即在同一视图中按其结构形式分层绘制，相邻层用波浪线分界，并用文字注写各层结构的名称或说明，如图 17-17 所示。

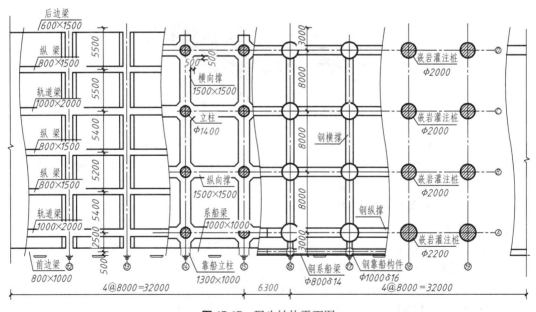

图 17-17 码头结构平面图

4. 拆卸画法

当视剖视图中所要表达的结构被另外的结构或填土遮挡时，可假想将遮挡物拆掉或掀掉，再进行投射绘制。如图 17-18 所示，水闸前后对称，平面图中闸室前半部采用拆卸画法，将工作桥和公路桥拆去，闸室岸墙的门槽成为可见。闸室岸墙背面、一字墙、下游翼墙背面被土层覆盖，为了清楚地表达这部分结构，可以假想将覆盖层掀开再做投射，使得这部分结构可见，这种画法也称为掀开画法。

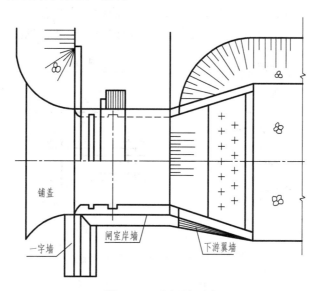

图 17-18　水闸平面图

5. 连接画法

当图形较长，允许将其分成两部分绘制，再用连接符号表示相连，并用相同大写字母编号（图 17-19）。

6. 假想投影画法

对于水工建筑物中的活动部分，如闸门、行车吊钩等，在画投影图时，用双点画线表示它们的活动范围。如图 17-20 所示的行车吊钩的活动范围，采用了假想投影画法。

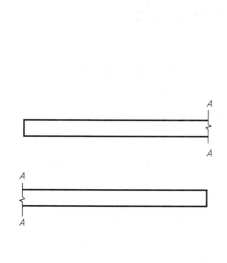

图 17-19　连接画法

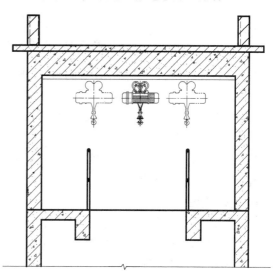

图 17-20　行车吊钩的假想投影画法

7. 简化画法

1）对称图形简化画法：对称图形可只画对称轴一侧或四分之一的视图，并在对称轴上绘制对称符号，或画出略大于一半并以波浪线为界限的视图。

2）相同要素简化画法：多个完全相同且连续排列的构造要素，可在图样两端或适当位置画出少数及各要素的完全形状。其余部分以中心线或中心线交点表示，并标注相同要素的数量。图样中成规律分布的细小结构，可只做标注或以符号代替（见图17-21）。

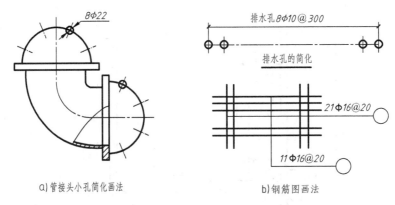

图 17-21 规律布置结构简化画法

3）较长的图形简化画法：不必画出构件全长的较长构件，当其长度方向形状相同或按一定的规律变化时，可断开绘制，只画物体的两端，在断开处以折断线表示，按完整形体标注尺寸，称为断开图形或折断简化画法如图17-22所示。

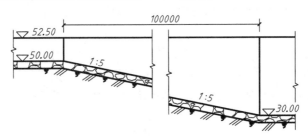

图 17-22 渠道布置图（折断画法）

4）不同设计阶段可对视图中的次要结构、机电设备、细部结构进行简化或省略。图17-20所示为行车吊钩的简化画法。

5）构建中的小圆角或45°小倒角等局部小尺寸，可采用标注尺寸或在图纸中加以说明的方式进行简化。

6）图形中孔的直径、薄片厚度、倒角尺寸、斜度或锥度等不大于2mm的过小部位，可不按比例画出，只标注尺寸。

8. 合成视图

在同一视图中，可同时将展视、省略、简化、分层、拆覆视图用于同一幅图或视图中。特别是对于对称结构，可采用在对称中心两侧分别绘制相反或分层次的合成视图，如平板闸门中心线两侧绘制上、下游两个方向的视图。对于并列机组段，可分不同高程分别剖切发电机层、水轮机层、蜗壳层、尾水管层的剖切平面图等（见图17-23）。

四、规定画法与省略画法

1. 规定画法

（1）缝线画法　建筑物中有各种结构分缝线，如沉降缝、伸缩缝、施工缝、材料分界线等，这些缝线处的表面虽然为一平面，在绘图时仍按轮廓线处理，规定用一条粗实线表示，如图 17-24 所示。

（2）不剖画法　当剖切平面通过桩、杆、柱等实心构件的轴线或平行于闸墩、支撑板、肋板等薄壁结构对称面时，其断面部分按不剖处理，用粗实线将其与邻接部分分开。

（3）曲面画法　水利水电工程中曲面的视图，一般用曲面上的素线或截面法所得的截交线来表达曲面。素线和截交线均用细实线绘制。

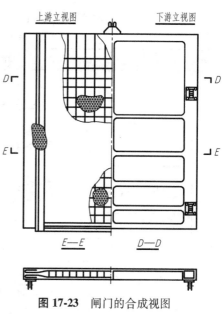

图 17-23　闸门的合成视图

（4）坡面画法　平面上相对水平面的最大斜度线表示平面的坡度，在水工图中，最大斜度线也称为示坡线，用长短相间且为等距的细实线绘制，并且从高程值大的等高线绘向高程值小的等高线。

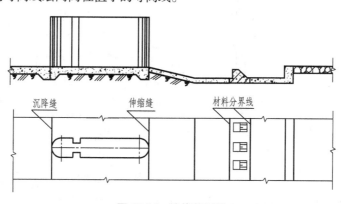

图 17-24　缝线的画法

2. 省略与示意图例

1）对于图样中的一些细小结构，当其均匀分布时可以简化绘制。如图 17-25 所示进水闸中的底板排水孔，均用符号"+"表示其分布情况。

2）在水工图中，常因图形的比例较小，使某些结构无法在图上表达清楚，或者某些附属设施（如闸门、启闭机、起重机等）另有专门的视图表达时，不需在图上详细画出，可在图中相应位置画出图例，以表示出结构物的类型、位置和作用。具体见《水利水电工程制图标准 水工建筑图》（SL 73.2—2013）附录 B 水工建筑物与施工机械

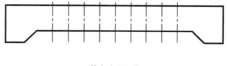

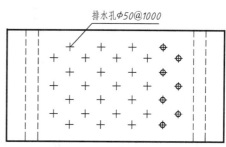

排水孔φ50@1000

图 17-25　底板排水孔布置图

图例。常用水工建筑物图例见表 17-1。

表 17-1　常用水工建筑物图例

序号	名　称		图　例	序号	名　称		图　例
1	水库	大型		12	斗门		
		小型		13	泵站		
2	混凝土坝			14	暗沟		
3	土石坝			15	渠		
4	水闸			16	船闸		
5	水电站	大比例尺		17	升船机		
		小比例尺		18	码头	栈桥式	
6	变电站					浮式	
7	渡槽			19	溢洪道		
8	隧洞	大型		20	堤		
		小型		21	护岸		
9	涵洞(管)	大型		22	挡土墙		
		小型		23	防浪堤	直墙式	
10	跌水					斜坡式	
11	虹吸	大型		24	明沟		
		小型					

　　由于水工建筑物的体积一般较大，其钢筋在混凝土中的密度不如房屋建筑大，故习惯用混凝土材料图例代替钢筋混凝土材料图例。

第三节 水工图的尺寸标注

前述章节已介绍尺寸标注的基本规定和方法，其也适用于标注水工图。但考虑到水工建筑物的复杂性，水工图的尺寸标注应既适应其形体构造的特点，又满足设计、施工的要求，具有一定的专业特点。

一、基准面和基准点

水工建筑物通常根据测量坐标系来进行定位。施工坐标系一般采用相互垂直的三个平面构成的三维直角坐标系。

第一个坐标面是水准零点的水准面，称作高度基准面。用精密水准测量仪联测到陆地上预先设置好的一个固定点，定出这个点的高程作为全国水准测量的起算高程，这个固定点称为水准原点。我国统一规定青岛附近黄海海平面的平均值为高度基准面，图上不需说明。各地区采用的当地水准零点是不同的，有吴淞零点、废黄河口零点、塘沽零点、珠江零点、大连零点、榆林零点、青海零点等，一般应说明所采用的水准零点名称。

第二个坐标面是垂直于水平面的铅垂平面，称作设计基准面。大坝一般以通过坝轴线的铅垂面作为设计基准面；水闸和船闸一般以通过闸中心线的铅垂面为设计基准面；码头工程一般以通过码头前沿的铅垂面为设计基准面。

第三个坐标面是垂直于设计基准面的另一个铅垂平面。

三个坐标面的交线是三条相互垂直的直线，构成单个建筑物的定位坐标系。在图样中通常只需用两个基准点确定设计基准面的位置，其余两个基准面即隐含在其中。图 17-26 所示为水库大坝及水电站的平面布置图，其基准点 M（$X = 253252.480$，$Y = 68085.950$）、N（$X = 253328.060$，$Y = 68126.700$）确定了坝轴线和设计基准面的位置。X、Y 坐标值由测量坐标系测定，一般以 m 为单位。有时也用施工坐标标识基准点，施工坐标系是为方便施工测量，经测量坐标换算后的工程区域坐标系，坐标值用 A、B 标识，见表 17-2 中基准点的标注。

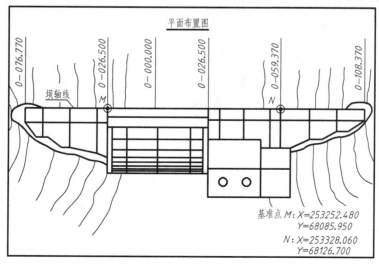

图 17-26 水库大坝及水电站的平面布置图

表 17-2　常见点、线、面的标注

	举例	图示及尺寸标注	说　明
点	基准点	M $X=253\ 252.480$ $Y=68\ 058.950$	X、Y 值为测量坐标值，单位为 m
		P $A=101.000$ $B=230.000$	A、B 值为施工坐标值，单位为 m
		基$_1$ $B=20.400$	高程基准点： 基$_1$——基准点编号 20.400——基准点高程
直线	斜桩	$4:1$ 1.5 1	表示斜桩的方位及坡度，桩顶点定位尺寸另注
平面	开挖坡面	$2:1$ 27.020	斜面用一条轮廓线及坡度线确定

二、高度尺寸的标注

水工建筑物的高度尺寸与水位、地面高程密切相关，且由于尺寸较大，多采用水准仪测量，因此常以高程来标注其主要高度尺寸，有时也在某些部位兼注两高程间的高度，如图17-27 所示。

高程尺寸的主要基准为测量水准基面，其他高度的次要尺寸，可采用主要设计高程为基准，或按施工要求选取基准。

三、平面尺寸的标注

首先讨论水平方向的基准问题。水利枢纽中各建筑物的位置都是以所选定的基准点或基准线进行放样定位的，基准点的平面位置根据测量坐标确定，两个基准点相连即确定了基准线的平面位置。图 17-26 所示某水电站平面图中，坝轴线的平面位置由坝端两个基准点 M、N 的测量坐标（X，Y）确定的。建筑物在长度或宽度方向若为对称形状，则以对称轴线为尺寸基准。若建筑物某一方向无对称轴线，则以建筑物的主要结构端面为基准。

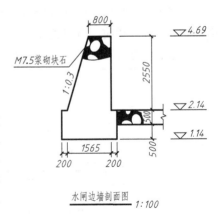

图 17-27　水闸边墙断面图

四、规则变化图形的尺寸标注

为使水流平顺或结构受力状态合理，水工结构物常做成规则变化的形体。一般采用特殊的标注方法来标注其尺寸，使得图示简练，表达清晰，便于施工放样。常有的尺寸标注法以下几种：

1. 列表法

梯形坝的尺寸标注常用列表法。因坝段不同高程的水平断面尺寸呈规律变化，常采用两个代表性的断面图表示坝段的形状，坝体标准断面图表达沿高度方向的控制高程；断面图 $A—A$ 表达大坝沿高度方向的水平方向尺寸变化，其中呈规则变化的尺寸用字母 T、a、c、B_1、B_2、B_3 表示，用列表法列出不同高程时的水平尺寸值（见图 17-28）。

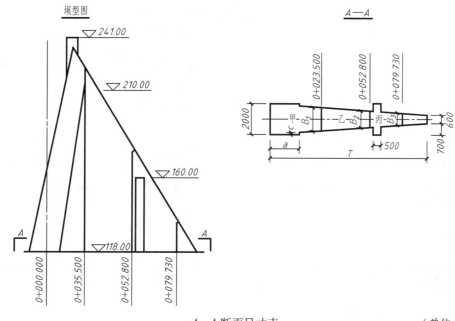

$A—A$ 断面尺寸表　　　　　　　　　　　　（单位：cm）

高程	T	a	c	B_1	B_2	B_3
200	3520	1148	326	1221		
190	4400	1228	311	1250		
180	5280	1308	296	1278	682	
170	6160	1388	281	1305	790	
160	7040	1468	266	1331	875	
150	7920	1548	251	1357	944	
140	8800	1628	236	1383	1004	656
130	9680	1708	221	1409	1056	733
120	10560	1788	206	1435	1105	801
118	10736	1804	203	1440	1114	814

图 17-28　列表法标注尺寸

2. 数学表达式与列表结合

水工建筑物的过水面常做成柱面，柱面的横断面轮廓一般呈曲线形，如溢流坝的坝面、隧洞的进口表面等。标注这类曲线的尺寸时，一般采用数学表达式定义曲线形状，用表格列出曲线上控制点的尺寸，以便施工放样（见图 17-29）。

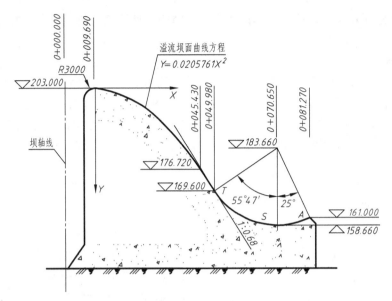

溢流坝面曲线坐标 　　　　　　　　　　（单位：m）

X	0.00	1.00	2.00	3.00	5.00	10.00	15.00	20.00	25.00	30.00	35.00	40.00
Y	0.000	0.021	0.082	0.185	0.514	2.058	4.629	8.230	12.860	18.518	25.206	32.922

注：$Y = 0.020576X^2$。

图 17-29　数学表达式与列表结合法标注尺寸

3. 坐标法

非圆曲线的尺寸标注，常画出坐标系，采用数学表达式，也可用曲线上各点的坐标表示，如图 17-30 所示。

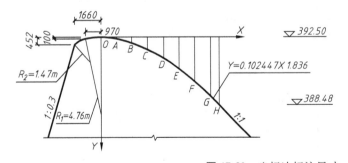

溢流面堰面曲线数值表

控制点号	x/m	y/m	备注
O	0	0	堰顶
A	1.00	-0.10	
B	2.00	-0.36	
C	3.00	-0.76	
D	4.00	-1.29	
E	5.00	-1.95	
F	6.00	-2.72	
G	7.00	-3.62	
H	7.54	-4.15	切点

图 17-30　坐标法标注尺寸

五、桩号的标注

1）坝、隧洞、船闸等的轴线长度或宽度方向尺寸，可用"桩号"的方法进行标注，标注形式为 $K \pm m$，K 为千米数，m 为米数。

2）标注坝、隧洞、船闸等的长度方向尺寸时，如果轴线为折线，转折点处的桩号应重复标注。如果轴线为曲线，桩号沿径向设置，桩号的距离应按弧长计算。桩号尺寸一般垂直于轴线方向注写，并标注在轴线的同一侧。

六、重复尺寸

当表达水工建筑物的视图较多，难以按投影关系布置，甚至不能画在同一张图纸上，或采用了不同的比例绘制，致使读图时不易找到对应的投影关系时，允许标注重复尺寸，但应尽量减少不必要的重复尺寸。

七、尺寸的简化标注

1）对多层结构尺寸的标注，可用引出线的方式表示，引出线必须垂直通过被引出的各层，文字说明和尺寸数字应按结构的层次注写。

2）均匀分布的相同构件或构造，其尺寸也可用简化标注，如图 17-25 所示排水孔纵向间距的标注方法。

八、封闭尺寸

在标注了建筑物总长尺寸的情况下，若一建筑物长度方向共分为 n 段，则只需注出其中 $n-1$ 段长度尺寸即可。但在水工图中常将各分段的长度尺寸和总长尺寸都注出，形成封闭尺寸。水利工程一般按施工规范控制精度，方便于施工测量，形成封闭尺寸。

第四节 水工图的阅读

阅读水工建筑物结构图的方法是：先总体了解，后深入研究；先整体，后局部，再综合想整体。具体步骤如下：

一、阅读水工建筑物结构图

第一步：总体了解

1）了解建筑物的名称和作用。从标题栏和图纸上的"说明"了解建筑物的名称、作用、比例和尺寸单位等。

2）分析视图。了解建筑物采用了哪些视图、剖视图、断面图等，有哪些特殊表达方法，各剖视图、断面图的剖切位置和投射方向，各视图的主要作用等。然后以一个特征明显的视图或结构关系较清楚的剖视图为主，结合其他视图概略了解建筑物的组成部分及其作用。

第二步：形体分析

根据建筑物各部分的构造特点和功能作用，把它分成几个主要组成部分。然后用找线框、分部分、对投影、想形状的方法对每一个组成部分进行分析。

应当注意：读图时，不能孤立地只看一个视图，应以特征明显的视图为主、结合其他视图、剖视图、断面图等进行分析，并注意水工图的特点。

第三步：综合想整体

把分析所得各组成部分的形状，对照建筑物有关的视图、剖视图和断面图等加以全面整理，明确各组成部分之间的相互位置关系，从而想出建筑物的整体形状。

二、读图举例

【例 17-1】 阅读图 17-31 所示的水闸设计图（见插页）。

第一步：总体了解

1）水闸的功能及组成。水闸是水利枢纽的组成部分，是在防洪、排涝、灌溉等方面应用很广的一种水工建筑物。通过闸门的启闭，可使水闸具有泄水和挡水的双重作用；改变闸门的开启高度，可以起到控制水位和调节流量的作用。如图 17-1 所示，水闸由三部分组成。沿水闸的纵向轴线方向可分为闸室、上游段及下游段三部分。上游段包括上游防冲齿坎、铺盖、上游翼墙及两岸护坡等。闸室段包括闸室墙、底板、闸墩、闸门、交通桥、启闭机等。下游段包括消力池、海漫、下游翼墙及两岸护坡等。

2）视图表达。本工程共采用 6 个图表达水闸的基本构造。其中平面图、A—A 纵剖视图、C—C 剖面图表达其总体布置，另有 B—B 剖面图、D—D、E—E、F—F 断面图表达其内部结构。

平面图表达了水闸各组成部分的平面布置、形状和尺寸。A—A 纵剖视图为通过纵向轴线的正平面剖切而得，结合 C—C 剖面图表达了水闸高度与长度方向的结构形状、尺寸、材料、相互位置及建筑物与地面之间的联系等。

B—B 剖面图及 D—D、E—E、F—F 断面图用以表达闸室、闸墩的布置情况、消力池墙及上下游翼墙的断面形状与尺寸。

第二步：形体分析

1）上游段。两侧翼墙各由两段扭面组成，引导水流平稳进入闸室，扭面底板为 M7.5 浆砌块石铺盖，厚 50cm，端部有防渗齿坎。

2）闸室段。闸室长 8.50m，宽 14.00m，由四孔组成，每孔净宽 2.50m。闸墩厚 0.80m，墩上有闸门槽及修理门槽，门槽深 0.10m，宽 0.15m。闸门为平板门，门高 2.50m，采用 LQ-5 型手摇螺杆启闭机。闸墩上面有钢筋混凝土检修便桥，桥长 12.90m。B—B 剖面图左侧表达闸室段竖直方向的构造。

3）下游段。在闸室的下游，连接着一段陡坡及消力池，消力池长为 5.75m，两侧为 M7.5 浆砌块石边墙，底板为 M7.5 浆砌条石，垫层为 0.25m 厚碎石，底板上布置有 φ75 无砂混凝土排水孔，平面图上采用简化画法表示。海漫设 M7.5 浆砌块石，垫层为 0.15m 碎石，连接 5m 抛石防冲段。结合 B—B 剖面图、D—D、E—E、F—F 断面图表达其形状和尺寸。

第三步：综合想象整体形状

综合各部分形状，就可以想象出水闸的整体空间形状，如图 17-32 所示。

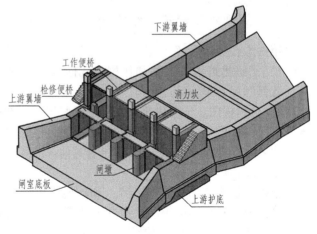

图 17-32　水闸整体空间形状

【例 17-2】　阅读图 17-33（插页）~图 17-36 所示的重力坝设计图。

第一步：总体了解

1）重力坝的功能及组成。重力坝主体通常由溢流坝段及坝顶建筑物、非溢流坝段及坝顶建筑物和坝内各种孔口构成。溢流坝段一般正对原主河床位置，由溢流面、两侧倒流墙和尾部消能段组成。非溢流坝段在溢流坝段两端，与岸坡连接，有防浪墙等坝顶构筑物。设在坝内的各种孔口有泄水、引水、放水孔及闸门和控制室。有交通的、检查的、灌浆的、排水

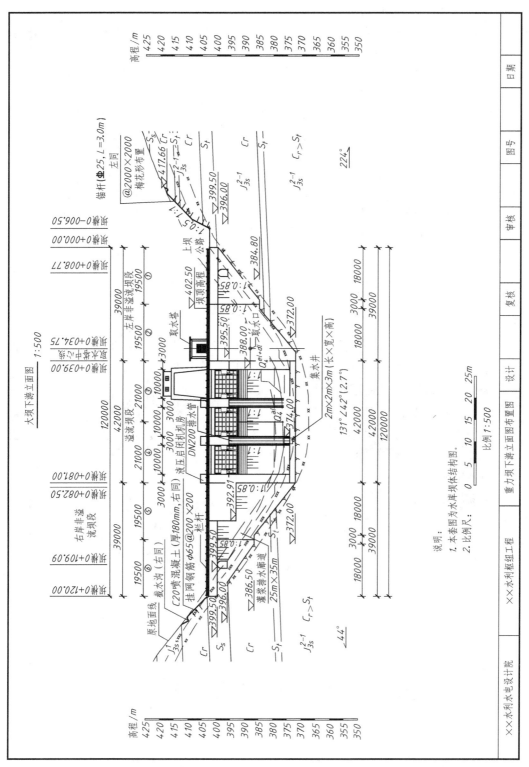

图 17-34　重力坝下游立面布置图

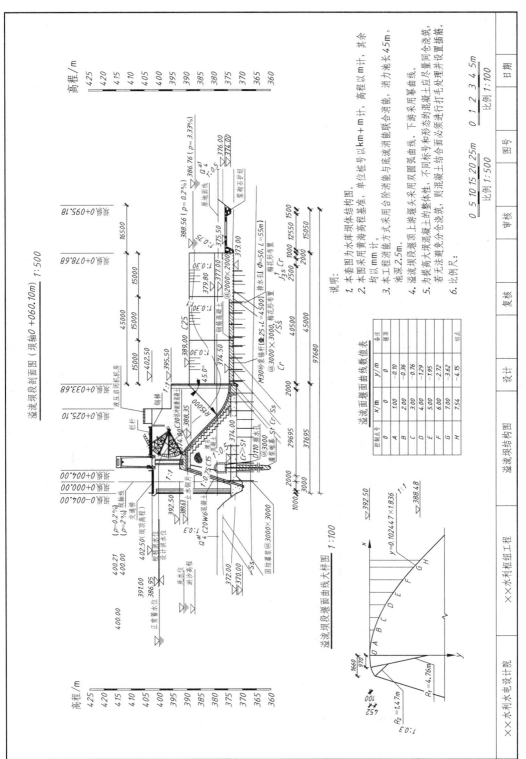

图 17-35 溢流坝结构图

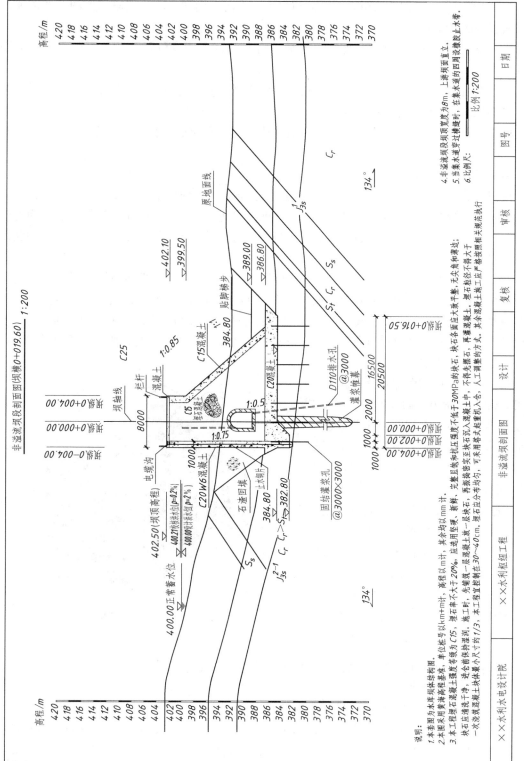

图 17-36 非溢流坝剖面图

的、观测的廊道等。

2）视图表达。此例共采用大坝平面布置图、下游立面图、溢流坝段剖面图及非溢流坝段剖面图表达其总体的布置。

平面布置图——表达地形、地貌、河流、指北针、坝轴线位置及建筑物的布置，如图 17-33 所示（见插页）。

下游立面图——表达河床断面、拦河坝、溢流坝、非溢流坝等的立面布置、连接关系和各主要部分的高程如图 17-34 所示。

坝段剖面图——表达溢流坝段、非溢流坝段的典型断面形状和结构布置，如图 17-35 和图 17-36。

第二步：形体分析

1）拦河坝。从枢纽平面布置图和上游立面图看出拦河坝（重力坝）坝顶总长 120.00m，在坝横 0+000.00 到坝横 0+120.00 桩号之间，分别由左岸非溢流坝段、中间溢流坝段、右岸非溢流坝段构成，各坝段之间设置伸缩缝。从下游立面图中可以看出坝体的断面形状、尺寸和结构布置。

2）非溢流坝段。从枢纽平面布置图、下游立式图及非溢流坝段剖面图可以看出非溢流坝段的结构设置。左右两边非溢流坝段长为 39.00m，坝顶宽度为 8m，上游坝面直立。工程埋石混凝土强度等级为 C15，底部埋石混凝土强度等级为 C20。坝内设有 D110 排水孔，用于坝身排水，排水管幕由坝顶向下，直通靠近地基的排水廊道内，然后抽到下游河道中；坝段分缝处设有止水铜片。

3）溢流坝段。溢流坝设置在坝横 0+039.00 至坝横 0+081.00 之间，溢流坝段堰顶上游堰头采用双圆弧曲线、下游采用幂曲线，采用 C30 抗冲耐磨混凝土构建；该坝段的消能方式采用台阶消能与底流消能联合消能，消力池长 45m，池深 2.5m；坝段分缝处设有止水铜片。溢流坝上部设置有液压启闭机机房、闸墩、闸门、工作桥、导水墙及检修门槽等附属设备（见图 17-37）。

第三步：综合想象整体形状

根据各部分的形状及建筑物的相互位置关系，综合想象整体的空间形状。

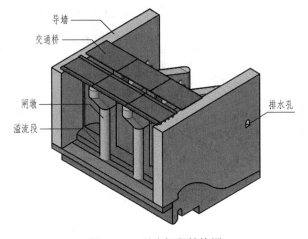

图 17-37　溢流坝段结构图

【例 17-3】 阅读图 17-38 所示的船闸设计图（见插页）。

第一步：总体了解

1）船闸的作用和组成。船闸是通航建筑物的一种。在天然河流中，由于调节流量、渠化通航，以及在运河上因地形条件和水面坡度的限制，必须具有由阶梯形的纵断面形成集中水面落差，所以必须借助专门的通航建筑物使船舶直接通过落差。现代通航建筑物应用最多的是船闸。

船闸由以下五部分组成：

① 闸室：闸室是停泊船舶（或船队）的箱形室，借助室内灌水或泄水来调整闸室中的水位，使船舶在上、下游水位之间做垂直的升降，从而通过集中的航道水位落差。闸室主要由闸室墙和闸底板组成。

② 闸首：闸首是将闸室和上、下游引航道分隔的挡水建筑物，主要由边墩、底板、闸门和输水系统组成。闸首通常采用整体式钢筋混凝土结构，将边墩和底板刚性连接在一起。闸首又分为上闸首和下闸首。

③ 闸门和阀门：工作闸门是设在上、下闸首上的活动挡水设备；输水阀门设在输水廊道上，用来控制灌泄水时的流量。

④ 输水系统：供闸室灌水和泄水的设施。输水系统的基本形式有两种：集中输水系统、分散输水系统。船闸输水系统由进水口、阀门段、输水廊道、出水口、消能工（包括消能室、消力齿、消力槛、消力池、消力墩等）和镇静段组成，是船闸通航的控制系统。输水系统在闸室结构中的运行流程为：首先通过上闸首边墩的进水口进入廊道，接着流经阀门段进入闸室廊道；根据水流进入闸室的不同方式，输水类型可分为分散输水和集中输水，本例为分散输水；船舶过闸后，需要泄水时，闸室内的水体通过设置在闸墙底部的出水口流入泄水廊道，经下闸首的消能工消能，最后流入镇静段经镇静后流入下游引航道。

⑤ 引航道：连接船闸和主航道的一段过渡性航道，分上游引航道和下游引航道，其平面形状和宽度、水深要能使船舶安全迅速地进出闸室，由导航建筑物、靠船建筑物、挡土墙、护坡等组成。

2）视图表达　船闸结构布置图主要包括断面图、输水系统平面布置图和局部断面图，用以表达船闸的总体设计、船闸规模、通航水位、各设计水位与各部高程、结构尺寸和输水系统等，一般采用如下视图：

① 首先通过船闸纵断面图表达船闸的纵向规模，确定闸室的有效长度为 255m。上、下游闸首及闸首边墩的竖向尺度表达了闸室的输水形式及输水系统的纵断面尺度，船闸各设计水位、校核水位，上下游最高、低通航水位。

输水系统平面布置图主要呈现的是船闸输水系统的平面布置形式和闸室平面尺度——12m，闸室段需分段建设，为避免沉降应力和温度应力，故有大量结构缝。平面图表达了输水廊道结构、入水孔、出水孔的布置形式及细部构造；表达了闸室入口的布置形式、闸首边墩的横向尺度，以及工作闸门类型和各附属设施的尺寸及水平高程。

② 局部断面图主要是对输水系统和出水断面进行补充说明。该图主要展示了消能工的结构尺寸和输水主廊道 4m×6m 的局部布置形式。

第二步：形体分析

1）结合船闸断面图和输水系统的平面图，共同表达了船闸总体规模的大小，确定了闸室的有效尺度 225m×12m×4.5m；通过对输水廊道及出水孔的布置形式分析，判断出该船闸采用的是闸底单廊道、侧支孔分散出水，输水廊道 4m×6m 沿闸室底板设置，出水孔 0.4m×0.75m、0.35m×0.75 分布于闸墙底部，且入、出水孔为 4.65m 等距布置、出水孔径 0.45m 等细部构造，并在灌水口和泄水口均设有不同形式的消能工；工作闸门为平面钢板闸门，上闸首通过缓坡进入闸室。

2）上下游闸首均为钢筋混凝土结构，灌泄水系统采用的是长廊道分散输水、分散出水、明沟消能。在灌水时，水自上闸首边墩的矩形孔 4m×3.2m 进入，沿输水廊道经过消能工，然后进入闸室底部的主廊道 4m×6m 并向闸室内灌水；在泄水时，闸室内的水通过分散出水孔，经消能槛消能，流经镇静段，流入下游引航道。

3）闸室采用重力式结构，除靠近上、下闸首的两段长度不同外 14.55m，其余段等距布置 14m。从图上还可以看出平面钢闸门的门槽、检修阀门和工作阀门的布置情况，各检修门、阀门位置及闸室分段长度 14m。

第三步：综合想象整体形状

根据船闸各组成部分的形状和相互位置关系，想象船闸整体空间形状。

【例 17-4】 阅读图 17-39～图 17-41 所示的码头设计图（见插页）。

第一步：总体了解

1）码头的作用和组成。码头是供船舶停靠、货物装卸和旅客上、下船用的水工建筑物。为了使船舶平稳停靠，码头前沿设有系靠船舶的设备，如护舷、系船柱、系船环等。为便于加快货物的装卸，码头上应有足够的地坪用作装卸操作场地或临时堆场。在船车直接联运的码头上，常布置有门机轨道和铁路。

本工程是架空直立式码头，主要用于停靠千吨级船舶。码头总长为 766m，共设 3 个泊位，4 座引桥，由前平台和栈桥两部分组成。因篇幅有限，仅展示部分结构码头的组成部分。

① 主体结构。上部结构：将下部结构的构件连成整体；直接承受船舶荷载和地面使用荷载，并将其传给下部结构；供安装码头附属设施之用。

下部结构：形成满足船舶靠泊、作业和水深要求的直立墙身；支撑上部结构，并将作用在上部结构和自身上的荷载传递给基础。

基础：承受下部结构传下来的作用力，将其传递给地基。

② 码头附属设施。用于船舶系靠、装卸作业、人员上下和安全保护等措施。

2）视图表达。码头结构设计图主要用以表达码头的用途、平面布置、断面形式、结构形式等，一般采用码头结构平面图、码头断面图、立面展开图、码头结构剖视图等表达。

① 码头的立面展开图和码头断面图表达了码头前方平台的总体布置、结构形式、排架间距、结构段长度和主要结构尺寸，部分说明了码头前排桩基的入土情况及地质条件，对码头的竖向尺寸进行了较好的表达。对于内河架空直立式码头，立面图更直观地表达出多大水位差层系缆的结构形式。

② 码头平面结构图将码头面层一层一层地"掀开"，表达出面板下纵、横梁的布置形式及主要尺寸，在纵、横梁下的立柱及钢纵撑、钢横撑也显露无遗，位于下部的桩基础在平面结构图中也可清晰地表示出来。

③ 码头断面图是垂直于码头立面图进行绘制的，其主要表达码头断面结构形式。断面图明确表示出各排桩基情况、纵横撑布置形式、码头前方平台宽度、设计水位及施工水位要求、设计河底高程等。对填方有要求的码头还需绘制出挡墙的结构形式；若前方平台需设置引桥，则断面图还可表示出引桥的形式。码头断面图是确定码头前沿线的重要参考。

④ 码头结构剖视图是对码头某一局部进行绘制，常用的是码头泊位剖视图。通过码头结构剖视图可以分析出在船舶靠泊时候，结构局部受力情况。

第二步：形体分析

1）图 17-39 码头结构平面图主要用于分析码头平面尺寸。从图中可以看出，码头的总长度 766m，等距设置的结构分段 38.3m，除两侧和结构缝外均等距设置的横向排架 8m，引桥及系船柱位置等。从局部看，结合断面图可以看出码头纵、横梁均采用钢筋混凝土结构，其中横梁采用倒梯形截面，纵梁采用矩形截面 0.8m×1.5m；在立柱下部采用钢筋混凝土纵撑、横撑均为 1.5m×1.5m，在结构下部采用钢纵撑 1.2m×1.4m、横撑 1.0m×1.0m 来形成码头的整体框架。该码头采用钢护筒嵌岩灌注桩，这是适用于内河码头的一种桩基形式，除前排桩基采用 2200mm 桩基外，后排均采用 2000mm 桩。

2）图 17-40 码头立面布置图展示了码头的整体形式，直观表达出码头前方平台的宽度及码头的结构形式。该结构共设置 6 层系缆，下面 5 层采用 5.5m 等距设置，各层系缆如图所示，可适应 30m 的水位差，采用 450kN 的系船柱及 SA250H 的系船柱，施工水位可保证水下施工和陆域开挖的最合理施工成本，桩基的入土深度均打至中风化岩层以下。

从图 17-41 码头断面图可以看出码头的结构形式——架空直立式结构，是在内河大水位差的情况下新发展起来的一种码头结构形式。断面图表达出了码头前方平台的宽度 30m，确定了码头前沿线位置、设计水位及构件尺寸，同时包括引桥布置形式及主要尺度。

第三步：综合想象整体形状

1）自下而上，读懂桩→梁→板→磨耗层的结构形状和相互位置关系。排架上部面板采用叠合板；面板下采用倒梯形钢筋混凝土横梁和矩形纵梁；在横梁下方采用钢筋混凝土立柱支撑，并设置纵、横撑；在立柱下方设置钢护筒嵌岩灌注桩，并由钢纵、横撑支承，桩基打入中风化岩层以下 4 倍桩径。

2）由前向后，读懂码头前方由前沿、前平台组成，后方由栈桥、搭板和防汛大堤与路面连接。码头前沿设置钢靠船构件，在钢靠船构件外侧设置橡胶护舷，在系船梁上设置系船柱；因最外侧桩需承受水平荷载，故外侧桩径大于内侧桩径。码头前方平台离岸较远，故设置引桥。引桥第一跨采用简支结构的肋形板，后面均采用连续的预应力空心板，引桥桩径小于码头平台桩基，引桥末端设置挡墙连接码头陆域。

3）综合想象码头结构的空间形状。

第五节　水工图的绘制

一、绘制水工图的（一般）步骤

设计阶段不同，所要求图样的详细和准确程度不同，图样内容应视其要求的详细程度和准确程度而定，但绘制图样的步骤基本相同。作图步骤建议如下：

1）根据已有的设计资料，分析确定要表达的内容。

2）选择视图的表达方法。

3）确定恰当的比例。

4）布置视图：①视图应按投影关系配置，并尽可能把有关几个视图集中在一张图纸上，以便看图；②估算各视图（包括剖视和断面等）所占的范围大小，然后合理布置。

5）画出各视图的作图基准线，如轴线、中心线或主要轮廓线等。

6）先画主要部分，后画次要部分；先画大轮廓，后画细部；先画特征明显的视图，后画其他视图。

　　7）整理图线并加深。

　　8）标注尺寸。

　　9）画建筑材料图例。

　　10）填写必要的文字说明。

　　11）经校核无误后描深或上墨。

　　12）填写标题栏，画图框线。

【例 17-5】 绘制水闸结构图。

　　1）水闸的功能及组成。水闸是在防洪、排涝、灌溉等方面应用很广的一种水工建筑物。通过阀门的启闭，可使水闸具有泄水和挡水的双重作用，以调节流量，控制下游的水位。水闸由上游连接段、闸室、下游连接段三部分组成。

　　本例是一座修建于丘陵地区河道上的三孔水闸（闸室有三个过水孔），地基为土基。闸室由三孔组成，两个中墩和两个边墩（岸墙），中墩上游端为半圆形、下游端为流线形，墩上有闸门槽和修理门槽。闸门为平板门，门的上方设有胸墙。在闸墩上面有交通桥，桥面高程为 48.7m，直通两岸。工作桥设在交通下游侧，桥墩安置在闸墩和暗墙上，桥面高程为 50.7m，两端楼梯通向两岸道路。闸室底板为钢筋混凝土，前后设有齿坎，防止闸室滑移。

　　上游连接段底部为浆砌块石护面，上游侧设有防渗齿坎（浆砌块石埝）。两岸坡度 1∶2，浆砌块石护坡。连接闸室岸墙的是 1/4 圆弧翼墙，为浆砌块石的重力式结构，翼墙外侧各有两段高度低一些的重力式挡土墙。翼墙与闸室墙之间设有垂直止水。

　　下游连接段紧接闸室的下游侧，连接着一段 1∶5 的陡坡和消力池，其两侧为混凝土挡土墙，消力池材料为混凝土，底板上布置有 $\phi100$ 的排水孔，底板下铺设有反滤层，以防止地基土壤颗粒随着渗透水流失。下游翼墙做成扭面形式，使过水断面由矩形断面逐步变化到边坡为 1∶2 的梯形断面，从而达到扩散水流的作用。海漫设浆砌块石与干砌块石两段，海漫末端设防冲齿坎。

　　2）水闸结构表达方法。水闸主体的习惯画法是用三个基本视图（纵剖视图、平面图、上下游立面图）和若干剖视图、断面图表达。闸室结构较复杂，又是水闸的重要结构，一般单独用闸室结构图表达。

　　纵剖视图是沿建筑物纵向轴线的铅垂线剖切得到的，它表达水闸高度与长度方向的结构形状、大小、材料、相互位置，以及建筑物与地面的连接等。

　　平面图主要表达水闸各组成部分的平面布置、形状和大小。水闸结构对称，图中可采用半掀开画法，把覆盖土层掀去，表达平面外形。闸室采用半拆卸画法，拆去交通桥、工作桥面板，表达闸墩。

　　上、下游立面图主要表达梯形河道断面及水闸上游端和下游端的结构布置和外形。由于视图对称，可采用各画一半的合并剖视图表达。

　　分布结构的形状和大小可在上游挡土墙、上游翼墙、下游消力池翼墙、扭面翼墙处分别作断面图（并依次记为 1—1、2—2、3—3、4—4），表达断面形状与尺寸大小。扭曲面翼墙的两端断面不同，应分别作出断面图，可作一阶梯剖视图，在一个视图中表达。

　　作图过程如图 17-42 所示。

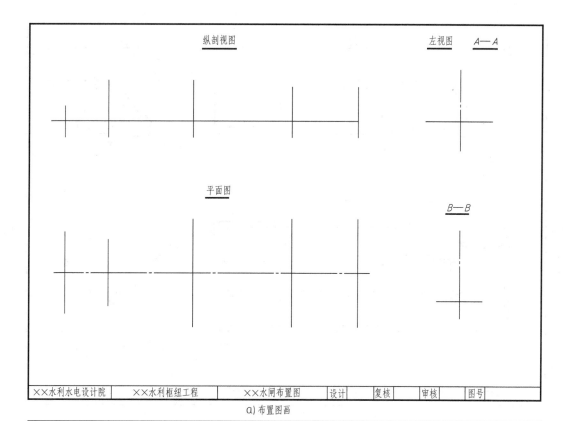

纵剖视图　　　　　　　　左视图　 *A—A*

平面图

B—B

××水利水电设计院	××水利枢纽工程	××水闸布置图	设　计	复核	审核	图号

a) 布置图画

纵剖视图　　　　　　　　左视图　 *A—A*

平面图

B—B

××水利水电设计院	××水利枢纽工程	××水闸布置图	设　计	复核	审核	图号

b) 打底稿

图 17-42 绘制水闸设计图

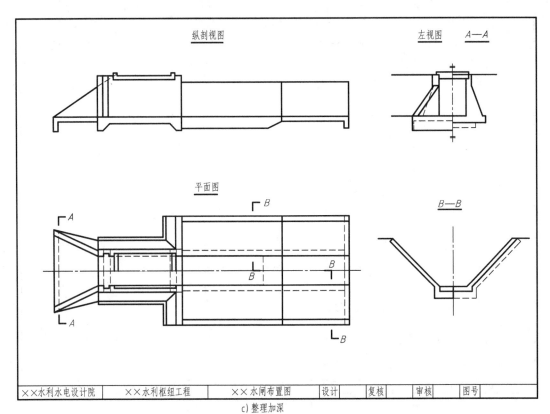

图 17-42 绘制水闸设计图（续）

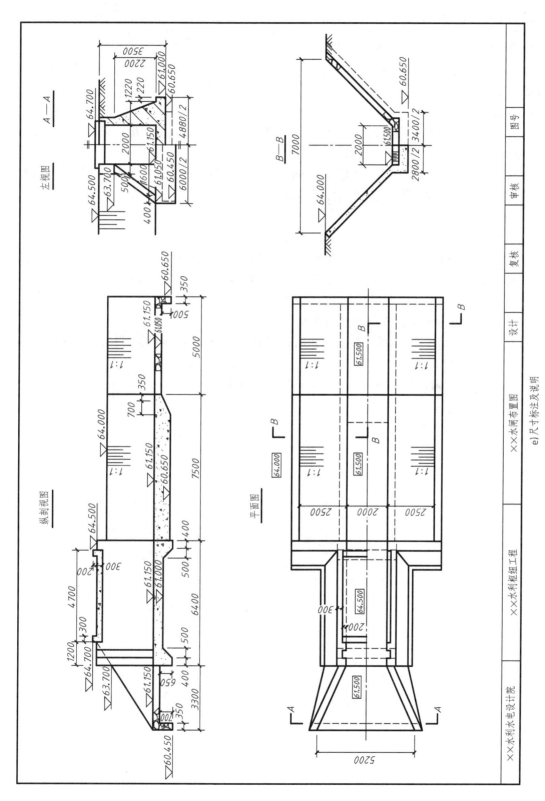

e) 尺寸标注及说明

图 17-42 绘制水闸设计图（续）

二、抄绘水闸设计图

1. 要求

在不改变建筑物结构及原图表达方案的前提下，另选比例将原图抄绘于指定图纸上，或再补画少量视图。

2. 读图

画图前，一定要深入阅读图样，才能画图正确，并提高绘图速度。反过来，画图又加深了对视图的理解，两者是相辅相成的。

水闸设计图已于前一节讲过，但还应对进、出口段的扭面等进行更深入的分析，并可参考有关的轴测图或模型，看懂每一部分的细部构造。

3. 画图

1）布置视图。注意需要画那些剖视、断面，一共几个图。

2）画出各视图的作图基准线：水闸纵剖视图以闸室底板高程为高度方向基准，平面图以纵轴线为宽度方向基准；水闸纵剖视图和平面图均以建筑物左端面轮廓线为长度方向基准。A—A断面图最好按投影关系布置在左视图的位置。

3）画图时，有关的几个视图应同时考虑。

4）先画主要部分的轮廓线，如水闸纵剖视图中先画进口段、闸室、消力池、海漫等段的长度方向轮廓线，然后再画细部。

5）标注尺寸、画材料图例、加深并完成全图。

第十八章　机械工程图

在建筑工程的设计、施工与管理中，广泛应用各种机械设备和施工机械。正确使用、维护和保养这些机械设备是土建工程技术人员必须具备的基本能力。因此，要求土建工程技术人员掌握一定的机械专业知识和具备识读机械图样的初步能力。

机械图与土建图都是按正投影法绘制的，但由于机器的形状、结构以及材料等与建筑物、构筑物有很大差别，所以在表达方法上也有所不同。学习本章时，必须遵循机械制图国家标准各项规定，掌握机械图样的图示特点和表达方法。机械制图内容多且广泛，本章仅介绍机械图样的基本知识。

第一节　机械图样的基本表示法

一、视图

在机械图样中，物体的多面正投影称为视图。视图主要用来表达机件的外部结构形状，包括基本视图、向视图、斜视图和局部视图等。

1. 基本视图

《技术制图 图样画法 视图》（GB/T 17451—1998）规定用正六面体的六个面作为基本投影面，将机件放在正六面体内，分别向各基本投影面投射所得的视图，称为基本视图。它们是主视图（相当于土建图中的正立面图）、俯视图（相当于土建图中的平面图）、左视图或右视图（相当于土建图中的侧立面图）、仰视图（类似于土建图中的镜像投影图）、后视图（相当于土建图中的背立面图），如图 18-1a 所示。六个基本投影面按图 18-1b 所示展开成一个平面。六个基本视图若按图 18-1c 所示配置时，一律不标注视图名称。

2. 向视图

向视图是可自由配置的视图。为了便于读图，在向视图上方用大写拉丁字母标注出该向视图的名称（如"A""B"等），并在相应视图附近用箭头指明投射方向，注写相同的字母，如图 18-2 所示。

3. 斜视图和局部视图

在图 18-3 中，由于机件的右部是倾斜结构，所以俯、左视图都不能反映其实形，画图也比较困难。为了表示倾斜结构，可画出反映倾斜结构实形的 A 向斜视图。因为斜视图仅表示倾斜结构的局部形状，所以画出倾斜结构实形后，用波浪线断开。

机件向不平行于基本投影面的平面投射所得的视图称为斜视图。将机件的某一部分向基

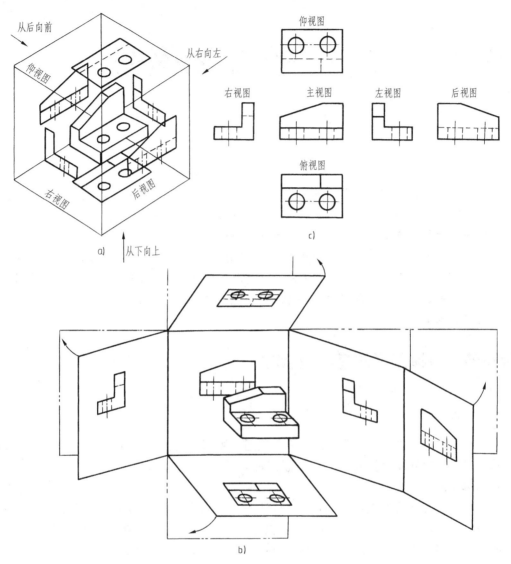

图 18-1 六个基本视图的形成与配置

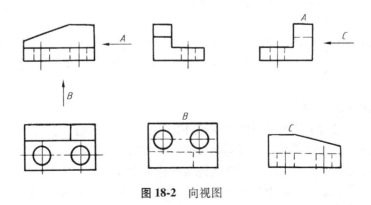

图 18-2 向视图

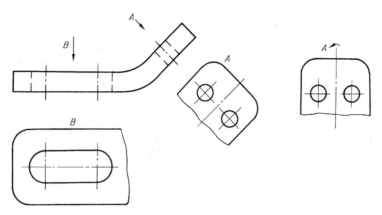

图 18-3 斜视图和局部视图

本投影面投射所得的图形称为局部视图。在图 18-3 中，倾斜结构已由 A 向斜视图表示清楚，所以俯视图仅画出该机件左部的局部结构，并用波浪线断开。

二、剖视图和断面图

剖视图与断面图主要用于表达机件的内部结构形状，它与土建图中剖面图、断面图的概念一致，除了标注形式略有区别外，其表达形式与方法完全相同。值得注意的是：机械图中的剖面符号相当于土建图中的建筑材料图例，表 18-1 列出了两者之间容易混淆之处。

表 18-1 容易混淆的剖面符号与建筑材料图例

易 混 淆 点	图 形	机械制图的剖面符号	土建制图的建筑材料图例
相同图形表示的材料互相对调		表示金属材料	表示砖
		表示砖	表示金属材料
相同图形表示不同材料		表示非金属材料	表示多孔材料
		比较密的点表示型砂、填砂、粉末冶金、砂轮、陶瓷刀片、硬质合金刀片等	以靠近轮廓线较密的点表示砂、灰土，比较稀的点表示粉刷
		表示格网(筛网、过滤网等)	表示构造层次多或比例较大时的防水材料

1. 剖视图

表 18-2 举例说明了剖视图的种类及其画法。

表 18-2 剖视图的种类及其画法示例

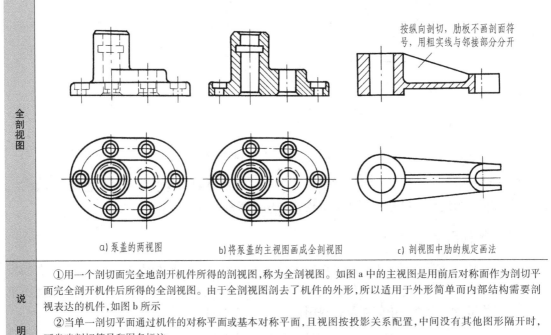

按纵向剖切，肋板不画剖面符号，用粗实线与邻接部分分开

a) 泵盖的两视图　　　b) 将泵盖的主视图画成全剖视图　　　c) 剖视图中肋的规定画法

全剖视图	①用一个剖切面完全地剖开机件所得的剖视图，称为全剖视图。如图 a 中的主视图是用前后对称面作为剖切平面完全剖开机件后所得的全剖视图。由于全剖视图剖去了机件的外形，所以适用于外形简单而内部结构需要剖视表达的机件，如图 b 所示
说明	②当单一剖切平面通过机件的对称平面或基本对称平面，且视图按投影关系配置，中间没有其他图形隔开时，可省略剖切符号和图名标注
	③对于肋、轮辐等结构，如按纵向剖切，则这些结构不画剖面符号，而用粗实线将其与邻接部分分开，如图 c 所示

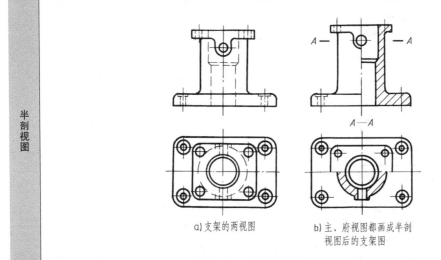

a) 支架的两视图　　　b) 主、府视图都画成半剖视图后的支架图

①当机件具有对称平面时，在垂直于对称平面的投影面上投影所得的图形，可以对称中心线为界，一半画成剖视以表达内形，另一半画成视图以表达外形，这种组合图形称为半剖视图。半剖视图适用于内外结构都需要表达，又具有对称平面的机件。必须注意：半个视图和半个剖视图的分界线应画细点画线，并且在半个视图中的虚线可省略不画，如图 b 所示

②当剖视图按投影关系配置，中间没有图形隔开时，可省略表示投射方向的箭头，如图 b 主视图上的 *A—A* 剖视图

（续）

局部剖视图	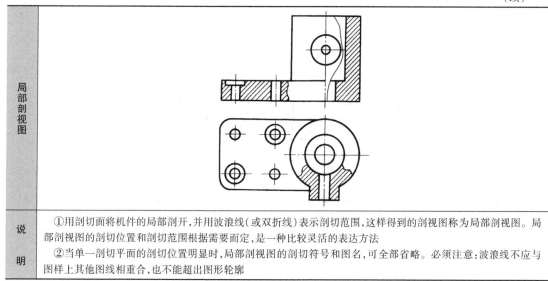
说明	①用剖切面将机件的局部剖开,并用波浪线(或双折线)表示剖切范围,这样得到的剖视图称为局部剖视图。局部剖视图的剖切位置和剖切范围根据需要而定,是一种比较灵活的表达方法 ②当单一剖切平面的剖切位置明显时,局部剖视图的剖切符号和图名,可全部省略。必须注意:波浪线不应与图样上其他图线相重合,也不能超出图形轮廓

　　机件不仅可以用上述平行于基本投影面的单一剖切面剖开后绘制剖视图,还可以用不平行于基本投影面的剖切面、几个平行的剖切平面、两相交的剖切面剖开后,按 GB/T 17452—1998 的有关规定绘制剖视图。

2. 断面图

　　根据断面图配置位置的不同,可分为移出断面和重合断面两种。

　　表 18-3 举例说明了两种断面图的画法和标注。

表 18-3　断面图的画法和标注示例

移出断面	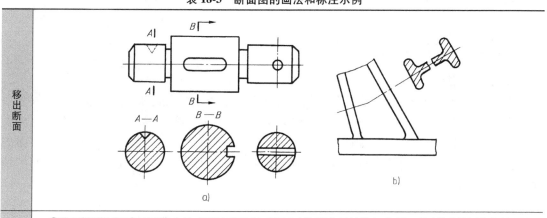
说明	①移出断面画在视图轮廓线之外,用粗实线绘制,配置在剖切线的延长线上,如图 a 所示轴右端圆孔的断面图,或其他适当位置,如图 a 中的 A—A、B—B 断面图 ②当剖切平面通过回转面形成的孔或凹坑的轴线时,这些结构按剖视绘制,如图 a 中右端的小圆孔和左端的凹坑,轮廓圆应完整画出 ③断面图的标注如图 a 所示,画在剖切线延长线上的断面,如果图形对称,不加任何标注;未画在剖切线延长线上的断面,当图形不对称时,要用字母、粗短线标明剖切位置,并用箭头指明投射方向,如 B—B 断面图;如果图形对称,则可省略箭头,如 A—A 断面图 ④剖切平面一般应垂直于被剖切部分的主要轮廓线。当遇到图 b 所示的肋板结构时,可用两相交的剖切平面,分别垂直于左、右肋板进行剖切,这样画出的断面图,中间应用波浪线断开

（续）

重合断面	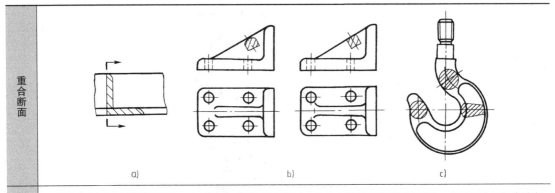 a) b) c)
说明	①重合断面画在视图轮廓线之内，用细实线绘制（土建图中的重合断面用粗实线绘制）。当视图中的轮廓线与重合断面的图形重叠时，视图中的轮廓线仍应连续画出，不可间断，如图 a 所示 ②对称的重合断面不必标注，如图 b、c 所示。配置在剖切线上的不对称重合断面，要在剖切符号上画出箭头，不必标注字母，如图 a 所示

第二节　几种常用机件的规定画法

　　常用机件是指在组装成机器的各种机件中用量大、应用范围广的零件，包括结构、尺寸和技术要求均已标准化的常用标准件（如螺栓、螺钉、螺母等）、标准部件（如滚动轴承），以及虽不属标准件，但应用很多的常用零件（如齿轮）。为了减少设计和绘图工作量，常用机件及某些重复结构要素（如螺栓上的螺纹和齿轮上的轮齿），绘图时可按国家标准规定的特殊表示法简化画出，并进行必要的标注。本节主要介绍螺纹和螺纹紧固件、齿轮的表示法。

一、螺纹和螺纹紧固件

1. 螺纹的各部分名称

　　螺纹是在圆柱表面上沿螺旋线形成的具有规定牙型的连续凸起和沟漕。常用的螺纹牙型有三角形、梯形、矩形等（见图 18-4）。在圆柱外表面形成的螺纹称为外螺纹，在圆柱内表面上形成的螺纹称为内螺纹。如图 18-5a、b 所示，外螺纹牙顶或内螺纹牙底所在圆柱面的直径称为大径，外螺纹牙底或内螺纹牙顶所在圆柱面的直径称为小径。螺纹相邻两牙间的轴向距离，称为螺距。

   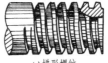   

a) 三角形螺纹   b) 梯形螺纹   c) 矩形螺纹

图 18-4　螺纹的牙型

　　螺纹有单线和多线之分。沿一条螺旋线形成的螺纹为单线螺纹（见图 18-6a），沿两条或两条以上螺旋线形成的螺纹为多线螺纹（图 18-6b 所示为双线螺纹）。同一条螺旋线上相邻两牙间的轴向距离称为导程。单线螺纹的导程等于螺距，双线螺纹的导程等于两倍螺距。

螺纹还有右旋和左旋（LH）之分，其判断方法如图18-7所示。工程上常用右旋螺纹。

常用的螺纹有紧固用螺纹（如普通螺纹、管螺纹）和传动用螺纹（如梯形螺纹、锯齿形螺纹等）。无论是紧固用螺纹或传动用螺纹都是由内、外螺纹成对使用，它们的牙型、直径、螺距、线数和旋向（称为螺纹五要素）都必须完全一致。

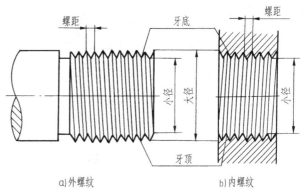

a) 外螺纹　　　　　　　　b) 内螺纹

图 18-5　外螺纹与内螺纹

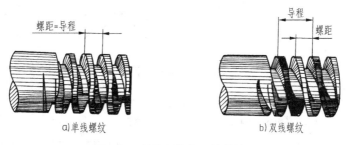

a) 单线螺纹　　　　　　　　b) 双线螺纹

图 18-6　单线螺纹与双线螺纹

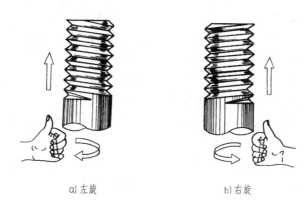

a) 左旋　　　　　　　　b) 右旋

图 18-7　左旋与右旋螺纹

2. 螺纹的规定画法

（1）外螺纹画法　如图18-8所示，牙顶画成粗实线，牙底画成细实线，注意牙底的细实线应画入倒角内。螺纹终止线画成粗实线。在垂直于螺纹轴线的投影面的视图中不画倒角圆，牙底画约3/4圈的细实线（见图18-8中的左视图）。

（2）内螺纹画法　如图18-9所示，牙顶画成粗实线，牙底画成细实线，在垂直于螺纹轴线的投影面的视图中不画倒角圆，牙底画约3/4圈的细实线圆（见图18-9a）。对于不穿通的螺孔，由于钻头顶角约等于120°，所以钻孔底部圆锥凹坑的锥角应画成120°（见图18-9b）。

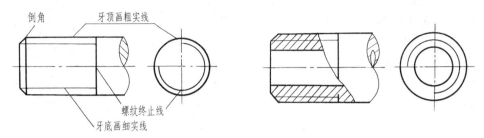

图 18-8 外螺纹画法

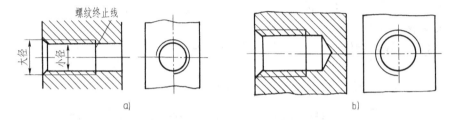

图 18-9 内螺纹画法

（3）螺纹连接画法 外螺纹与内螺纹旋合部分只画外螺纹，未旋合部分仍按各自的画法表示。画实心的外螺纹件时，规定按不剖画出，如图 18-10 所示。必须注意：表示大、小径的粗、细线应分别对齐。

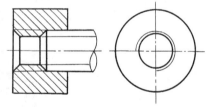

图 18-10 螺纹连接画法

3. 螺纹的代号及标注

（1）普通螺纹的标注 完整标注由螺纹代号、螺纹公差和旋合长度代号组成。按照标准规定，有下列情况时标注可以简化：粗牙普通螺纹，不注螺距；右旋螺纹不注旋向；中径和顶径公差相同时，可注写一个代号；普通螺纹规定了短、中、长三组旋合长度，其代号分别为 S、N、L。按中等长度旋合时，不必标注旋合长度代号（N）。

（2）管螺纹的标注 与普通螺纹标注不同，它是采用指引线的形式标注，指引线从大径引出；公差等级代号，外螺纹分 A、B 两级，内螺纹不标记；尺寸代号是指管子通孔的直径，不是大径，单位为 in（1in＝25.4mm），如 G1A 的尺寸 1 是指管子通孔的直径为 1in。画图时，大、小径的数值可从有关标准中查找。螺纹标注见表 18-4。

表 18-4 常用螺纹标注示例

螺纹类别	特征代号	标注示例	标注的含义
普通螺纹（粗牙）	M	*M20-5g6g-40*	普通螺纹，大径 20mm，粗牙，螺距 2.5mm，右旋；螺纹中径公差带代号 5g，顶径公差带代号 6g；旋合长度为 40mm

（续）

螺纹类别	特征代号	标注示例	标注的含义
普通螺纹（细牙）	M	$M36×2-6g$	普通螺纹，大径 36mm，细牙，螺距 2mm，右旋；螺纹中径和顶径公差带代号同为 6g；中等旋合长度
梯形螺纹	Tr	$Tr40×14(P7)-7H$	梯形螺纹，公称直径为 40mm，双线，导程 14mm，螺距 7mm，右旋中径公差带代号为 7H
锯齿形螺纹	B	$B32×6LH-7e$	锯齿形螺纹，大径 32mm，单线，螺距 6mm，左旋，中径公差带代号 7e
55°非密封管螺纹	G	G1A G1	55°非密封管螺纹，尺寸代号 1，外螺纹公差等级为 A 级
55°密封管螺纹	R Rc Rp	$R_c3/4$ $R3/4$	55°密封管螺纹，尺寸代号 3/4 R 表示圆锥外螺纹 Rc 表示圆锥内螺纹 Rp 表示圆柱内螺纹

4. 螺纹紧固件

常用的螺纹紧固件有螺栓、双头螺柱、螺钉、螺母和垫圈等，如图 18-11 所示。

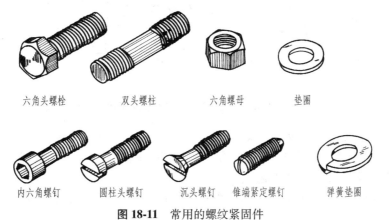

六角头螺栓　　双头螺柱　　　六角螺母　　　垫圈

内六角螺钉　圆柱头螺钉　沉头螺钉　锥端紧定螺钉　弹簧垫圈

图 18-11　常用的螺纹紧固件

常用的螺栓连接、双头螺柱连接、螺钉连接如图 18-12 所示。

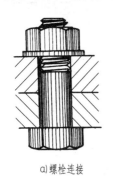 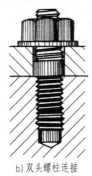 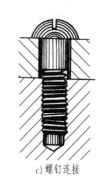

a) 螺栓连接　　　　　　　　b) 双头螺柱连接　　　　　　　c) 螺钉连接

图 18-12　常用螺纹紧固件的连接图

5. 螺纹紧固件的装配画法

（1）螺栓连接（见图 18-13）　　螺栓连接常用于两被连接件都不太厚，能制出通孔的情况，被连接件上通孔直径应比螺栓直径稍大，一般可按 1.1d 画出。螺栓的公称长度 $l=t_1+t_2$ +0.15d（垫圈厚）+0.8d（螺母厚）+0.3d。查阅标准（GB/T 5780—2016），选取接近的标准长度值 l，即为螺栓的公称长度。

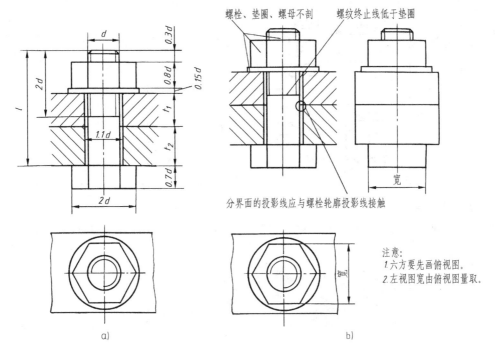

注意：
1. 六方要先画俯视图。
2. 左视图宽由俯视图量取。

图 18-13　螺栓连接装配图的画法

画螺栓连接装配图时，应注意以下几点：

1）螺栓连接通常将主视图画成剖视图，当剖切平面通过螺杆轴线时，对于螺栓、螺钉、螺母、垫圈等均按未剖切绘制。

2）相邻两零件的表面接触时，画一条粗实线作为分界线，不接触表面画两条线。

3）相邻两零件的剖面线方向相反。

以上三条为机器（或部件）装配图画法的基本规定。

（2）螺钉连接（见图 18-14）　螺钉连接用于受力不大的零件之间的连接。被连接的零件中有一个为通孔，另一个一般为不通的螺纹孔。螺钉根据其头部的形状不同而有多种形式，如开槽圆柱头螺钉（见图 18-14a）、开槽沉头螺钉（见图 18-14b）等。

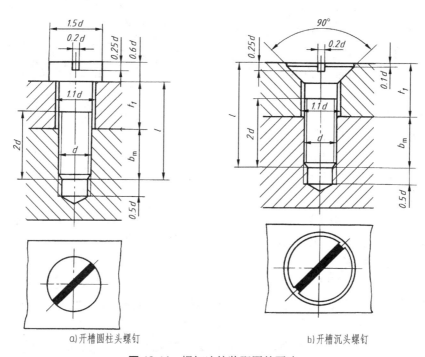

a)开槽圆柱头螺钉　　　　　　　　b)开槽沉头螺钉

图 18-14　螺钉连接装配图的画法

二、齿轮

1. 齿轮的作用及分类

齿轮的主要作用是传递动力、改变运动的速度和方向。根据两轴的相对位置不同，齿轮可分为三类：

（1）圆柱齿轮　用于两平行轴之间的传动，如图 18-15a、b 所示。

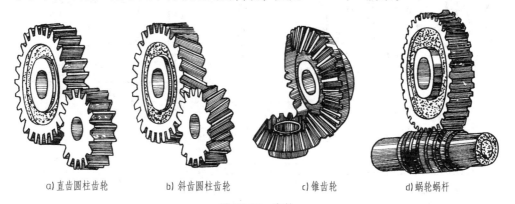

a) 直齿圆柱齿轮　　　　b) 斜齿圆柱齿轮　　　　c) 锥齿轮　　　　d) 蜗轮蜗杆

图 18-15　齿轮

（2）锥齿轮　用于两相交轴之间的传动，如图18-15c所示。

（3）蜗轮蜗杆　用于两垂直交叉轴之间的传动，如图18-15d所示。

圆柱齿轮按其齿形方向可分为：直齿、斜齿和人字齿等。本节主要介绍直齿圆柱齿轮的规定画法。

2. 直齿圆柱齿轮各部分的名称及基本计算公式

在图18-16中，通过啮合点 C（在齿顶圆和齿根圆之间，齿厚与齿槽宽的弧长相等）的圆，称为节圆或分度圆（标准齿轮的节圆和分度圆是一致的，对啮合齿轮称为节圆，对单个齿轮称为分度圆），其直径用 d 表示。通过齿顶和齿根的圆称为齿顶圆和齿根圆，它们的直径分别用 d_a、d_f 表示。齿顶圆与齿根圆、齿顶圆与分度圆、分度圆与齿根圆之间的径向距离分别称为齿高（h）、齿顶高（d_a）、齿根高（d_f）。为了便于设计和制造，又引进一个参数——模数 m。

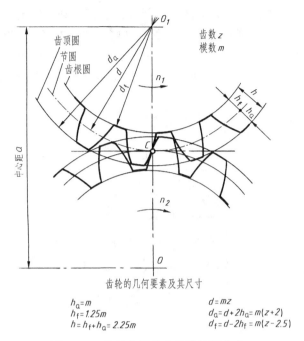

齿轮的几何要素及其尺寸

$$h_a = m$$
$$h_f = 1.25m$$
$$h = h_f + h_a = 2.25m$$

$$d = mz$$
$$d_a = d + 2h_a = m(z+2)$$
$$d_f = d - 2h_f = m(z-2.5)$$

图18-16　齿轮各部分名称及计算公式

模数 m 是齿轮上的一个最重要的参数。当两个齿轮啮合时，模数必须相等。一个标准齿轮的模数 m 和齿数 z 确定之后，就可确定齿轮各部分尺寸，计算公式如图18-16所示。

3. 圆柱齿轮的画法

（1）单个圆柱齿轮的画法（见图18-17）

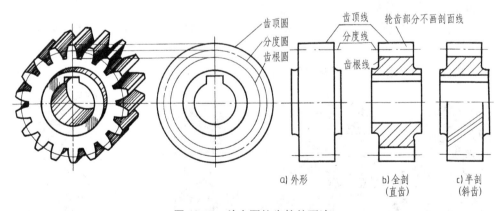

a）外形　　　b）全剖　　　c）半剖
　　　　　　　（直齿）　　　（斜齿）

图18-17　单个圆柱齿轮的画法

1）齿顶圆和齿顶线用粗实线表示，分度圆和分度线用点画线表示，齿根圆和齿根线画细实线或省略不画。

2）在剖视图中，齿根线用粗实线表示，轮齿部分不画剖面线。在投影为圆的视图中，齿根圆用细实线表示或省略不画。

　　3）齿轮的其他结构，按投影画出。

　　（2）两圆柱齿轮啮合的画法（见图 18-18）　两标准圆柱齿轮相互啮合时，两齿轮分度圆处于相切的位置，此时分度圆又称为节圆。啮合区的规定画法如下：

　　1）在投影为圆的视图中，两齿轮的节圆相切。啮合区的齿顶圆均画粗实线（见图 18-18a），也可省略不画（见图 18-18b）。

　　2）在非圆投影的剖视图中，两轮节线重合，画细点画线；齿根线画粗实线；齿顶线的画法是将一个齿轮的轮齿作为可见画成粗实线，另一个齿轮的轮齿被遮住部分画成虚线（见图 18-18a）。

　　3）在非圆投影的外形视图中，啮合区的齿顶线和齿根线不必画出，节圆画成粗实线（见图 18-18 c、d）。

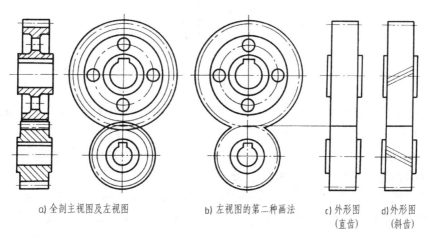

a) 全剖主视图及左视图　　　　b) 左视图的第二种画法　　　c) 外形图　　d) 外形图
（直齿）　　（斜齿）

图 18-18　两圆柱齿轮啮合的画法

第三节　机械图样的识读

　　任何一台机器或一个部件，都是由若干零件按一定的装配关系装配而成。表示一个零件的结构形状、大小和技术要求的图样称为零件图。表示机器或部件中零件的相对位置、连接方式、装配关系的图样称为装配图。零件图和装配图是机械图样中最主要的两种图样，下面以图 18-19 所示球阀为例来阐述零件图和装配图的基本内容与识读方法。

一、读零件图

　　1. 阀芯（见图 18-20）

　　球阀是管道系统中控制流体流量和启闭的部件，共有 13 种零件组成。当球阀的阀芯处于图示位置时，阀门全部开启，管道畅通。转动扳手带动阀杆和阀芯旋转 90° 时，阀门全部关闭，管道断流。

　　图 18-20 所示的阀芯是球阀中的关键零件。它与阀体的外形都是球形。中间是流通流体的通孔，上部的凹槽与阀杆下部的凸块配合，以便阀杆带动阀芯转动。由此可见，零件的结

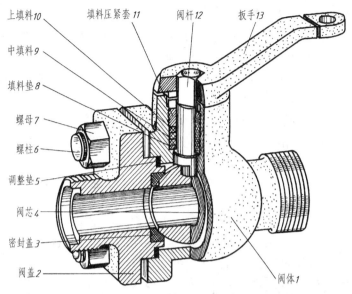

上填料10 填料压紧套11 阀杆12 扳手13
中填料9
填料垫8
螺母7
螺柱6
调整垫5
阀芯4
密封盖3
阀盖2
阀体1

图 18-19 球阀轴测剖视图

构形状和大小是根据它在装配体中的作用以及与其他零件之间的装配关系来确定的。

一张完整的零件图应包含下列内容：

（1）一组视图 用一组视图完整、清晰地表达零件的内外结构形状。图 18-20 所示阀芯用主、左视图表达，主视图采用全剖视，左视图采用半剖视。

（2）完整的尺寸 零件图应正确、齐全、清晰、合理地标注该零件在制造时需要的全部尺寸。如图 18-20 阀芯主视图中标注的尺寸 $S\phi40$mm、32mm 确定了阀芯的轮廓形状。中间的通孔是 $\phi20$mm，上部凹槽的形状和位置通过主视图中尺寸 10mm 和左视图中尺寸 $R34$mm、14mm 确定。

（3）技术要求 在零件图中用规定的符号、代号或简要的文字来表示对零件制造和检验时应达到的各项技术指标和要求。如图 18-20 中标注的 √ 是零件表面结构的符号。零件经过机械加工后的表面看似光滑平整，但在显微镜下观察会发现许多高低不平的凸峰和凹谷，这种具有较小间距的峰和谷的微观几何形状特征称为表面结构。在符号上注写所要求的表面粗糙度参数中的轮廓算术平均偏差（Ra）如 $\sqrt{^{Ra\,6.3}}$、$\sqrt{^{Ra\,3.2}}$、$\sqrt{^{Ra\,1.6}}$，即构成表面结构代号。一般来说，凡零件上有配合要求或有相对运动的表面，Ra 值要小。Ra 值越小，表面质量要求越严，加工成本也越高。另外，在图 18-20 左下角用文字说明阀芯的热处理（表面高频淬火 50~55 HRC）及去毛刺等要求。

（4）标题栏 填写零件名称、材料、绘图比例以及责任签字等。

2. 阀杆（见图 18-21）

零件图是制造和检验零件的依据，读零件图的目的就是根据零件图想象零件的结构形状，了解零件的尺寸和技术要求。读零件图时，应联系零件在机器或部件中的位置、作用以及与其他零件的关系，才能理解和读懂零件图。读零件图的一般方法和步骤如下：

（1）概括了解 从标题栏可知，阀杆按比例 1∶1 绘制，与实物大小一致；材料为 40

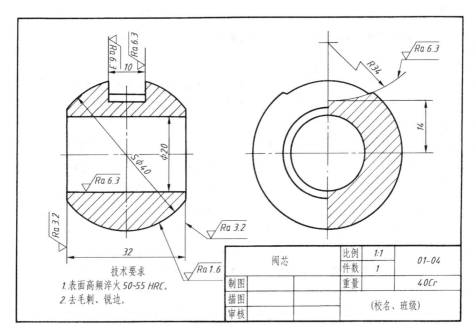

图 18-20 阀芯零件图

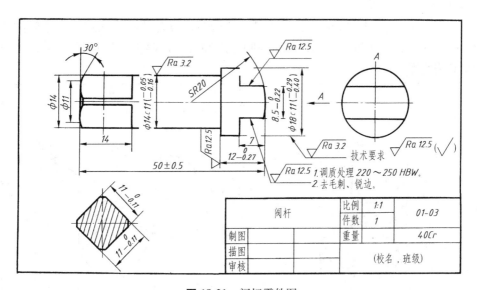

图 18-21 阀杆零件图

Cr。对照图 18-19 所示球阀轴测剖视图可看出，阀杆上部为四棱柱体，与扳手的方孔配合；阀杆下部凸（榫）与阀芯上部凹槽配合。阀杆的作用是通过扳手转动带动阀芯旋转，以控制球阀的开启和关闭。

（2）视图表达和结构分析　阀杆零件图用一个基本视图和两个辅助视图表达，主视图按加工位置将阀杆水平放置。左端的四棱柱采用移出断面表示，右端凸榫采用向视图 *A* 表示。

（3）尺寸和技术要求分析　阀杆以水平轴线作为径向（也是高度与宽度方向）为尺寸基准（标注尺寸的起点），由此注出径向各部分尺寸 $\phi 14\text{mm}$、$\phi 11\text{mm}$、$8.5_{-0.22}^{0}\text{mm}$ 以及

$\phi14C11\left(_{-0.16}^{-0.05}\right)$mm、$\phi18C11\left(_{-0.40}^{-0.29}\right)$mm。对照轴测装配图可知，$\phi14C11\left(_{-0.16}^{-0.05}\right)$mm 和 $\phi18$ C11$\left(_{-0.40}^{-0.29}\right)$mm 分别与球阀中的填料压紧套和阀体有配合关系，所以表面粗糙度要求较严，Ra 值为 3.2μm。

选择表面结构为 $Ra=12.5$μm 的端面作为阀杆轴向（长度方向）主要尺寸基准，注出 $12_{-0.27}^{\ 0}$mm；以阀杆右端面为长度方向第一辅助基准，分别注出尺寸 7mm、50±0.5mm；以左端面为第二辅助基准，注出尺寸 14mm。

零件在制造过程中，由于加工或测量等因素的影响，完工后一批零件的实际尺寸总存在一定的误差。为保证零件的互换性（从一批相同零件中任取一件，不经修配就能装到机器上并保证使用要求），必须将零件的实际尺寸控制在允许的变动范围内，这个允许的变动量就称为尺寸公差。例如 $\phi30_{-0.010}^{+0.025}$mm，"$\phi30$" 为基本尺寸（设计时决定的尺寸），"+0.025" 为上偏差，"−0.010" 为下偏差。该直径的最大极限尺寸为 $\phi30$mm+0.025mm＝$\phi30.025$mm，最小极限尺寸为 $\phi30$mm+（−0.010）mm＝$\phi29.990$mm。加工后的零件实际尺寸在 $\phi30.025$mm 与 $\phi29.990$mm 之间为合格。最大极限尺寸与最小极限尺寸之差 $\phi30.025$mm−$\phi29.990$mm＝0.035mm 即公差。

图 18-21 中的 "50±0.5" 表示该线段的上、下偏差都是 0.5mm。"$\phi40C11\left(_{-0.16}^{-0.05}\right)$" 表示该直径加工后的实际尺寸只能小于 $\phi40$mm。

3. 阀盖（见图 18-22）

（1）概括了解　对照球阀轴测装配图可知，阀盖通过螺柱与阀体连接，中间的通孔与阀芯的通孔对应。为防止流体泄漏，阀盖与阀体之间装有调整垫，与阀芯之间装有密封圈。阀盖的材料为铸钢。

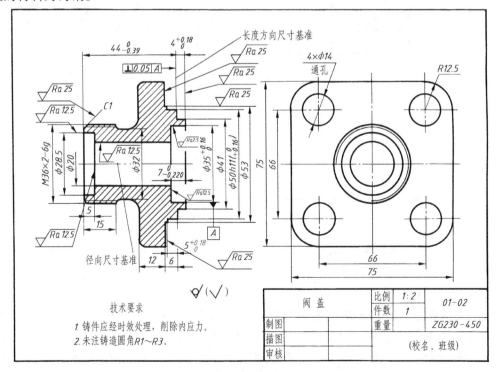

图 18-22　阀盖零件图

（2）视图表达与结构形状分析　阀盖由主、左视图表达，主视图采用全剖视，表示两端的阶梯孔和中间通孔的形状及其相对位置，以及右端阶梯孔的圆形凸缘和左端的外螺纹。选择轴线水平放置的主视图，既符合阀盖的主要加工位置，又符合阀盖在球阀中的工作位置。左视图用外形视图表示带圆角的方形凸缘和四个均布的通孔。

（3）分析尺寸　以轴孔的轴线作为径向尺寸基准，由此注出阀盖各部分同轴线的直径尺寸，以及方形凸缘的轮廓尺寸。以阀盖的重要端面（注有表面粗糙度 $Ra = 12.5\mu m$ 的右端凸缘的端面）作为长度方向尺寸基准，由此注出尺寸 $4^{+0.18}_{0}$mm、$44^{0}_{-0.39}$mm 以及 $5^{+0.18}_{0}$mm、6mm 等。

（4）了解技术要求　阀盖是铸件，须进行人工时效处理，消除内应力。视图中有小圆角（铸造圆角 $R1 \sim R3$）过渡的表面是不加工表面。注有尺寸公差的 $\phi50$mm，对照球阀轴测装配图可知，与球阀中阀体有配合关系，但由于相互之间没有相对运动，所以表面粗糙度要求不严，Ra 值为 $12.5\mu m$。阀盖主视图中的符号 ⊥0.05A → 是形位公差代号，因为零件在加工过程中，不仅会产生尺寸误差，也会出现形状和相对位置的误差。该形位公差代号的意义是：作为长度方向主要尺寸基准的端面相对阀盖水平轴线的垂直度位置公差为 0.05mm。

4. 阀体（见图 18-23）

（1）概括了解　阀体的材料选用铸钢，毛坯是铸件，但其内、外表面均有一部分需要进行切削加工，因而加工前应作时效处理。

（2）视图表达与结构形状分析　对照球阀轴测装配图可知，阀体左端通过螺柱和螺母与阀盖连接，形成容纳阀芯的 $\phi43$mm 圆柱空腔。左端的 $\phi50H11(^{+0.16}_{0})$mm 圆柱形槽与阀盖的圆柱形凸缘相配合。右端有用于连接管道系统的外螺纹 M36×2-6g，内部有阶梯孔与空腔相通。在阀体上部的 $\phi36$mm 圆柱孔与空腔相通，在阶梯孔内容纳阀杆、填料压紧套、填料等；阶梯孔的顶端有一个 90° 扇形限位块（对照俯视图），用来控制扳手和阀杆的旋转角度，由此可想象出阀体的形状。

（3）分析尺寸　阀体的结构形状比较复杂，标注的尺寸很多，这里仅分析其中的主要尺寸，其余尺寸读者自行分析。

以阀体水平孔轴线为径向（高度方向）主要尺寸基准，注出水平方向径向直径尺寸 $\phi50H11(^{+0.16}_{0})$mm、$\phi35^{+0.16}_{0}$mm、$\phi20$mm 和 M36×2-6g 等，同时注出水平轴线到顶端的高度尺寸 $56^{+0.46}_{0}$mm（在左视图上）。

以阀体垂直孔的轴线作为长度方向尺寸基准，注出 $\phi36$mm、M24×1.5－7H、$\phi22H11(^{+0.13}_{0})$mm、$18H11(^{+0.11}_{0})$mm 等，同时注出垂直孔轴线到左端面的距离 $21^{0}_{-0.13}$mm。

以阀体前后对称面为宽度方向尺寸基准，注出阀体的圆柱体外形尺寸 $\phi55$mm，左端面方形凸缘外形尺寸 75mm×75mm，同时注出扇形限位块的角度定位尺寸 90°±1°（在俯视图上）。

（4）了解技术要求　通过上述尺寸分析，阀体中比较重要的尺寸均标注偏差数值，与此对应的表面结构要求较严，Ra 值为 $6.3\mu m$ 或 $12.5\mu m$。零件上不太重要的加工表面结构 Ra 值一般为 $25\mu m$。其余均为不加工表面，统一标注在零件图的右下角 $\sqrt{}$。

主视图中对于阀体的形位公差要求：空腔右端面相对 $\phi35$mm 轴线的垂直度公差为 0.06mm，$\phi18$mm 圆柱孔轴线相对 $\phi35$ 圆柱孔轴线的垂直度公差为 $0.08\mu m$。

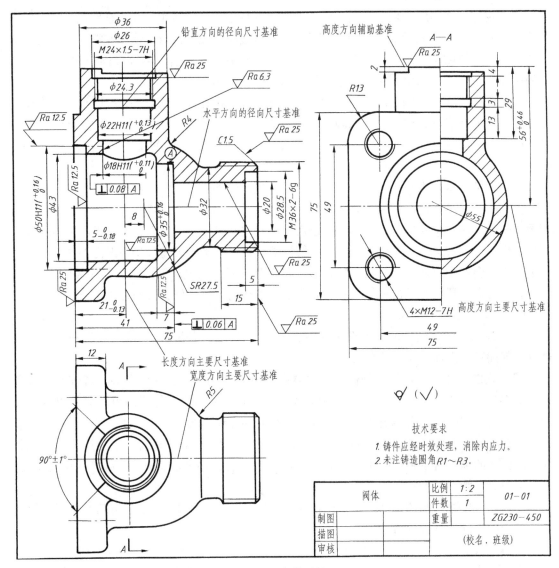

图 18-23　阀体零件图

二、读装配图

一张完整的装配图应包含如下内容：

（1）一组图形　表达装配体的工作原理、装配关系及主要零件的结构形状。

（2）必要的尺寸　标注装配体的规格性能尺寸及装配、检验、安装所必需的尺寸。

（3）技术要求　用符号、代号或文字说明装配体在装配、检验、调试等方面的技术要求。

（4）零件序号、明细栏和标题栏　零件序号是给装配体上的每一种零件按顺序所编的号；明细栏用来说明对应各零件的序号、代号、名称、数量、材料等。装配图的标题栏与零件图的标题栏基本相同。

下面以图 18-24 所示球阀装配图为例来说明识读装配图的方法和步骤（参阅图 18-19 球阀轴测剖视图对照识读）。

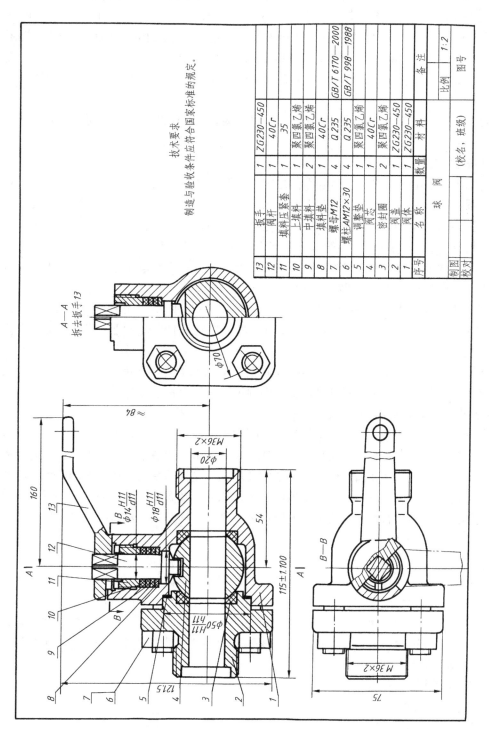

技术要求

制造与验收条件应符合国家标准的规定。

序号	名 称	数量	材 料	备 注
13	扳手	1	ZG230—450	
12	阀杆	1	40Cr	
11	填料压紧套	1	35	
10	上填料	1	聚四氯乙烯	
9	中填料	2	聚四氯乙烯	
8	填料垫	1	40Cr	
7	螺母M12	4	Q235	GB/T 6170—2000
6	螺柱AM12×30	4	Q235	GB/T 998—1988
5	调整垫	1	聚四氯乙烯	
4	阀芯	1	40Cr	
3	密封圈	2	聚四氯乙烯	
2	阀盖	1	ZG230—450	
1	阀体	1	ZG230—450	

球 阀

(校名、班级)

制图

校对

比例 1:2

图号

图 18-24 球阀装配图

1. 概括了解

标题栏所示装配图的名称是球阀。阀是管道系统中用来启闭或调节流量的部件，球阀是阀的一种。从明细栏可知，球阀由 13 种零件组成，其中有两种标准件。按序号依次查明各零件的名称和所在位置。球阀装配图由三个基本视图表达，并标注了必要的尺寸，如主视图中的 $\phi 20$mm 是球阀的规格尺寸，$\phi 50$H11/h11 是配合尺寸，≈ 84、M36×2 等是安装尺寸。主、俯视图中的总长、总宽、总高尺寸（115±1.100）mm、75mm 和 121.5mm 是球阀的外形尺寸。

球阀的工作原理比较简单，只要转动手柄就可带动阀杆和阀芯旋转，达到启闭和控制流量的目的。

2. 视图表达和装配关系分析

球阀的主视图采用全剖视，表达各零件之间的装配关系。

包容关系：阀体 1 与阀盖 2 都带有方形凸缘，它们之间用四个螺柱 6 和螺母 7 连接，阀芯通过两个密封圈定位于阀体空腔内，并用合适的调整垫 5 调节阀芯与密封圈之间的松紧程度。通过填料压紧套 11 与阀体内的螺纹旋合将零件 8、9、10 固定于阀体中。

密封关系：两个密封圈 3 和调整垫 5 形成第一道密封。阀体与阀杆之间的填料垫 8 与填料 9、10 用填料压紧套压紧，形成第二道密封。

俯视图表达球阀的外形，并用局部剖视（B—B）表示扳手 13 的方孔与阀杆 12 上部的四棱柱的装配关系和阀体顶端 90°扇形限位块的位置。俯视图中的双点画线即扳手旋转的极限位置，这是一种假想画法。

左视图采用半剖视，表达球阀内部结构及阀盖方形凸缘的外形。因为扳手的形状在主、俯视图中已表示清楚，所以左视图可以拆去扳手画出，这种表示法称为拆卸画法。

3. 分析零件，读懂零件结构形状

读懂装配体中主要零件的结构形状及其在装配体中的作用，是读装配图的重要环节。可利用装配图特有的表达方法和投影关系，将零件的投影从重叠的视图中分离出来，从而读懂零件的基本结构形状。例如球阀的阀芯，从装配图的主、左视图中根据相同的剖面线方向和间隔，将阀芯的投影轮廓分离出来，结合球阀的工作原理以及阀芯与阀杆的装配关系，完整地想象出阀芯是一个左、右两边截成平面的圆球体，中间是通孔，上部是圆弧形凹槽，如图 18-20 所示。

4. 综合归纳

在产品设计、安装、调试、维修及技术交流时，都需要识读装配图。不同工种、不同工作岗位的技术人员，读装配图的目的和内容有不同的侧重和要求。有的仅需了解机器或部件的工作原理和用途，以便选用；有的为了维修而必须了解部件中各零件间的装配关系、连接方式、装拆顺序；有时对设备修复、革新改造还要拆画部件中某个零件，需要进一步分析并看懂该零件的结构形状及有关技术要求等。

读装配图的基本要求是：

1）了解部件的工作原理和使用性能。

2）弄清各零件在部件中的功能、零件间的装配关系和连接方式。

3）读懂部件中主要零件的结构形状。

4）了解装配图中标注的尺寸和技术要求。

参 考 文 献

[1] 华南理工大学、湖南大学等院校建筑制图编写组. 建筑制图 [M]. 7 版. 北京：高等教育出版社，2014.

[2] 朱育万，肖燕玉，汪碧华. 建筑阴影与透视 [M]. 成都：西南交通大学出版社，2003.

[3] 河海大学工程 CAD 与图学教研室. 画法几何及水利工程制图 [M]. 6 版. 北京：高等教育出版社，2015.

[4] 谢步瀛，袁果. 道路工程制图 [M]. 5 版. 北京：人民交通出版社，2017.

[5] 何铭新，李怀健. 画法几何及土木工程制图 [M]. 3 版. 武汉：武汉理工大学出版社，2009.

[6] 何培斌，吴立楷. 土木工程制图 [M]. 2 版. 北京：中国建筑工业出版社，2018.

[7] 清华大学工程图学及计算机辅助设计教研室. 机械制图 [M]. 3 版. 北京：高等教育出版社，1990.

[8] 全国技术产品文件标准化技术委员会，中国质检出版社第三编辑室. 技术产品文件标准汇编：CAD 制图卷 [M]. 2 版. 北京：中国质检出版社，2009.